U0317110

噪声控制与结构设备的动态设计

周新祥　于晓光　著

北京

冶金工业出版社

2014

内 容 提 要

本书主要介绍了噪声控制的声学基础、噪声的危害与评价标准、噪声的测量仪器与测试技术、噪声源及控制概述等知识，重点叙述了吸声、隔声、隔振与减振、消声器等噪声控制措施，选择典型噪声控制设备——消声器来分别阐述消声器的优化设计、有限元模态分析、实验模态分析的基本理论和方法，选编典型噪声控制设备动态设计工程应用专题进行分析讲解，包括噪声源测试分析应用专题、噪声源数学模型的建立应用专题、噪声源的主动控制应用专题、噪声控制设备的优化设计应用专题、噪声控制设备的有限元模态分析专题、噪声控制设备的灵敏度分析与结构动力修改专题、噪声控制设备的实验模态分析应用专题，专题来自作者从事噪声控制领域的部分科研应用课题。

本书可供相关专业本科生、研究生及工程技术人员阅读和参考。

图书在版编目（CIP）数据

噪声控制与结构设备的动态设计/周新祥，于晓光著 . —北京：冶金工业出版社，2014. 10
ISBN 978- 7- 5024- 6765- 4

Ⅰ.①噪… Ⅱ.①周… ②于… Ⅲ.①噪声控制—结构设计
Ⅳ.①TB53

中国版本图书馆 CIP 数据核字（2014）第 238155 号

出 版 人 谭学余
地 址 北京市东城区嵩祝院北巷 39 号 邮编 100009 电话 （010）64027926
网 址 www. cnmip. com. cn 电子信箱 yjcbs@ cnmip. com. cn
责任编辑 曾 媛 谢冠伦 美术编辑 杨 帆 版式设计 孙跃红
责任校对 李 娜 责任印制 牛晓波
ISBN 978-7-5024-6765-4
冶金工业出版社出版发行；各地新华书店经销；北京佳诚信缘彩印有限公司印刷
2014 年 10 月第 1 版，2014 年 10 月第 1 次印刷
169mm×239mm；17 印张；327 千字；260 页
56. 00 元

冶金工业出版社 投稿电话 （010）64027932 投稿信箱 tougao@ cnmip. com. cn
冶金工业出版社营销中心 电话 （010）64044283 传真 （010）64027893
冶金书店 地址 北京市东四西大街46 号（100010） 电话 （010）65289081（兼传真）
冶金工业出版社天猫旗舰店 yjgy. tmall. com

（本书如有印装质量问题，本社营销中心负责退换）

前　言

噪声污染已成为一种公害，强烈的噪声会导致机器设备和某些工业结构的声疲劳，长期作用会缩短其寿命，甚至有可能导致事故的发生。海军舰船和水中兵器的噪声直接关系到人员能否生存，噪声控制在军事领域尤其重要。因此，噪声控制越来越引起人们的重视。

隔声罩、隔声屏、消声器等是噪声控制的高效工程应用设备，设备的设计受多种因素制约。如何更好地利用材料的隔声、吸声、隔振等特性，阻碍声波的传播，或让声波的能量耗散掉，从而达到高效降噪的目的，是作者撰写本书的主要目的。

本书共分为18章。第1~4章分别介绍了噪声控制的声学基础、噪声的危害与评价标准、噪声的测量仪器与测试技术、噪声源及控制概述等知识；第5~8章主要叙述了吸声、隔声、隔振与减振、消声器等噪声控制措施；第9~11章选择典型噪声控制设备——消声器，分别阐述消声器的优化设计、有限元模态分析、实验模态分析的基本理论和方法；第12~18章为典型噪声控制设备动态设计工程应用专题，来自作者从事噪声控制领域的部分科研应用课题，包括噪声源测试分析应用专题、噪声源数学模型的建立应用专题、噪声源的主动控制应用专题、噪声控制设备的优化设计应用专题、噪声控制设备的有限元模态分析专题、噪声控制设备的灵敏度分析与结构动力修改专题、噪声控制设备的实验模态分析应用专题。

本书由辽宁科技大学周新祥（第1章、第7~18章）、于晓光（第2~6章）撰写，辽宁科技大学胡素影也参与撰写第18章（专题2），全书由周新祥统稿。研究生任囡囡、汤艳玲、刘成、胡光宇、韩达梦、类兴隆、杨凤贞、丛天舒、陈颖、李荣荣、邹晓彬、田恩辉、孙传涛等也参与了书稿的编校工作。

　　本书在撰写过程中，得到大连理工大学教授、博士生导师郭杏林的指导和鼓励，在此表示诚挚、衷心的感谢。同时，作者对中国机械工程学会环境保护学会、中国振动工程学会、辽宁省振动工程学会、辽宁省机械工程学会环境保护工程分会的有关专家、教授的指导和帮助深表谢意。

　　本书由辽宁科技大学重点学科建设基金资助出版，对学校领导及有关部门负责、经办的同志的大力支持与帮助表示真诚的感谢。

　　由于作者水平所限，书中不妥之处，恳请读者批评指正。

著　者

2014 年 7 月

目　录

1　噪声控制的声学基础

1.1　噪声污染与声音的产生及传播

1.1.1　噪声污染

人们在生活中离不开声音。声音作为信息，传递人们的思维和感情，并帮助人们进行工作和社会活动，声音在生活中起着非常重要的作用。但有些声音干扰人们的工作、学习、休息，影响人们的身心健康。如各种车辆嘈杂的交通声音、压缩机的进排气声音等。这些声音人们是不需要的，甚至是厌恶的。从声理学上讲，人们对不需要的声音就称为噪声。从物理学上看，无规律、不协调的声音，即频率和声强都不同的声波杂乱组合就称为噪声。

噪声污染和空气污染、水污染、废弃物污染一样，被称为当今的四大污染。噪声污染面积大，到处可见。如交通噪声污染、厂矿噪声污染（各类机械设备）、建筑噪声污染、社会噪声污染。噪声污染一般不致命，它作用于人们的感官，好像没有严重后果，即噪声源停止辐射时，噪声立即消失，噪声没有具体污染物，又不能积累，再利用价值不大，因而，噪声常被人们忽视。随着近代工业的迅猛发展，噪声污染越来越严重，已成为一种公害。控制噪声污染、保护环境已成为人们的共识。

1.1.2　声音的产生与传播

噪声和声音有共同的特性，声音的产生来源于物体的振动。例如，敲锣时，会听到锣声，此时如果你用手去摸锣面，就会感到锣面在振动；如果用手按住锣面不让它振动，锣声就会消失。这就说明锣声的声源是锣面振动引起的，它属于机械运动。在许多情况下，声音是由机械振动产生的。如锻锤打击工件的噪声，机床运转发出的声音，洗衣机工作时产生的噪声，它们都是由振动的物体发出的。能够发声的物体称为声源。当然，声源不一定都是固体振动，液体、气体振动都同样能发出声音。如内燃机的排气噪声，锅炉的排气噪声，风机的进排气噪声，高压容器排气放空噪声，都是高速气流与周围静止空气相互作用引起空气振动的结果。

前述物体振动发出的声音要通过中间介质才能把声音传播出去，送到人耳，使人感觉到有声的存在。那么，声音是怎样通过介质把振动的能量传播出去的呢？

现仍以敲锣为例，当人们用锣锤敲击锣面时，锣面振动，即向外（右）运动，使靠近锣面的空气介质受压缩，空气介质的质点变密集，空气密度加大；当锣面向内（左）运动时，又使这部分空气介质体积增大，从而使空气介质的质点变稀，空气密度减小。锣面这样往复运动，使靠近锣面附近的空气时密时疏，带动邻近空气的质点由近及远地依次推动起来，这一密一疏的空气层就形成了传播的声波，声波作用于人耳鼓膜使之振动，刺激内耳的听觉神经，就产生了声音的感觉。声音在空气中产生和传播如图 1-1 所示。

声音在介质中传播只是运动的形式，介质本身并不被传走，只是在它的平衡位置来回振动。声音传播就是物体振动形式的传播，故亦称声音为声波。产生声波的振动源为声源；介质中有声波存在的区域称为声场；声波传播的方向叫做声线。

在图 1-1 中，声波两个相邻密部或两个相邻疏部之间的距离叫做波长，或者说，声源振动一次，声波传播的距离叫波长。波长用 λ 表示，单位是米（m）。声波每秒钟在介质中传播的距离称为声速，用 c 表示，单位是 m/s。每秒钟振动的次数称为频率，用 f 表示，单位是赫兹

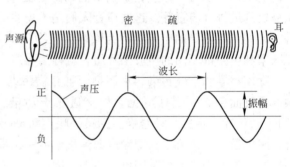

图 1-1　声音的产生和传播

（Hz）。波长 λ、频率 f 和声速 c 是三个重要的物理量，它们之间的关系为：

$$\lambda = \frac{c}{f} \tag{1-1}$$

由式（1-1）可以看出，波长、频率和声速三个量中，只要知道其中两个便可求出第三个。

声音不仅在空气中可以传播，在水、钢铁、混凝土等固体中也可以传播。不同的介质有不同的声速。如钢铁中的声速约为 5000m/s，水中约为 1500m/s，橡胶中约为 40～150m/s。声速大小与介质有关，而与声源无关。空气是一种主要介质，其弹性与温度有关。

当温度高于 30℃ 或低于 -30℃ 时，声速由下式计算：

$$c = 20.05\sqrt{T} \tag{1-2}$$

式中　T ——绝对温度，K，$T = 273 + t$，t 为摄氏温度，℃。

当温度低于 30℃ 时，声速由下式计算：

$$c = 331.5 + 0.61\ t \tag{1-3}$$

下面举几个例子说明声波的波长、频率和声速的关系。

例 1-1 当空气温度为 40℃时，试计算空气中的声速，并求在该温度下，频率为 500Hz 的波长。

解： 因为温度高于 30℃，

由 $c = 20.05\sqrt{T}$，且 $T = 273 + t$

有 $T = 273 + 40 = 313$（K），$c = 20.05\sqrt{313} = 355$（m/s）

又 $f = 500$Hz，故 $\lambda = \dfrac{c}{f} = \dfrac{355}{500} = 0.71$（m）

例 1-2 当空气温度为 20℃时，试计算空气中的声速，并求在该温度下 1000Hz 纯音的波长。

解： 由式（1-3），$c = 331.5 + 0.61t = 331.5 + 0.61 \times 20 = 343.7$（m/s）

故在 1000Hz 时， $\lambda = \dfrac{c}{f} = \dfrac{344}{1000} = 0.344$（m）

例 1-3 试计算 1000Hz 纯音在钢和空气中的波长，并进行比较。

解： 在常温下，钢的声速约为 5000m/s，钢中声波波长为：

$$\lambda_1 = \frac{5000}{1000} = 5 \text{（m）}$$

常温下，空气中声速为 344m/s，空气中波长为：

$$\lambda_2 = \frac{344}{1000} = 0.344 \text{（m）}$$

故有 $$\frac{\lambda_1}{\lambda_2} = \frac{5}{0.344} = 14.53$$

由此看出，钢材中的波长是空气中波长的 14.53 倍。

常温 20℃下，空气中的声速约为 344m/s。表 1-1 列出某些介质的声速、密度和声阻抗率（亦称声特性阻抗）。声阻抗率等于介质的密度与声速的乘积，单位是 Pa·s/m。声阻抗率（简称声阻）的大小决定了声波从一种介质传入另一种介质时的反射程度以及材料的隔声性能。

表 1-1 某些介质的声速、密度和声阻抗率

名　称	温度 $t/℃$	密度 $\rho/\text{kg} \cdot \text{m}^{-3}$	声速 $c/\text{m} \cdot \text{s}^{-1}$	声阻抗率 $\rho c/\text{kg} \cdot (\text{m}^2 \cdot \text{s})^{-1}$
空气	20	1.205	344	410
水	20	1×10^3	1450	1.45×10^6

名　称	温度 t/℃	密度 ρ/kg·m^{-3}	声速 c/m·s^{-1}	声阻抗率 ρc/kg·(m^2·s)$^{-1}$
玻璃	20	2.5×10^3	5200	1.38×10^7
铝	20	2.7×10^3	5100	1.30×10^7
钢	20	7.8×10^3	5000	3.90×10^7
铅	20	11.4×10^3	1200	1.37×10^7
木材		0.5×10^3	2400	1.20×10^6
橡胶		$(1\sim2)\times10^3$	$40\sim150$	2.25×10^5
混凝土		2.6×10^3	$4000\sim5000$	1.3×10^7
砖		1.8×10^3	$2000\sim4300$	6.5×10^6
石油		7×10^3	1330	9.3×10^5

1.2　噪声的物理量度

1.2.1　声压、声强和声功率

声波引起空气质点的振动，使大气压力产生压强的波动称为声压，亦即声场中单位面积上由声波引起的压力增量为声压，用 P 表示，其单位为 N/m^2，简称帕（帕斯卡），符号为 Pa。通常都用声压来衡量声音的强弱。

正常人耳刚能听到的声压是 2×10^{-5} Pa，称为听阈声压；人耳产生疼痛感觉的声压是 20Pa，称为痛阈声压。

在声波中，人们经常研究的瞬时间隔内声压的有效值，即随时间变化的均方根值，称为有效声压值。数学表达式为

$$P = \sqrt{\frac{1}{T}\int_0^T p^2(t)\,\mathrm{d}t} \qquad (1\text{-}4)$$

式中　$p(t)$——瞬时声压；

　　　t——时间；

　　　T——声波完成一个周期所用的时间。

对于正弦波，有效声压等于瞬时声压的最大值除以 $\sqrt{2}$，如未加说明，即指有效声压。

声波作为一种波动形式，将声源的能量向空间辐射，人们可用能量来表示它的强弱。在单位时间内，通过垂直声波传播方向的单位面积上的声能，叫做声强，用 I 表示，单位为 W/m^2。

在自由声场中，声压与声强有密切的关系：

$$I = \frac{P^2}{\rho c} \qquad (1\text{-}5)$$

式中　I——声强，W/m^2；

　　　P——有效声压，Pa；

　　　ρ——空气密度，kg/m^3；

　　　c——空气中的声速，m/s；

　　　ρc——声阻抗率，$kg/(m^2 \cdot s)$。

由式（1-5）可以看出，如已知声压即可求声强。

声源在单位时间内辐射的总能量叫声功率。通常用 W 表示，单位是 W，$1W = 1N \cdot m/s$。在自由声场中，声波作球面辐射时，声功率与声强有下列关系：

$$I = \frac{W}{4\pi r^2}\tag{1-6}$$

式中　I——离声源 r 处的平均声强，W/m^2；

　　　W——声源辐射的声功率，W；

　　　r——离声源的距离，m。

1.2.2　声压级、声强级和声功率级

从听阈声压 $2\times10^{-5}Pa$ 到痛阈声压 $20Pa$，声压的绝对值数量级相差 100 万倍，因此，用声压的绝对值表示声音的强弱是很不方便的；由于人对声音响度感觉是与对数成比例的，所以，人们采用了声压或能量的对数比表示声音的大小，用"级"来衡量声压、声强和声功率，称为声压级、声强级和声功率级。这与人们常用级来表示风、地震大小的意义是相同的。

声压级定义为：

$$L_P = 10\lg\frac{P^2}{P_0^2}\quad\text{或}\quad L_P = 20\lg\frac{P}{P_0}\tag{1-7}$$

式中　L_P——声压级，dB；

　　　P——声压，Pa；

　　　P_0——基准声压，$P_0 = 2\times10^{-5}Pa$。

例 1-4　某一声音的声压为 2.5Pa（均方根值），试计算其声压级。

解： 由式（1-7）和已知条件 $P_0 = 2\times10^{-5}Pa$ 得

$$L_P = 20\lg\frac{P}{P_0} = 20\lg\left(\frac{2.5}{2\times10^{-5}}\right) = 20\lg(12.5\times10^4)$$

$$= 20\times(\lg12.5 + \lg10^4) = 20\times(1.096 + 4)$$

$$= 101.9(dB)$$

同理，声强级定义为：　　　$$L_I = 10\lg\frac{I}{I_0}\tag{1-8}$$

式中　L_I——声强级，dB；

I——声强，W/m^2；

I_0——基准声强，$I_0 = 10^{-12}W/m^2$。

例 1-5 对某声源测得其声强 $I = 0.1W/m^2$，试求其声强级。

解： 由式（1-8）及 $I_0 = 10^{-12}W/m^2$，有

$$L_I = 10\lg\frac{I}{I_0} = 10\lg\left(\frac{0.1}{10^{-12}}\right) = 10\lg 10^{11} = 10 \times 11 = 110(dB)$$

在自由声场中，$I = \dfrac{P^2}{\rho c}$，因此，声功率级和声强级数值相等。声功率级定义为

$$L_W = 10\lg\frac{W}{W_0} \tag{1-9}$$

式中　L_W——声功率级，dB；

　　　W——声功率，W；

　　　W_0——基准声功率，W，$W_0 = 10^{-12}W$。

例 1-6 某一汽车喇叭发出 0.2W 声功率，试求其声功率级。

解： 由式（1-9）和 $W_0 = 10^{-12}W$，有

$$L_W = 10\lg\frac{W}{W_0} = 10\lg\left(\frac{0.2}{10^{-12}}\right) = 10\lg(2 \times 10^{11})$$

$$= 10 \times (0.3010 + 11 \times 1)$$

$$= 113(dB)$$

由此可见，在人耳敏感范围内，0.2W 的较小声功率已是一个相当大的噪声源。

声压级、声强级和声功率级的单位都是 dB（分贝），dB 是一个相对单位，它没有量纲。为方便起见，图 1-2 列出声压级与声压、声强级与声强、声功率级与声功率的换算关系。表 1-2 列出了各种声源或噪声环境的声压级，表 1-3 列出了某些声源的声功率级，以使人们对声压级、声功率级大小有初步的印象。

1.2.3　噪声级的合成

前述的声压级、声强级、声功率级都是通过对数运算得来的。在实际工程中，常遇到某些场所有几个噪声源同时存在，人们可以单独测量每一个噪声源的声压级，那么，当噪声源同时向外辐射噪声，它们总的声压级是多少呢？我们不能把两个声压级进行简单的代数相加，能进行相加运算的，只能是声音的能量。

1.2.3.1　相同噪声级的合成

某车间有两台相同的车床，它们单独开动时，测得声压级均为 100dB，求这两台机床同时开动时的声压级是多少（dB）？按照声压级的定义，它们的总声压级为：

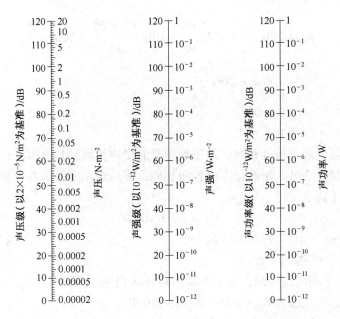

图 1-2 声压、声强、声功率和它们的级的换算关系

表 1-2 某些声源或噪声环境的声压级

声源或环境	声压级/dB	声源或环境	声压级/dB
核爆炸试验场	180	汽车喇叭（距离 1m）	120
导弹、火箭发射	160	公共汽车内	80
喷气式飞机附近	140	大声讲话	80
锅炉排气放空	140	繁华街道	70
大型球磨机附近大型风机房	120	安静车间	40
大型球磨机附近大型风机房（离机 1m）	110	轻声耳语	30
织布车间、机间过道	100	树叶沙沙声	20
冲床车间（离床 1m）	100	农村静夜	10

表 1-3 一些声源或噪声环境的声功率级

声源或噪声环境	声功率级/dB	声源或噪声环境	声功率级/dB
阿波罗运载火箭	195	通风扇	90
波音 707 飞机	160	大声喊叫声	80
螺旋桨发动机	120	一般谈话	70
空气锤	120	低噪声空调机	50
空压机	100	耳语	30

$$L_P = 20\lg \frac{P}{P_0} = 10\lg \frac{P^2}{P_0^2} = 10\lg \frac{P_1^2 + P_2^2}{P_0^2} = 10\lg \frac{2P_1^2}{P_0^2}$$

$$= 10\lg 2 + 20\lg \frac{P_1}{P_0}$$

$$\approx 3 + 100$$

$$= 103 \quad (\text{dB})$$

由此可见，两个特性相同、声压级相等的噪声相加，其总声压级比单个声源的声压级增加了 3dB。如果有 N 个性质相同、声压级相等的声源叠加到一起，总声压级可用下式表示：

$$L_{总} = L_P + 10\lg N \tag{1-10}$$

式中　L_P——一个声源的声压级，dB；

　　　N——声源的个数。

如有 10 个相同的声源，每个声源的声压级仍为 100dB，那么，由式（1-10）知，它们的总声压级为 $L_{总} = 100 + 10\lg 10 = 110\text{dB}$。

1.2.3.2　声压级分贝的加法

对声源不相同的声压级加法可这样计算。

设有两个不同声压级 L_{P_1}，L_{P_2}，并有 $L_{P_1} > L_{P_2}$。

由声压级的定义：

$$L_{P_1} = 10\lg \frac{P_1^2}{P_0^2} \text{，即 } \frac{P_1^2}{P_0^2} = 10^{\frac{L_{P_1}}{10}}$$

$$L_{P_2} = 10\lg \frac{P_2^2}{P_0^2} \text{，即 } \frac{P_2^2}{P_0^2} = 10^{\frac{L_{P_2}}{10}}$$

$$L_{总} = 10\lg \frac{P_1^2 + P_2^2}{P_0^2} = 10\lg \left(\frac{P_1^2}{P_0^2} + \frac{P_2^2}{P_0^2} \right)$$

$$= 10\lg \left(10^{\frac{L_{P_1}}{10}} + 10^{\frac{L_{P_2}}{10}} \right) = 10\lg \left[10^{\frac{L_{P_1}}{10}} \left(1 + 10^{\frac{L_{P_2} - L_{P_1}}{10}} \right) \right]$$

$$= L_{P_1} + 10\lg \left(1 + 10^{-\frac{L_{P_1} - L_{P_2}}{10}} \right)$$

令　　　　　　　　$\Delta = 10\lg \left(1 + 10^{-\frac{L_{P_1} - L_{P_2}}{10}} \right) \tag{1-11}$

有　　　　　　　　$L_{总} = L_{P_1} + \Delta \tag{1-12}$

由式（1-11）和式（1-12）可以看出，总的声压级等于较大的声压级 L_{P_1} 加上一个修正项，修正项 Δ 是两个声压级差值的函数。为方便起见，通常由声压级叠加分贝的增值图 1-3 来计算。由图 1-3 可以看出，当声压级相同时，叠加后声压级增加 3dB；当声压级相差 15dB 时，叠加后的总声压级仅增加 0.1dB。因此，两个声压级叠加，若两者相差 15dB 以上，对总声压级的影响可忽略。

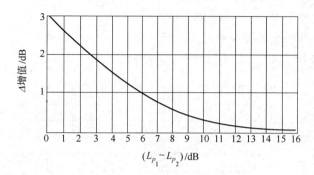

图 1-3 声压级叠加分贝的增值图

例 1-7 某针织厂一位挡车工操作 5 台机器，在她的操作位置测得这 5 台机器的声压级分别为 95dB、90dB、92dB、86dB、80dB，试求在她的操作位置产生的总声压级为多少？

解： 先按声压级的大小依次排列；每两个一组，由差值查得增值（dB）求其和，然后逐个相加，求得总声压级。

如 95dB 与 92dB 叠加，两声压级相差 3dB，由图 1-3 查得修正项 $\Delta = 1.8$dB，所以，95dB 和 92dB 的总声压级为 $95 + 1.8 = 96.8$dB，然后将 96.8dB 与 90dB 叠加，它们的差值为 6.8dB，由图 1-3 查得 $\Delta = 0.8$dB，因此，它们叠加的总声压级为 $96.8 + 0.8 = 97.6$dB，其他依次叠加，最后，得到这 5 台机器噪声的总声压级为 97.9dB。

由此题可映证上述结论，即两个相同声压级噪声相加，因其声压级差值为零，则总声压级等于一个噪声的分贝数加上 3dB；两个噪声的声压级差值在 10dB 以上，则修正项 Δ 小于 0.5dB，即对总声压级影响较小，当差值大于 15dB 时，其对总声压级的影响可以忽略。

1.2.3.3 声压级分贝的减法

在某些实际工作中，常遇到从总的被测声压级中减去本底或环境噪声声压级，来确定由单独声源产生的声压级。如某加工车间内的一台机床，在它开动时，辐射的声压级是不能单独测量的，但是，机床未开动前的本底或环境噪声是可以测量的，机床开动后，机床噪声与本底噪声的总声压级也是可以测量的，那么，计算机床本身的声压级就必须采用声压级的减法。求声压级分贝的减法的计算与由声压级的定义推导声压级分贝的加法计算一样，经推导可得：

$$L_{P_1} = L_P - \Delta \tag{1-13}$$

式中　L_P——总声压级，dB；

　　　L_{P_1}——机器本身声压级，dB；

　　　Δ——修正项，$L_P - L_{P_2}$ 的函数，dB；

　　　L_{P_2}——本底或环境噪声的声压级，dB。

修正项 Δ 与 $L_P - L_{P_2}$ 的关系如图 1-4 所示。

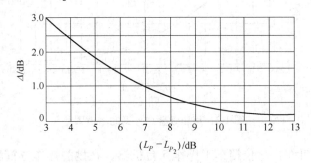

图 1-4　修正项 Δ 与 $L_P - L_{P_2}$ 的关系

例 1-8　某车间有一台空压机，当空压机开动时，测得噪声声压级为 90dB（A），当空压机停止转动时，测得噪声声压级为 83dB（A），求该空压机的噪声声压级为多少 dB（A）？

解：空压机开动与不开动时的噪声声压级差值

$$L_P - L_{P_2} = 90 - 83 = 7 \text{dB（A）}$$

由图 1-4 查得 $\Delta = 1.0$dB，则空压机的噪声声压级为 $L_{P_1} = 90 - 1.0 = 89$dB（A）。

1.2.3.4　平均声压级

在噪声测量和控制中，若一个车间有多个噪声源，各操作点的声压级不相同，一台机器在不同的时间里发出的声压级不同，或者在不同时间内，接受点的声压级不同，这时，就需求出一天内的平均声压级；在测量一台机器的声压级时，由于机器各方向的声压级不同，因此，需测若干个点的声压级，然后求平均声压级。

设有 N 个声压级，分别为 L_{P_1}，L_{P_2}，$\cdots$，L_{P_N}。因为声波的能量可以相加，故 N 个声压级的平均值 $\overline{L}_P$ 可由下式表示：

$$\overline{L}_P = 10\lg\left(\frac{1}{N}\sum_{i=1}^{N} 10^{\frac{L_{P_i}}{10}}\right) \tag{1-14}$$

平均声压级的计算是由声能的平均原理导出的，它与人耳对噪声的主观感受基本相符。

例 1-9　某风机工作时，在机体周围 4 个方向测得噪声级分别为 $L_{P_1} = 96$dB

（A），$L_{P_2} = 100\text{dB}$（A），$L_{P_3} = 90\text{dB}$（A），$L_{P_4} = 97\text{dB}$（A），试求噪声声压级的平均值 $\overline{L}_P$ 是多少？

解： 由式（1-14），有

$$\overline{L}_P = 10\lg\left(\frac{1}{N}\sum_{i=1}^{N} 10^{\frac{L_{P_i}}{10}}\right)$$

$$= 10\lg\left[\frac{1}{4}\left(10^{\frac{96}{10}} + 10^{\frac{100}{10}} + 10^{\frac{90}{10}} + 10^{\frac{97}{10}}\right)\right]$$

$$= 10\lg\left[\frac{1}{4}\left(10^{9.6} + 10^{10} + 10^{9} + 10^{9.7}\right)\right]$$

$$= 97\text{dB(A)}$$

如果求上述 4 个声压级的算术平均值，则有

$$\frac{1}{4}(96 + 100 + 90 + 97) = 95.75\ \text{dB}（A）$$

算术平均值不能很好地反映人耳对噪声的主观感受，因此，在评价操作岗位的噪声对人们的影响时，宜采用平均声压级。

1.2.4 噪声频谱

1.2.4.1 噪声分析的基本知识

声音听起来有的低沉，有的尖锐，人们说它们的音调不同，发出低沉音的音调低，发出尖锐音的音调高。音调就是人耳对声音的主观感受。试验证明，音调的高低主要由声源振动的频率决定。由于振动的频率在传播过程中是不变的，所以声音的频率指的就是声源振动的频率。声音按频率高低可分为次声、可听声、超声。次声是指低于人们听觉范围的声波，即频率低于 20Hz；可听声是人耳可以听到的声音，频率为 20~20000Hz；当声波频率高到超过人耳听觉范围的极限时，人们觉察不出声波的存在，这种声波称为超声波。噪声控制中研究的是可听声，在噪声控制这门学科中，通常把 500Hz 以下的称为低频声，把 500~20000Hz 的称为中频声，把 20000Hz 以上的称为高频声。噪声的频率不同，其传播特性不同，控制方法也不同。

人们在日常生活中接触到各种各样的声音，如乐声或噪声，它们都是由许多不同频率、不同强度的纯音复合而成的。

人们常见的交通运输噪声、建筑设备噪声、机械设备噪声等都包括许多频率，为采取有效的噪声控制措施，了解分析噪声源发出的噪声频率特性是十分必要的。

1.2.4.2 倍频程

由于可听声的频率从 20Hz 到 20000Hz，高达 1000 倍的变化。为了方便起

见，通常把宽广的声频变化范围划分为若干个较小的频段，称为频带或频程。

在噪声测量中，最常用的是倍频程和 1/3 倍频程。在一个频程中，上限频率与下限频率之比为：

$$\frac{f_u}{f_1} = 2 \tag{1-15}$$

式中　f_u——上限截止频率，Hz；

　　　f_1——下限截止频率，Hz。

式（1-15）称为一个倍频程。

倍频程通常用它的几何中心频率来表示：

$$f_c = \sqrt{f_u \cdot f_1} = \frac{\sqrt{2}}{2}f_u = \sqrt{2}f_1 \tag{1-16}$$

式中　f_c——倍频程中心频率，Hz。

当把倍频程再分成三等份，即 1/3 倍频程，那么，上限频率 f_u 与下限频率 f_1 之比为：

$$\frac{f_u}{f_1} = \frac{\sqrt[3]{2}}{1} \tag{1-17}$$

即 1/3 倍频程的几何中心频率为：

$$f_c = \sqrt{f_u \cdot f_1} = \sqrt[6]{2}f_1 = \frac{f_u}{\sqrt[6]{2}} \tag{1-18}$$

1/3 倍频程把频率分得更细了，可以更清楚地找出噪声峰值所在的频率。

按照国际标准，把倍频程和 1/3 倍频程的中心频率及每个频率范围列于表 1-4。

表 1-4　倍频程中心频率及频率范围

1/1 倍频程/Hz			1/3 倍频程/Hz		
f_1	f_c	f_u	f_1	f_c	f_u
22.3	31.5	44.5	28.06	31.5	35.6
44.5	63	89	35.6	40	44.9
89	125	177	44.9	50	56.1
177	250	354	56.1	63	70.7
354	500	707	70.7	80	89.8
707	1000	1414	89.8	100	112
1414	2000	2828	112	125	140
2828	4000	5656	140	160	178
5656	8000	11312	178	200	224
11312	16000	22624	224	250	280

1/1 倍频程/Hz			1/3 倍频程/Hz		
f_l	f_c	f_u	f_l	f_c	f_u
			280	315	353
			353	400	449
			449	500	561
			561	630	707
			707	800	898
			898	1000	1122
			1122	1250	1403
			1403	1600	1796
			1796	2000	2245
			2245	2500	2806
			2806	3150	3535
			3535	4000	4490
			4490	5000	5612
			5612	6300	7071
			7071	8000	8980
			8980	10000	11220
			11220	12500	14030
			14030	16000	17960

由于人耳对 31.5Hz（接近次声）和 16000Hz（靠近超声）这两个频带声音不敏感，因此，在实际噪声控制工程中，一般只选用 63~8000Hz 这 8 个倍频程。

1.2.4.3 频谱分析

声音的频率成分是很复杂的，为了较详细地了解声音成分分布范围和性质，通常对一个噪声源发出的声音，将它的声压级、声强级，或者声功率级，按频率顺序展开，使噪声的强度成为频率的函数，并考查其频谱形状，这就是频谱分析，也称频率分析。通常以频率（Hz）为横坐标，声压级（声强级、声功率级）（dB）为纵坐标，来描述频率与噪声强度的关系，这种图称为频谱图。

声音的频谱有多种形状，一般可分为三种：

（1）线谱。乐器（如笛、提琴等）发出的声音频谱中，具有一系列的分立的频率成分，在频谱图上是一些线谱，如图 1-5（a）所示，频率最低的成分叫基音，其他频率较高的成分称为泛音。泛音为基音的整数倍。泛音的数目多少决定了声音的音色，泛音的数目越多，声音听起来越丰满好听。人们之所以对不同的乐器发出的声音，即使音调相同、强度相同也能区别出来，就是由于泛音数目不同所致。

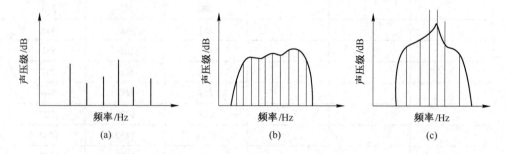

图 1-5　三种线谱

（a）线谱；（b）连续谱；（c）线谱和连续谱

（2）连续谱。工业上的噪声是由许多不协调的基音和泛音组成的，频率、强度、波形都是杂乱无序的，听起来使人心烦。在频谱上对应各频率成分的竖线排列得非常紧密，它没有显著突出的频率成分，声能连续地分布在空阔的频率范围内，故称为连续谱，如图 1-5（b）所示。这种噪声又称为无调噪声。

（3）在有些噪声源，如鼓风机、车床、空调机、发电机等产生噪声的频谱中，既有线谱又有连续谱成分，故称为有调噪声，这种噪声听起来有明显的音调，如图 1-5（c）所示。

常见的一些机械设备的噪声频谱如图 1-6 所示。

从图 1-6 所示的噪声频谱可清楚地看出相应频率所对应的声压级（dB），一目了然地找出声压级峰值所在的频率，这些峰值属于有调成分，而其余声能谱则属于无调成分。上述的突出峰值，为采取有效的措施控制噪声源提供了可靠的理论依据。

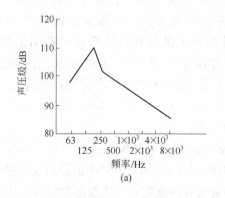
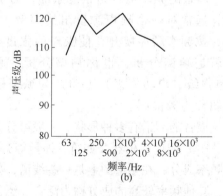

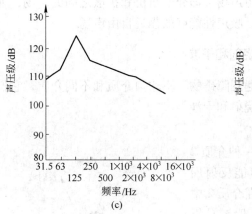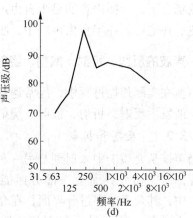

图 1-6　几种机械噪声频谱

（a）10m^3/min 空压机噪声；（b）LG80m^3/min 鼓风机噪声；（c）柴油机排气噪声；（d）JB51-2 电动机噪声

1.3　声音的传播与衰减特性

1.3.1　声学的基本概念

声波从声源发出，在媒质中向各方向传播，声波的传播方向称为声线（波线）。某一时刻，相位相同的各点连成的轨迹曲线面叫波前（或波阵面）。在各向同性的均匀媒质中，波线与波阵面垂直。按波前的形状，声波可分为球面波和平面波，即波前是球面的称为球面波，波前是平面的叫做平面波，图 1-7 所示为波前、波面、波线示意图。

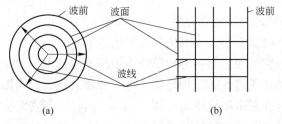

图 1-7　波前、波面、波线示意图

（a）球面波；（b）平面波

声波的传播范围相当广泛，声波的影响和波及的范围称为声场。声场可分为自由声场、扩散声场和半自由声场（或叫半扩散声场）。

自由声场，理论上说是没有边界的、媒质均匀而各向同性的声场。在自由声场中，声波在任何方向传播都没有反射，如室外开阔的旷野、消声室等均属自由声场。

扩散声场是与自由声场完全相反的声场，声波在扩散声场里接近全反射。在大多数场合下，传播声音的是半自由声场，即介于自由和扩散之间的声场，如工矿企业、住宅等。在半自由声场中，吸声性能好的靠近自由声场。

1.3.2　声波的反射、折射、散射、绕射和干涉

声波在实际传播过程中，经常遇到障碍物、不均匀介质和不同介质，它们都会使声波发生反射、折射，散射、绕射和干涉等。

1.3.2.1　反射和折射

当声波从介质 1 中入射到与另一种介质 2 的分界面时，在分界面上一部分声能反射回介质 1 中，其余部分穿过分界面，在介质 2 中继续向前传播，前者是反射现象，后者是折射现象，如图 1-8 所示。

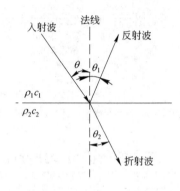

图 1-8　声波的入射、反射、折射
（ρ_1、ρ_2 分别为声波在介质 1 和介质 2 中的密度；ρc 为声阻抗率（特性阻抗））

由图 1-8 可以看到，从介质 1 向分界面传播的入射波（线）与界面法线的夹角为 θ，称为入射角；从界面上反射回介质 1 中的反射波（线）与界面法线的夹角为 θ_1，称为反射角；透入介质 2 的折射波（线）与界面法线的夹角为 θ_2，称为折射角。声波从空气中向水面时产生反射、折射现象，就是人们常见的例子。入射、反射与折射波的方向满足下列关系式：

$$\frac{\sin\theta}{c} = \frac{\sin\theta_1}{c_1} = \frac{\sin\theta_2}{c_2} \tag{1-19}$$

式中　　c_1，c_2——分别为声波在介质 1 和介质 2 中的声速。

由式（1-19）可以看出，入射角与反射角相等。

理论和试验研究证明，当两种介质的声阻抗率接近时，即 $\rho_1 c_1 = \rho_2 c_2$，声波几乎全部由第一种介质进入第二种介质，可全部透射过去；当第二种介质声阻抗率远远大于第一种介质声阻抗率时，即 $\rho_2 c_2 \gg \rho_1 c_1$，声波大部分都会被反射回去，透射到第二种介质的声波能量是很少的。

在噪声控制工程中，经常利用不同材料具有的不同特性阻抗，使声波在不同材料的界面上产生反射，从而达到控制噪声传播的目的。如用两种或多种不同材料黏结成多层隔声板，在各层间形成分界面，各界面形成反射。因此，对于相同厚度的隔声板，多层隔声板比单层隔声效果好。

由式（1-19）可知，声波的折射是由声速决定的，除了在不同介质的界面上能产生折射现象外，在同一种介质中，如果各点处声速不同，也就是说存在声速

梯度时，也同样产生折射现象。在大气中，使声波折射的主要因素是温度和风速。例如，白天地面吸收太阳的热能，使靠近地面的空气层温度升高，声速变大；随着自地面向上温度降低，声速也逐渐变小，根据折射概念，声线将折向法线，因此，声波的传播方向向上弯曲，如图1-9（a）所示。反之，傍晚时，地面温度下降得快，即地面温度比空气中的温度低，因而，靠近地面的声速小，声波传播的声线将背离法线向地面弯曲，如图1-9（b）所示。这就是为什么声音在晚上比白天传得远的原因。此外，声波顺风传播时，声速随高度增加，所以声线向下弯曲；反之逆风传播时，声线向上弯曲，并有声影区，如图1-9（c）所示。这就说明了为什么声音顺风比逆风传播得远。

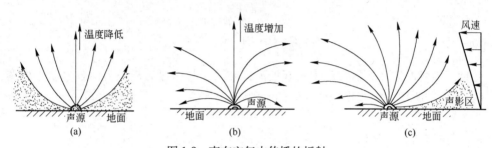

图 1-9 声在空气中传播的折射

（a）白天声传播；（b）晚上声传播；（c）有风的声传播

由于温度和风速对声波传播的影响较大，在噪声控制的测试中要加以注意。

1.3.2.2 声波的散射、绕射、干涉

声波传播过程中，若遇到的障碍物表面较粗糙或者障碍物的大小与波长差不多，则当声波入射时，就会产生各个方向的反射，这种现象称为散射。散射情况较复杂，而且频率稍有变化，散射波图就有较大的改变。

声波传播过程中，遇到障碍物或孔洞时会产生绕射现象，即传播方向发生改变。绕射现象与声波的频率、波长及障碍物的尺寸有关。当声波频率低、波长较长、障碍物尺寸比波长小得多时，声波将绕过障碍物继续向前传播；如果障碍物上有小孔洞，声波仍能透过小孔扩散向前传播，图1-10所示为声波的绕射现象。

在噪声控制中，尤其要注意低频声的绕射。在设计隔声屏时，高度、宽度要合理，设计隔声间时，一定要做到密闭。门、窗的缝隙要用橡胶条密封，以免声音绕射及透声，降低隔声效果。

当几个声源发出的声波在同一种介质中传播时，它们可能会在空间某些点上相遇，相遇处质点的振动是各波振动的合成。如果这些声波的振幅和频率以及相位均不相同，在某一点叠加时，情况相当复杂。这里，我们仅讨论两个传播方向相同、频率相同的简单波。当这两个声波在空间某一点处相位相同时，则两波互相加强，其相遇的振幅为两波振幅之和，如图1-11（a）所示；当两声波相位相

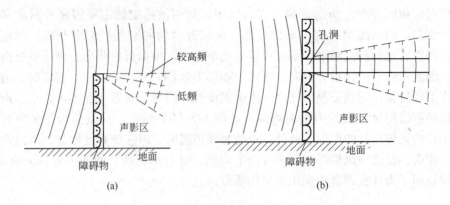

图 1-10　声波绕射

（a）障碍物绕射；（b）孔洞绕射

反时，则两声波在传播过程中相互抵消或减弱，其相遇的振幅为两者之差，如图 1-11（b）所示。这些现象称为波的干涉。

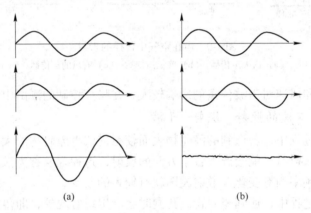

图 1-11　波的干涉

（a）相位相同；（b）相位相差 180°

1.3.3　声波的自然衰减

声波在任何声场中传播都会有衰减。究其原因有两点：一是由于声波在声场传播过程中，波前的面积随着传播距离的增加而不断扩大，声能逐渐扩散，从而使单位面积上通过的声能相应减少，使声强随着离声源距离的增加而衰减，这种衰减称为扩散衰减；二是声波在介质中传播时，由于介质的内摩擦、黏滞性、导热性等特性使声能不断被介质吸收转化为其他形式的能量，使声强逐渐衰减，这种衰减称为吸收衰减。

声源的形状和大小不同时，其衰减的快慢不一样。通常根据声源的形状和大小，可将声源分为三类：点声源、线声源和面声源。

点声源是指声源尺寸相对于声波的波长或传播距离而言比较小的声源。点声源的波前是球面。例如，在较远处有一个噪声较大的工厂，通过厂围墙所辐射的噪声均相等，就可当成位于厂中心的一个点声源来处理。面声源是指尺寸为一个长方形的声源。如一座教学楼的声音，在窗前1m处测试时，就是一个面声源。线声源则指在一个方向上的尺寸远远大于其他两个方向尺寸的声源，它发出的是柱面声波。例如，行驶中的汽车和列车噪声，就是由许多声源并列形成的线声源。图1-12所示为声源类型及波面形状。

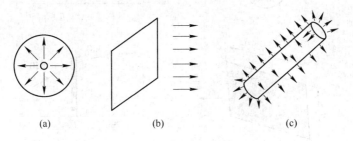

图 1-12　声源类型

（a）点声源；（b）面声源；（c）线声源

1.3.3.1　声波的扩散衰减

A　点声源的扩散衰减

在自由声场中，点声源以球面波的方式向各个方向扩散，若距声源为 r_1 处的声压级为 L_{P_1} 时，距声源 r_2 处的声压级为 L_{P_2}，则 L_{P_2} 可由下式计算：

$$L_{P_2} = L_{P_1} - 20\lg \frac{r_2}{r_1} \tag{1-20}$$

当 $r_2 = 2r_1$ 时，则 $L_{P_2} = L_{P_1} - 20\lg \dfrac{2r_1}{r_1} = L_{P_1} - 6\ (\text{dB})$。

衰减量 $\Delta L = L_{P_1} - L_{P_2} = 6\text{dB}$，即在自由声场中，距离每增加1倍，声压级衰减6dB，如图1-13（a）所示。

B　线声源的扩散衰减

在自由声场中，对于一个无限长的线声源，其声压级随距离的衰减由下式计算：

$$L_{P_2} = L_{P_1} - 10\lg \frac{r_2}{r_1} \tag{1-21}$$

由式（1-21）看出，离开线声源的距离每增加1倍，声压级衰减3dB。

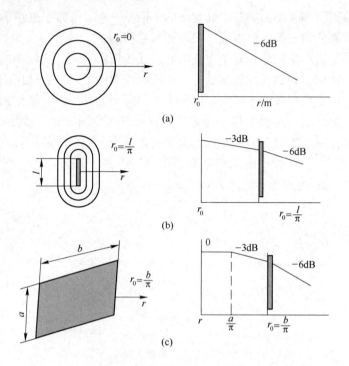

图 1-13　点声源、线声源和面声源随距离增加的衰减

（a）点声源；（b）线声源；（c）面声源

如果线声源不能看成无限长，设其长度为 l 时，如图 1-13（b）所示，此声压级随距离 r 的衰减分两种情况：

（1）靠近声源处，当 $r \leqslant \dfrac{l}{\pi}$ 时，此声压级计算可按无限长的线声源考虑，即距离增加 1 倍，声压级衰减 3dB。

（2）当离声源足够远，且 $r > \dfrac{l}{\pi}$ 时，可按点声源考虑，即距离增加 1 倍，声压级衰减 6dB。

对于上述两种情况，没有明确的界线，工程上，一般由 $\dfrac{l}{\pi} \approx \dfrac{l}{3}$ 为分界线，进行声压级的衰减计算。

C　面声源的扩散衰减

设面声源的边长分别为 a、b（$a < b$），如图 1-13（c）所示。设离开声源中心的距离为 r，其声压级随距离衰减可按下面三种情况考虑：

（1）当 $r \leqslant \dfrac{a}{\pi}$ 时，衰减值为 0dB，也就是说在面声源附近，声源发射的是平面波，距离变化时，声压级无变化。

（2）当 $\dfrac{a}{\pi} \leqslant r \leqslant \dfrac{b}{\pi}$ 时，则按线声源来处理，由式（1-21）计算其衰减值，即距离每增加 1 倍衰减 3dB。

（3）当 $r \geqslant \dfrac{b}{\pi}$ 时，则可按点声源来处理，由式（1-20）计算其声波衰减量，距离每增加 1 倍，声压级衰减 6dB。

1.3.3.2 声波的吸收衰减

声波在传播过程中，一部分声能被介质吸收转化成其他形式的能量，造成声波的吸收衰减。吸收衰减与介质的成分、温度、湿度等有关，此外还与声波的频率有关，频率越高，衰减越快。表 1-5 给出了由于空气的吸收，声波每 100m 衰减的分贝数。

表 1-5　空气吸收引起噪声的衰减　　　　　　（dB/100m）

频率/Hz	温度/℃	相 对 湿 度			
		30%	50%	70%	90%
500	0	0.28	0.19	0.17	0.16
	10	0.22	0.18	0.16	0.15
	20	0.21	0.18	0.16	0.14
1000	0	0.96	0.55	0.42	0.38
	10	0.59	0.45	0.40	0.36
	20	0.51	0.42	0.38	0.34
2000	0	3.23	1.89	1.32	1.03
	10	1.96	1.17	0.97	0.89
	20	1.29	1.04	0.92	0.84
4000	0	7.70	6.34	4.45	3.43
	10	6.58	3.85	2.76	2.28
	20	4.12	2.65	2.31	2.14
8000	0	10.54	11.34	8.90	6.84
	10	12.71	7.73	5.47	4.30
	20	8.27	4.67	3.97	3.63

截止到这里，我们已经讨论了噪声在传播过程中，声波扩散衰减和吸收衰减的机理和估算方法，但在实际问题中，两种衰减是同时存在的，因此，实际问题中计算噪声的衰减式为：

$$L_P = L_W - A_r - A_c \tag{1-22}$$

式中　L_P——距离声源某点处的声压级，dB；

　　　L_W——声源的声功率级，dB；

　　　A_r——由声波扩散造成的衰减，dB；

　　A_c——由介质吸收造成的衰减，dB。

　　当声源为点声源，且离声源 r_1 处的噪声级为 L_1，则离声源为 r_2 处的噪声级 L_2 为：

$$L_2 = L_1 - 20\lg\frac{r_2}{r_1} - 6 \times 10^{-6}fr_2 - 8 \tag{1-23}$$

式中　　L_1——距离噪声源 r_1（m）处已知的噪声级，dB；

　　　　L_2——需要计算的距声源 r_2（m）处（接受点）的噪声级（$r_2 > r_1$），dB；

　　　　f——声振动的倍频带几何平均频率（中心频率），Hz；

$6 \times 10^{-6}fr_2$——由于空气吸收声波所造成的附加衰减值，dB；

　　　　8——修正值，dB。

　　当 $r_1 = 1$，且 $f < 1000$Hz 时，空气吸收声可忽略，此时有：

$$L_2 = L_1 - 20\lg r_2 - 8 \tag{1-24（a）}$$

　　若在自由场情况下，则为

$$L_2 = L_1 - 20\lg r_2 - 11 \tag{1-24（b）}$$

1.4　管道噪声的自然衰减

　　在管道中传播的声波与在自由声场中传播的声波不同，其主要区别为，声波被约束在管道内部，传播过程中声波没有扩散，因此，声波会传播很远。如果波长比管径大得多，即使管道是弯曲的，声波照样可以沿管道继续传播。例如，通风系统中风机噪声会沿风道传播到各处。但是管道系统是由直管、弯头、三通及变径节等元件组成，当气流噪声通过这些元件时，会不同程度地存在衰减，有的声能转化为热能，有的声能被反射回声源处。各元件噪声的衰减量计算简述如下，值得指出的是：这些衰减计算值，在没有气流或气流较低时与实测值相近。随着气流速度的增加，不但其衰减值减小，而且气流再生噪声增加，所以，要根据气流速度的大小，合理估算自然衰减量。

1.4.1　直线管道

　　直线管道的噪声衰减量可用下式估算：

$$\Delta L = 1.1\frac{\alpha}{R_n} \cdot L \tag{1-25}$$

式中　ΔL——噪声衰减量，dB；

　　　α——管道内壁吸声系数；

　　　L——管道长度，m；

　　　R_n——管道横截面积与周长之比，m。

管壁材料的平均吸声系数，对于石棉水泥管和矿渣混凝土约为 0.07，砖风道为 0.042，钢丝网粉刷为 0.033，砖为 0.025，平滑混凝土为 0.015，钢板为 0.027。

1.4.2 弯头

气流噪声通过弯头时，也同样产生衰减（低速风流），但弯头结构形状不同，其衰减量也不同，表 1-6 为不加衬里的直角弯头的衰减量。表中，D 为管道直径，λ 为波长。

表 1-6　不加衬里的直角弯头的衰减量 （dB）

D/λ	0.1	0.2	0.3	0.4	0.5	0.6	0.8	1.0	1.5	2	3	4	5	6	8	10
无规则入射	0	0.5	3.5	6.5	7.5	8.0	7.5	6.0	4	3	3	3	3	3	3	3
平面波入射	0	0.5	3.5	6.5	7.5	8.0	8.5	8.0	8	7	8	10	11	12	14	15

1.4.3 三通

气流噪声通过三通的衰减量可由下式估算：

$$\Delta L = 10\lg \frac{(1 + m_0)^2}{4m_1} \qquad (1-26)$$

式中　ΔL——气流通过三通的噪声衰减量，dB；

$\quad m_0$——$m_0 = \dfrac{S_1 + S_2}{S}$；

$\quad m_1$——$m_1 = \dfrac{S_1}{S}$ 或 $m_1 = \dfrac{S_2}{S}$；

$\quad S_1，S_2$——分别为三通中两个分支管面积，m^2；

$\quad S$——三通中汇合口的截面积，m^2。

为计算方便，按式（1-26）制成列线图，如图 1-14 所示。

1.4.4 变径节

管道截面的突变（扩大或缩小）可导致噪声衰减，衰减量按下式估算：

$$\Delta L = 10\lg \frac{(1 + m)^2}{4m} \qquad (1-27)$$

式中　ΔL——通过变径节的噪声衰减量，dB；

$\quad m$——$m = \dfrac{S_1}{S_2}$；

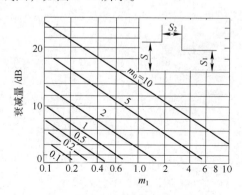

图 1-14　气流噪声通过三通的衰减量

S_1，S_2——进出气管道截面积，m^2。

按式（1-27）制成的列线图如图 1-15 所示，供计算时参考。

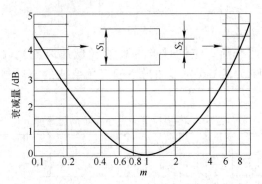

图 1-15　气流噪声通过变径节的衰减量

2 噪声的危害与评价标准

2.1 噪声的危害

噪声对人体的影响和危害是多方面的。概括起来，强烈的噪声可引起耳聋，诱发各种疾病，影响人们的休息和工作，干扰语言交流和通信，掩蔽安全信号，造成生产事故，降低生产效率，影响设备的正常工作甚至造成破坏。

2.1.1 噪声性耳聋

噪声对人体的危害最直接是听力损害。对听觉的影响，是以人耳暴露在噪声环境前后的听觉灵敏度来衡量的，这种变化称为听力损失，即指人耳在各频率的听阈升移，简称阈移，以声压级分贝为单位。例如，当你从较安静的环境进入较强烈的噪声环境中，立即感到刺耳难受，甚至出现头痛和不舒服的感觉，停留一段时间，离开这里后，仍感觉耳鸣，马上（一般在2min内）作听力测试，发现听力在某一频率下降约20dB阈移，即听阈提高了20dB。由于噪声作用的时间不长，只要你到安静的地方休息一段时间，再进行测试，该频率的听阈减少到零，这一噪声对听力只有20dB暂时性阈移的影响。这种现象叫做暂时听阈偏移，亦称听觉疲劳。听觉疲劳时，听觉器官并未受到器质性损害。如果人们长期在强烈的噪声环境中工作，日积月累，内耳器官不断受噪声刺激，恢复不到暴露前的听阈，便可发生器质性病变，成为永久性听阈偏移，这就是噪声性耳聋。

一般听力损失在20dB以内，对生活和工作不会有什么影响。国际标准化组织（ISO）于1964年规定，在500Hz、1000Hz、2000Hz三个倍频程内听阈提高的平均值在25dB以上时，即认为听力受到损伤，又叫轻度噪声性耳聋。按照听力损失的大小，对耳聋性程度进行分级，见表2-1。

表2-1　听力损失级别

级别	听觉损失程度	听力损失平均值/dB	对谈话的听觉能力
A	正常（损害不明显）	<25	可听清低声谈话
B	轻度（稍有损伤）	25~40	听不清低声谈话
C	中度（中等程度损伤）	40~55	听不清普通谈话
D	高度（损伤明显）	55~70	听不清大声谈话
E	重度（严重损伤）	70~90	听不到大声谈话
F	最重度（几乎耳聋）	>90	很难听到声音

噪声性耳聋与噪声的强度、频率及噪声的作用时间长短有关。

1971 年国际标准化组织（ISO）根据调查统计资料，公布了噪声性耳聋发病率与噪声暴露年限、等效连续 A 声级的关系，见表 2-2。

表 2-2　噪声性耳聋发病率　　　　　　　　　　（%）

等效连续A声级/dB（A）	类　别	各噪声的暴露时间									
		0	5 年	10 年	15 年	20 年	25 年	30 年	35 年	40 年	45 年
≤80	发病率	0	0	0	0	0	0	0	0	0	0
	听力损伤者	1	2	3	5	7	10	14	21	33	50
85	发病率	0	1	3	5	6	7	8	9	10	7
	听力损伤者	1	3	6	10	13	17	22	30	43	57
90	发病率	0	4	10	14	16	16	18	20	21	15
	听力损伤者	1	6	13	19	23	26	32	41	54	65
95	发病率	0	7	17	24	28	29	31	32	29	23
	听力损伤者	1	9	20	29	35	39	45	53	62	73
100	发病率	0	12	29	37	42	43	44	44	41	23
	听力损伤者	1	14	32	42	49	53	58	65	74	83
105	发病率	0	18	42	53	58	60	62	61	54	41
	听力损伤者	1	20	45	58	65	70	76	82	87	91
110	发病率	0	26	55	71	78	78	77	72	62	45
	听力损伤者	1	28	58	76	85	88	91	93	95	95
115	发病率	0	36	71	83	87	84	81	75	64	47
	听力损伤者	1	38	74	88	94	94	95	96	97	97

由表 2-2 可以看出，在等效连续 A 声级 80dB（A）以下，不发生噪声性耳聋，即发病率为 0，当在 85dB（A）时，工作年限超过 10 年的工人，发病率为 3%，即 97% 的工人在 85dB（A）的噪声环境中工作，一般不会患噪声性耳聋；但当工作年限超过 40 年时，发病率为 10%；当在 90dB（A）时，工作年限超过 10 年的工人，发病率为 10%；当在 95dB（A）时，工作年限超过 10 年的工人，发病率为 17%；当在 105dB（A）时，工作年限超过 10 年的工人，发病率为 42%。由此可见，随着等效连续 A 声级的增加和工作年限的增长，发病率急剧上升。

噪声性耳聋有两个特点：一是除了高强噪声外，一般噪声性耳聋都需要一个持续的累积过程，发病率与持续作业时间有关，这也是人们对噪声污染忽视的原因之一；二是噪声性耳聋是不能治愈的，因此，有人把噪声污染比喻成慢性毒药。

2.1.2　噪声对人体健康的影响

噪声作用于人的大脑中枢神经系统，可引起头痛、脑胀、耳鸣、多梦、失眠、记忆力减退，造成全身疲乏无力；噪声作用于内耳腔的前庭，使人眩晕、恶心、呕吐；噪声对心血管系统危害也很大。噪声使交感神经紧张，从而使心跳加快，心律不齐、血压升高等。长期在高噪声环境下工作的人们与在一般环境下工作的人们相比，高血压、动脉硬化和冠心病的患病率要高 2~3 倍。噪声还会引起消化系统方面的疾病，噪声能使人的消化机能减退、胃功能紊乱、消化系统分泌异常、胃酸度降低，以致造成消化不良、食欲不振、患胃炎及胃溃疡等疾病，致使身体虚弱。

上述简略谈了噪声对人体健康的危害，强烈的噪声可诱发多种疾病，但实际上，人们患某种疾病是由多种因素所致，同时，还与人们的体质有关。

2.1.3　噪声影响人们的生活

睡眠是人们生存必不可少的。人们在安静的环境下睡眠，它能使人的大脑得到休息，从而消除疲劳和恢复体力。噪声会影响人的睡眠质量，强烈的噪声甚至使人无法入睡，心烦意乱。试验研究表明，人的睡眠一般分四个阶段：第一阶段是瞌睡阶段；第二阶段是入睡阶段；第三阶段是睡着阶段；第四阶段是熟睡阶段。一般由瞌睡到熟睡阶段，进行周期循环。睡眠质量好坏，取决于熟睡阶段的时间长短，时间越长，睡眠越好。一些研究结果表明，噪声促使人们由熟睡向瞌睡阶段转化，缩短熟睡时间；有时刚要进入熟睡便被噪声惊醒，使人不能进入熟睡阶段，从而造成人们多梦，睡眠质量不好，不能很好地休息。

理想的睡眠环境，噪声级在 35dB（A）以下，当噪声级超过 50dB（A），约有 15% 的人正常睡眠受到影响。据有关资料证实，城市街道的交通噪声在 70~90dB（A）；在靠近工厂、建筑工地的住宅区，噪声可高达 70~90dB（A）。这些场合的噪声严重干扰临街居民、住宅区居民的休息和睡眠。

噪声除了对人们休息和睡眠有影响外，它还干扰人们谈话、开会、打电话、学习和工作。通常人们谈话声音是 60dB（A）左右，当噪声在 65dB（A）以上时，就干扰人们的正常谈话，如果噪声高达 90dB（A），就是大喊大叫也很难听清楚，就需贴近耳朵或借助手势来表达语意。

2.1.4　噪声影响工作效率

在噪声较高的环境下工作，会使人感觉烦恼、疲劳和不安，从而使人们注意力分散，容易出现差错，降低工作效率。噪声对打字、排字、校对、通信人员的差错率和工作效率影响尤为严重。

噪声还能掩蔽安全信号，比如报警信号和车辆行驶信号，在噪声的混杂干扰下，人们不易觉察，从而容易造成工伤事故。

噪声除了对人们的健康、工作、学习、生产有危害和影响外，对动物也有危害，对建筑物及机械设备都有不同程度的损害；使其遭破坏的实例也屡见不鲜。

2.2　噪声的评价

在噪声的物理量度中，声压和声压级是评价噪声强度的常用量，声压级越高，噪声越强；声压级越低，噪声越弱。但人耳对噪声的感觉，不仅与噪声的声压级有关，而且还与噪声的频率、持续时间等因素有关。人耳对高频率噪声较敏感，对低频噪声较迟钝。声压级相同而频率不同的声音，听起来很可能是不一样的。如大型离心压缩机的噪声和活塞压缩机的噪声，声压级均为90dB，可是前者是高频，后者是低频，听起来，前者比后者响得多。再如声压级高于120dB，频率为30kHz的超声波，尽管声压级很高，但人耳却听不见。

为了反映噪声的这些复杂因素对人的主观影响程度，就需要有一个对噪声的评价指标。

下面将常用的评价指标简略介绍如下。

2.2.1　响度级和等响曲线

根据人耳的特性，人们模仿声压的概念，引出与频率有关的响度级，响度级单位是方（phon），就是选取以1000Hz的纯音为基准声音，取其噪声频率的纯音和1000Hz纯音相比较，调整噪声的声压级，使噪声和基准纯音（1000Hz）听起来一样响，该噪声的响度级就等于这个纯音的声压级（dB）。如果噪声听起来与声压级为85dB、频率1000Hz的基准音一样响，该噪声响度级就是85phon。

响度级是表示声音响度的主观量，它把声压级和频率用一个单位统一起来。

利用与基准声音比较的方法，可测量出整个人耳可听范围的纯音的响度级，绘出响度级与声压级频率的关系曲线，反映人耳对各频率的敏感程度等响曲线，如图2-1所示；表2-3表示响度级与声压级和频率的关系。

等响曲线的横坐标为频率，纵坐标是声压级。每一条曲线相当于声压级和频率不同而响度相同的声音，即相当于一定响度（phon）的声音。最下面的曲线是听阈曲线，上面120phon的曲线是痛阈曲线，听阈和痛阈之间是正常人耳可以听到的全部声音。

从等响曲线可以看出，人耳对高频噪声敏感，对低频噪声不敏感，如同样是响度级80phon，对30Hz的声音来说，声压级是101dB，对于100Hz的声音，声压级是85dB，而对于4kHz的声音，声压级为71dB。从等响曲线还可以看出，当声压级较小和频率低时，声压级和响度级的差别很大。如声压级为40dB的40Hz

的低频声是听不见的，没有进入听阈范围，而同样声压级为40dB，频率为800Hz的声音，响度级为42phon，而1000Hz的频率声响度级为40phon。

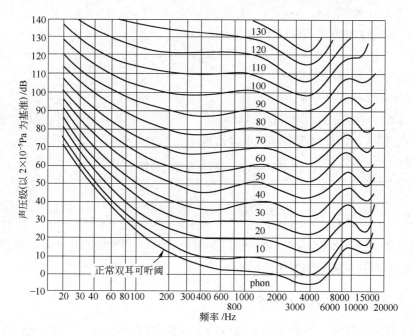

图 2-1　等响曲线

表 2-3　响度级（phon）与声压级和频率的关系

声压级 /dB	各频率（Hz）下的响度级/phon											
	20	40	60	100	250	500	1000	2000	4000	8000	12000	15000
120	81.5	108.5	112.5	117.0	119.4	119.9	120.0	128.6	136.5	113.0	110.9	103.4
110	74.5	97.1	102.1	107.8	111.1	111.3	110.0	117.0	124.7	103.4	104.5	99.0
100	57.0	84.7	90.8	98.3	102.3	102.4	100.0	105.7	113.1	93.7	97.3	94.4
90	37.4	71.2	78.9	88.0	93.1	93.2	90.0	94.6	101.7	83.8	89.5	87.6
80	17.0	56.7	66.4	77.3	83.4	83.7	80.0	83.6	90.5	73.7	80.9	79.3
70	(−5.8)	41.2	53.1	66.1	73.2	74.0	70.0	72.6	79.5	63.5	71.7	69.4
60		24.7	39.2	54.4	62.6	63.9	60.0	62.3	68.7	53.0	61.7	58.0
50		7.1	24.6	47.1	51.5	53.5	50.0	52.0	58.5	42.4	51.7	45.0
40		(−11.5)	9.3	25.6	40.0	42.8	40.0	41.9	47.6	31.6	39.7	30.5
30			(−6.6)	16.0	28.0	31.8	30.0	31.9	37.4	20.7	27.7	14.4
20				2.2	15.5	20.5	20.0	22.2	27.4	9.5	14.9	(−3.2)
10				(−12.1)	2.6	8.9	10.0	12.4	17.5	(−1.8)	1.5	
0					(−10.8)	(−3.0)	0	3.3	7.9		(−12.7)	
−10								(−5.9)	(−1.6)			

响度级是个相对量，有时需把它化为自然数，即用绝对值和百分比来表示。这就要引入响度单位——sone。40phon 为 1 sone，50phon 为 2sone，60phon 为 4sone，70phon 为 8sone，……

响度和响度级的关系可用下式表示：

$$L_N = 33.3 \lg N + 40 \qquad (2\text{-}1)$$

式中　L_N——响度级，phon；

　　　N——响度，sone。

式（2-1）的适用范围是 20~120phon，在 20phon 以下不适用。为了应用方便，由式（2-1）计算出响度和响度级的关系，见表 2-4。

表 2-4　响度和响度级的关系

响度/sone	1	2	4	8	16	32	64	128	256	512	1024	2048	4096
响度级/phon	40	50	60	70	80	90	100	110	120	130	140	150	160

用响度表示声音的大小，可以直接算出声响增加或降低的百分数。但是响度和响度级都不是直接能测量出来的。

2.2.2　A声级和等效连续A声级

用响度和响度级来反映人们对噪声的主观感受过于复杂，为了方便，又要使声音与人耳听觉感受近似一致，人们普遍使用 A 声级和连续 A 声级对噪声做主观评价。

2.2.2.1　A声级

在噪声测试仪器中，利用模拟人的听觉的某些特性，对不同频率的声压级予以增减，以便直接读出主观反映人耳对噪声的感觉数值来，这种通过频率计权的网络读出的声级，称为计权声级。

计权网络有 A、B、C、D 四类，最常用的是 A 计权和 C 计权。A 计权网络是模拟响度级为 40phon 的等响曲线的倒置曲线，它对低频声（500Hz 以下）有较大的衰减。B 网络是模拟人耳对 70phon 纯音的响应，它近似于响度级为 70phon 的等响曲线的倒置曲线，它对低频段的声音有一定的衰减。C 网络是模拟人耳对响度级为 100phon 的等响曲线倒置相接近，它对可听声所有频率基本不衰减。D 计权网络是对高频声音做了补偿，它主要用了航空噪声的评价。上述经各种计权网络测得的声压级，即为相应的声级。如经 A 计权网络测得的声压级为 A 计权声级，简称 A 声级，单位是 dB（A）。如果不对频率计权，即仪器对不同频率的响应都是相同的，测得的分贝数为线性声级。图 2-2 所示为 A、B、C、D 计权网络衰减特性。为方便起见，表 2-5 列出 A、B、C、D 计权网络频率的计权衰减值，表中各数值均为相对于 1000Hz 的衰减量。

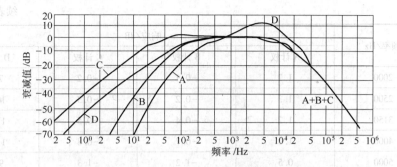

图2-2　A、B、C、D计权网络曲线

表2-5　A、B、C、D计权曲线频率响应特性的修正值

频率/Hz	响应/dB			
	A 计权	B 计权	C 计权	D 计权
12.5	-63.4	-33.2	-11.2	-24.6
16	-56.7	-28.5	-8.5	-22.6
20	-50.5	-24.2	6.2	-20.6
25	-44.7	-20.4	-4.4	-18.7
31.5	-39.4	-17.1	-3.0	-16.7
40	-34.6	-14.2	-2.0	-14.7
50	-30.5	-11.6	-1.3	-12.8
63	-26.5	-9.3	-0.8	-10.9
80	-22.5	-7.4	-0.5	-9.0
100	-19.9	-5.6	-0.3	-7.2
125	-16.2	-4.2	-0.2	-5.5
160	-13.4	-3.0	-0.1	-4.0
200	-10.9	-2.0	0	-2.6
250	-8.6	-1.3	0	-1.6
315	-6.6	-0.8	0	-0.8
400	-4.8	-0.5	0	-0.4
500	-3.2	-0.3	0	-0.3
630	-1.9	-0.1	0	-0.5
800	-0.8	0	0	-0.6
1000	0	0	0	0
1250	0.6	0	0	2.0
1600	1.0	0	-0.1	4.9

频率/Hz	响应/dB			
	A 计权	B 计权	C 计权	D 计权
2000	1.2	-0.1	-0.2	7.9
2500	1.3	-0.2	-0.3	10.4
3150	1.2	-0.4	-0.5	11.6
4000	1.0	-0.7	-0.8	11.1
5000	0.5	-1.2	-1.3	9.6
6300	-0.1	-1.9	-2.0	7.6
8000	-1.1	-2.9	-3.0	5.5
10000	-2.5	-4.3	-4.4	3.4

A 声级的测量结果与人耳对噪声的主观感受近似一致，即为对高频敏感，对低频不敏感。A 声级越高，人越觉得吵闹，A 声级同人耳的损伤程度也对应得较合理，即 A 声级越高，损伤越严重。因此 A 声级是目前评价噪声的主要指标，已被广泛应用。当然，A 声级不能代替倍频程声压级，因为 A 声级不能全面反映噪声源的频谱特性，具有相同的 A 声级，其频谱可能有较大的差异。

常见声源的 A 声级见表 2-6。

表 2-6 常见声源的 A 声级

声 源	主观感受	A 声级
轻声耳语	安静	20~30
静夜、图书馆	安静	30~40
普通房间、吹风机	较静	40~60
普通谈话声、小空调机	较静	60~70
大声说话、较吵街道、缝纫机	较吵	70~80
吵闹的街道、公共汽车、空压机站	较吵	80~90
很吵的马路、载重汽车、推土机、压路机	很吵	90~100
织布机、大型鼓风机、电锯	很吵	100~110
柴油发动机、球磨机、凿岩机	痛阈	110~120
风铆、螺旋桨飞机、高射机枪	痛阈	130~140
风洞、喷气式飞机、大炮	无法忍受	140~150
火箭、导弹	无法忍受	150~160

A 声级可以直接测量，也可以由倍频程或 1/3 倍频程声压级计算得到，A 声级可由下式计算：

$$L_A = 10\lg \sum_{i=1}^{n} 10^{a_1(L_{p_i}+\Delta A_i)} \tag{2-2}$$

式中　L_A——A声级，dB（A）；

　　　L_{p_i}——第 i 个倍频带声级，dB；

　　　ΔA_i——第 i 个频率A计权网络衰减值，dB，见表2-5。

例2-1　某风机进口测得倍频带声压级见表2-7，试求该风机的A声级为多少？

表2-7　风机进口各倍频带声压级

倍频程中心频率/Hz	63	125	250	500	1000	2000	4000	8000
倍频程声压级/dB	120	111	110	112	108	108	108	95
A计权网络修正值/dB	−26.2	−16.1	8.6	3.2	0	1.2	1.0	−1.1

解：首先根据其倍频程声压级，由表2-5查得计权网络的修正值（衰减值），列于表2-7中，然后由式（2-2）计算风机的声级：

$$L_A = 10\lg \sum_{i=1}^{8} 10^{0.1(L_{p_i}+\Delta A_i)} = 118\text{dB}(\text{A})$$

2.2.2.2　等效连续A声级

对于稳态连续噪声的评价，用A声级就能较好地反映人耳对噪声强度与频率的主观感受。但对于随时间而变化的非稳态噪声就不合适了。比如说，一个人在90dB（A）的噪声环境里工作8h，而另一个人在95dB（A）的噪声环境下工作2h，他们所受的噪声影响肯定不一样。但是，如果一个人在90dB（A）的噪声环境下连续工作8h，而另一个人在85dB（A）噪声环境下工作2h，在90dB（A）下工作3h，在95dB（A）下工作2h，在100dB（A）下工作1h，这就不易比较两者中谁受噪声影响大。为此，引入了等效连续声级的概念，其定义为：在声场中的某定点位置，取一段时间内能量平均的方法，将间歇暴露的几个不同的A声级噪声，用一个在相同时间内声能与之相等的连续稳定的A声级来表示该段时间内噪声的大小，这种声级称为等效连续A声级。可由下式表述：

$$L_{eq} = 10\lg\left(\frac{1}{T}\int_0^T 10^{0.1L_A}\mathrm{d}t\right) \tag{2-3}$$

式中　L_{eq}——等效连续A声级，dB（A）；

　　　T——噪声暴露时间；

　　　L_A——在 T 时间内，A声级变化的瞬时值，dB（A）。

当噪声的A声级测量值为非连续的离散值，则式（2-3）转变为：

$$L_{eq} = 10\lg\left[\frac{1}{\sum t_i}\cdot\sum\left(10^{0.1L_{A_i}}\cdot t_i\right)\right] \tag{2-4}$$

式中　L_{A_i}——人接触的第 i 个A声级，dB（A）；

t_i——接触第 i 个 A 声级的时间。

若在一天或一周时间内，只接触一个稳态不变的噪声，如始终在 90dB（A）的噪声环境下工作，其等效连续 A 声级就是这个稳态噪声的 A 声级，即 L_{eq} = 90dB（A）。如果在一段时间内，接触的噪声大小不同，则将不同的噪声 A 声级由式（2-4）算出等效连续 A 声级。

例 2-2 某空压机房噪声声压级为 90 dB（A），工人每班要进入机房内巡视 2h，其余 6h 在操作间停留，操作间内的噪声级为 65dB（A）。试问工人在一班 8h 内接触到的等效连续 A 声级是多少？

解： 由式（2-4）得：

$$L_{eq} = 10\lg \frac{2 \times 10^{0.1 \times 90} + 6 \times 10^{0.1 \times 65}}{2 + 6}$$

$$= 84dB（A）$$

在噪声实际测量中，往往在一段时间间隔内噪声可近似看成稳态噪声，即 A 声级变化不大。但是，在不同时间间隔内，A 声级往往有较明显的变化。一般按测量数据 A 声级的大小及持续时间进行整理，并计算等效连续 A 声级。将 A 声级从小到大分成数段排列，每段相差 5dB，每段以中心级表示，即为 80dB（A）、85dB（A）、90dB（A）、95dB（A）、100dB（A）、105dB（A）、110dB（A）、115dB（A）。则 80dB（A）表示 78～82dB（A）的声级范围，85dB（A）表示 83～87dB（A）的声级范围，依次类推，把一天或一周各段声级的总暴露时间按表 2-8 统计出来。

表 2-8 各段中心声级和相应的暴露时间

分段 n	1	2	3	4	5	6	7	8
中心声级 L_n/dB（A）	80	85	90	95	100	105	110	115
暴露时间 T_n/min	T_1	T_2	T_3	T_4	T_5	T_6	T_7	T_8

若每天按 8h 工作，低于 78dB（A）的噪声不予考虑，则一天的等效连续 A 声级由下式近似计算：

$$L_{eq} = 80 + 10\lg \frac{\sum_n 10^{\frac{n-1}{2}} \cdot T_n}{480} \tag{2-5}$$

式中　n——段数；

T_n——第 n 段噪声级一天内的暴露时间，min。

例 2-3 经测量某车间一天 8h 内的噪声为 100dB（A）的噪声暴露时间为 4h，90dB（A）噪声的暴露时间为 2h，80dB（A）的噪声暴露时间为 2h，试计算一天内的等效连续 A 声级为多少？

解： 由表 2-8 查得：100dB（A），90dB（A），80dB（A）所对应段的 n 值分

别为5、3、1，将 n 、T_n 值代入式（2-5）有：

$$L_{eq} = 80 + 10\lg \frac{10^{\frac{5-1}{2}} \times 240 + 10^{\frac{3-1}{2}} \times 120 + 10^{\frac{1-1}{2}} \times 120}{480}$$

$$= 80 + 10\lg \frac{24000 + 1200 + 120}{480}$$

$$= 80 + 10\lg 53$$

$$= 97dB（A）$$

对于每天工作8h，一周工作5d，即一周40h，则该噪声等效连续A声级可由下式计算：

$$L_{eq} = 70 + 10\lg \sum E_i \qquad (2-6)$$

式中　E_i——相应于声级 dB（A），等于 L_i 部分噪声暴露指数，$E_i = \frac{\Delta t_i}{40} \cdot$ $10^{0.1(L_i-70)}$；

　　　Δt_i——一周40h内声压级 L_i dB（A）±25dB 的时间。

2.2.3　噪声评价数 NR 及曲线

前面介绍了 A 声级和等效连续 A 声级作为噪声的评价标准，它是对噪声的所有频率的综合反映，它很容易测量，所以，国内外普遍将 A 声级作为噪声的评价标准。但是，A 声级不能代替频带声压级来评价噪声。对于评价办公室、建筑室内、其他稳态噪声的场所，国际标准化组织（ISO）推荐使用一簇噪声评价曲线，即 NR 曲线，亦称噪声评价数 NR，如图 2-3 所示。曲线 NR 数为噪声评价曲线的号数，它等于中心频率为 1000Hz 的倍频程声压级的分贝数。它的噪声级范围为 0～130dB，适用于中心频率从 31.5Hz 到 8000Hz 的 9 个倍频程。

各倍频程声压级 L_P 与 NR 数的关系为：

$$L_P = a + bNR \qquad (2-7)$$

式中　L_P——噪声各倍频程声压

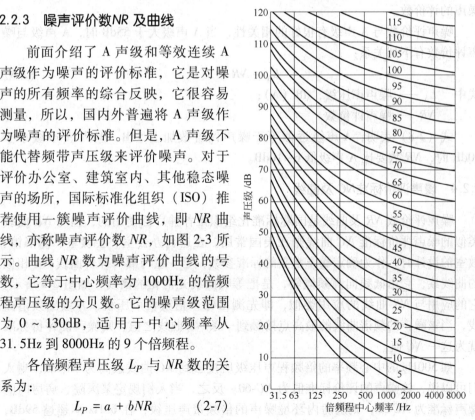

图 2-3　噪声评价数 NR 曲线

　　　　级，dB；

　　　　NR——噪声评价数的 NR 数；

　　a，b——与倍频程声压级有关的常数，见表 2-9。

表 2-9　倍频程声压级的 a、b 常数

倍频程中心频率/Hz	63	125	250	500	1000	2000	4000	8000
a	35.5	22.0	12.0	4.8	0	-3.5	-6.1	-8.0
b	0.790	0.870	0.930	0.974	1.000	1.015	1.025	1.030

　　在制定 NR 噪声评价曲线过程中，考虑了对人耳的损伤、人的烦恼程度、妨碍语言交流等因素，综合认为高频噪声比低频噪声对人影响尤为严重。因此，在同一条 NR 曲线上各倍频程的噪声级对人们的影响是相同的。

　　如果需求某噪声的噪声评价数，可将测得倍频程声级绘成频谱图与 NR 曲线簇放在一起，噪声各频带声压级的频谱折线最高点接触到的一条 NR 曲线即是该噪声的评价数。

　　噪声评价数与 A 声级有很好的相关性，当 A 声级大于 55dB 时，A 声级与噪声评价数有下列关系：

$$L_A = NR + 5 \tag{2-8}$$

式中　　L_A ——噪声声压级，dB（A）；

　　　　NR——噪声评价数。

　　式（2-8）表明，A 声级近似等于噪声评价数加上 5dB。但当 A 声级小于 50dB 时，NR 数要比 A 声级低 6~10dB。

2.2.4　噪声评价标准NC 及曲线

　　噪声评价数 NR 及曲线是国际标准化组织推荐并广泛使用的，但与 NR 曲线类似的噪声评价标准 NC 曲线则在美国常用。在进行办公室、会议室、图书馆、教室的设计时，作为确定噪声水平的标准参数，是一组与噪声评价曲线 NR 相似的曲线族，它由低频向高频倾斜，是把等响曲线光滑化的曲线，如图 2-4 所示。它的应用与 NR 曲线的应用类似，即先测出噪声倍频程声压级，并绘出频谱曲线，当该噪声的频谱曲线的最高点接触到一条 NC 曲线之值，则噪声的评价标准就为这一 NC 值。

　　如 500Hz 的中心频率的倍频程声压级所接触到 NC 曲线最高为 NC-60，则人们可以说，该噪声的评价标准值为 NC-60。反之，当人们规定某医院、病房内的噪声标准为 NC-35，则病房内环境噪声的倍频带声压级，在 63Hz 不超过 59dB，125Hz 不应超过 52Hz，250Hz 不超过 46dB，500Hz 不超过 41dB，1000Hz 不超过

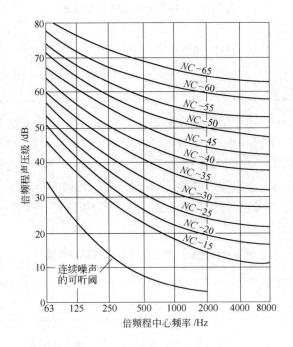

图 2-4 *NC* 曲线

36dB 等。

2.3 噪声的标准

噪声的标准是一门很复杂的科学，它涉及声学、心理学、生理学、卫生学等学科，它还与国家的科学技术水平和经济发展情况有关。国际标准化组织（ISO）1971 年公布了噪声的容许标准，各国家又根据本国的实际情况制定出噪声的容许标准。

噪声的标准一般分为三类：一是人的听力和健康保护标准；二是环境噪声容许标准；三是机电设备及其他产品的噪声控制标准。

2.3.1 ISO 听力保护标准与我国《工业企业噪声卫生标准》

1971 年国际标准化组织（ISO）公布的噪声容许标准：为了保护人们的听力和健康，规定每天工作 8h，允许等效连续 A 声级为 85~90dB，时间减半，允许噪声提高 3dB（A）。例如，按噪声标准，每天工作 8h，取允许噪声为 90dB（A），那么，每天累积时间减至 4h，容许噪声可提高到 93dB（A），每天工作 2h，容许噪声为 96dB（A）等，但最高不得超过 115dB（A）。ISO 推荐的噪声标准见表 2-10。

表 2-10　ISO 推荐的噪声容许标准

累积噪声暴露时间/h	8	4	2	1	0.5	0.25	0.125	最高限
噪声值/dB（A）	85	88	91	94	97	100	103	115
	90	93	96	99	102	105	108	115

1979 年 8 月 31 日卫生部和国家劳动总局颁发了我国《工业企业噪声卫生标准（试行草案）》并从 1980 年 1 月 1 日起实施。该标准规定：对于新建、扩建、改建的工业企业的生产车间和作业场所的工作地点，其噪声标准为 85dB（A）；对于一些现有老企业经过努力，暂时达不到标准，其噪声容许值可取 90dB（A）。对于每天接触噪声不到 8h 的工种，根据企业种类和条件、噪声标准可按表 2-11 和表 2-12 相应放宽。

表 2-11　新建、扩建、改建企业噪声标准

每个工作日接触噪声的时间/h	8	4	2	1	最高限
容许噪声值/dB（A）	85	88	91	94	115

表 2-12　现有企业噪声暂时达不到标准的参照表

每个工作日接触噪声的时间/h	8	4	2	1	最高限
容许噪声值/dB（A）	90	93	96	99	115

由上述两表可以看出，暴露时间减半，允许噪声可相应提高 3dB（A），此标准也是按"等能量"原理制定的。

执行这个标准，一般可以保护 95% 以上的工人长期工作不致耳聋，绝大多数工人不会因噪声而引起血管和神经系统等方面的疾病。因此可见，我国的噪声卫生标准不仅考虑了人的听力，还考虑了人们在健康方面的保护。

2.3.2　ISO 的环境区域噪声标准和我国《城市区域环境噪声标准》

1971 年国际标准化 ISO 组织提出环境噪声标准，对于住宅区室外的噪声标准为 35~45dB（A），对于不同的时间、不同的区域分别按表 2-13 和表 2-14 加以修正；对于非住宅区室内噪声标准见表 2-15。

表 2-13　不同时间的环境噪声标准的修正值

时　间	修正值/dB（A）	时　间	修正值/dB（A）
白天	0	午夜	-15~-10
晚上	-5		

表 2-14 不同区域的环境噪声修正值

区 域	修正值/dB（A）	区 域	修正值/dB（A）
乡村住宅、医院疗养区	0	工商业和交通混合区	+15
郊区住宅、小马路	+5	城市中心	+20
城市住宅区	+10	工业地区	+25

表 2-15 非住宅区室内噪声标准

场 所	标准/dB（A）	场 所	标准/dB（A）
办公室、商店、会议室、教室	35	大的打字室	55
大餐厅、打字室、体育馆	45	车间	45~75

我国 1982 年 8 月 1 日颁布了"城市区域环境噪声卫生标准"，它适用于城市区域环境，见表 2-16。

表 2-16 城市区域环境噪声标准（等效声级 L_{eq}/dB（A））

适 用 区 域	昼（6：00~22：00）	夜（22：00~6：00）
特殊住宅区	45	35
居民、文教区	50	40
一类混合区	55	45
二类混合区、商业中心	60	50
工业集中区	65	55
交通干线道路两侧	70	55

表中的特殊住宅区，意指需要特别安静的住宅区；居民、文教区是指纯居民区和文教机关区；一类混合区是指居民区与一般商业区混合的区域；二类混合区是指工业、商业、少量交通与居民区混合的区域；商业中心区是指商业集中繁华地区；工业集中区是指一个城、镇明确规划的工业；交通干线两侧是指车流量每小时 100 辆以上的道路两侧。

表中环境噪声标准是指室外允许噪声级，测点选在居室外或建筑物外 1m（例如窗口外 1m），传声器距地面 1.2m。如果须在室内测量时，室内标准值低于所在区域 10dB（A）。对于夜间突发出现的噪声（如风机、空压机、排气噪声），其峰值不准超过标准值 10dB（A）；对于夜间偶然出现突发噪声，其峰值不准超过标准 15dB（A）。

1989 年 12 月 1 日实施的《中华人民共和国环境噪声污染防治条例》。其主要内容有环境噪声标准和环境噪声监测、工业噪声污染防治、建筑施工噪声污染防治、交通噪声污染防治、社会生活噪声污染防治和法律责任等。条例的颁布和实施，对于防止环境噪声污染、保障人们有良好的生活环境、保护人们身心健康提供了法律依据。

2.3.3 机动车辆噪声的允许标准

为了保护环境噪声不超过一定限度，对机动车辆的噪声加以限制，机动车辆噪声标准随车辆的种类、功率和用途而异。我国 2002 年已制定汽车加速行驶时，其车外最大噪声级不应超过规定的限值（GB 1495—2002），主要内容见表 2-17。

表 2-17　机动车辆噪声标准

汽 车 分 类	噪声限值/dB（A）	
	第一阶段	第二阶段
	2002. 10. 1 ~ 2004. 12. 30 期间生产的汽车	2005. 1. 1 以后 生产的汽车
M1	77	74
M2（GVM≤3.50t）或 N1（GVM≤3.50t）：		
GVM≤2t	78	76
2t<GVM≤3.5t	79	77
M2（3.5t<GVM≤5t）或 M3（GVM>5t）：		
P<50kW	82	80
P≥150kW	85	83
N2（3.5t<GVM≤12t）或 N3（GVM>12t）：		
P<75kW	83	81
75kW≤P<150kW	86	83
P≥150kW	88	84

注：1. M1，M2（GVM≤3.5t）和 N1 类汽车装用直喷式柴油机时，其限值增加 1dB（A）。

2. 对于越野汽车，其 GVM>2t 时：如果 P<150kW，其限值增加 1dB（A）；如果 P≥150kW，其限值增加 2dB（A）。

3. M1 类汽车，若其变速器前进挡多于四个，P>140kW，P/GVM 之比大于 75kW/t，并且用第三挡测试时其尾端出线的速度大于 61km/h，则其阻值增加 1dB（A）。

4. GVM 为最大总质量，t；P 为发动机额定功率，kW。

2.3.4 机床噪声的允许标准

随着现代工业的发展，机床趋于高速、大功率、高精度、高效率、更加自动化，我国规定了机床空运转噪声声压级的限值，见表 2-18。

表 2-18　机床空运转噪声声压级的限值

机床质量/t	≤10	10~30	≥30
普通机床/dB（A）	85	85	90
数控机床/dB（A）	83		

注：机床噪声的测量方法应符合 GB/T 16769 的有关规定。

2.3.5　建筑设计噪声标准

目前，我国尚未制定建筑设计标准。现将美国采用的建筑物的设计标准的主要内容作一介绍，见表 2-19。

表 2-19　房间设计的 NC 标准　（dB（A））

地区类别		低	平均	高	地区类别		低	平均	高
居宅区	私人住宅（乡村和郊区）	20	25	30	旅馆	房间、套间、宴会厅、舞厅	30	35	40
	私人住宅（城市）	25	30	35		会堂、走廊、会客厅	35	40	45
	家庭住宅 2 和 3 间家庭单元	30	35	40		厨房、洗衣店、车库	40	45	50
医院和诊所	私人房间	25	30	35	办公室	小办公室	20	25	30
	手术室	30	35	40		大办公室	25	30	35
	实验室、会议室、会客厅	35	40	45		私人办公室、会客厅	30	35	40
	候诊室	40	45	50		普通办公室、制图室	35	40	50
商店超市	服装商店和百货商店	35	40	45	教堂学校	圣堂	20	25	30
	百货商店（主楼）	40	45	50		图书馆、学校、教堂	30	35	40
	自动售货店	40	45	55		实验室、休息室	35	40	45
运动场	球场、体育馆	35	40	45		走廊、会堂、厨房	35	45	50
	游泳池	40	50	55	公共建筑	公共图书馆、博物馆、法庭	30	35	40
会堂和音乐厅	音乐歌舞会堂、播音室	20	22	25		盥洗室	40	45	50
	戏剧院、影院、电视播音室、半圆形露天剧场	25	27	30	公共交通	售票处	30	35	40
	教室	30	32	35		休息室、候车区	35	45	50

另外，在建筑上，美国常用前述的 *NC* 曲线规定房间噪声的允许标准。

2.3.6　机械产品和家用电器噪声的容许标准

噪声控制的目的是保护人们的生存环境，使人们能在较安静的环境下工作、学习和生活。控制噪声最有效的方法是对噪声源的控制。机械设备及产品、家用电器等均是产生噪声的噪声源。我国已公布了常用机械产品、家用电器噪声的允许标准，见表 2-20。

表 2-20　常用机械产品和家用电器的噪声标准

种　类	噪声标准 /dB（A）	测量条件
罗茨鼓风机	≤ 90	《风机和罗茨鼓风机噪声测量方法》（GB 2888—82）

种　类		噪声标准/dB（A）	测量条件
发动机	功率不大于 147kW	≤ 78	在半自由声场下测量，测点高1.2m，距机体中心线 7.5m
	功率大于 147kW	≤ 80	
	家用电冰箱	≤ 45	根据 SG 215—80 标准中规定，测点距电冰箱正面 1m，高 1m
	家用洗衣机	≤ 65	根据 SG 186—80 标准，洗衣机放在厚 5~10mm 弹性垫层上，测点距洗衣机前、后、左、右四面中心1m 处
手提式电吹风	感应式单相交流电动机	≤ 50	根据 SG 197—80 标准，测点距电吹风出口 200mm 处
	串激式交直流电动机	≤ 85	
	永磁式直流电动机	≤ 70	

3 噪声的测量仪器与测试技术

3.1 常用的噪声测量仪器

随着现代电子、计算机技术的飞速发展，噪声测量仪器发展也很快。在噪声测量中，人们可根据不同的测量与分析的目的，选择不同的仪器，采用相应的测量方法。常用的测量仪器有声级计、频率分析仪、自动记录器等。

3.1.1 声级计

声级计也称噪声计，它是用来测量噪声的声压级和计权声级的仪器，它适用于环境噪声、各种机器（如风机、空压机、内燃机、电动机）噪声的测量，也可用于建筑声学、电声学的测量。如果把电容器传声器换成加速度计，可以用来测量振动的加速度、速度和振幅。声级计还可以与倍频程和1/3倍配合进行噪声频谱分析。

3.1.1.1 声级计的种类

声级计按其用途可分为一般声级计、车辆声级计、脉冲声级计、积分声级计和噪声剂量计等。按其精度一般可分为四种类型：O型声级计，它是实验室用的标准声级计；Ⅰ型声级计相当于精密声级计；Ⅱ型声级计和Ⅲ型声级计作为一般用途的普通声级计。按体积大小可分为便携式声级计和袖珍式声级计。

3.1.1.2 声级计的工作原理

声级计主要由传声器、放大器、衰减器、计权网络、电表电路及电源等部分组成，其方框图如图3-1所示。

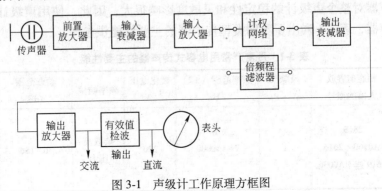

图 3-1 声级计工作原理方框图

A　传声器

传声器也称话筒或麦克风，它是将声能转换成电能的元件，是将声音信号转换成电信号的传感器。声级计上使用的传声器要求频率范围宽，频率响应应当平直、失真小，动态范围大，尤其要求稳定性好。

在噪声测量中，声级计使用的传声器有四种：晶体传声器、电动式传声器、电容传声器和驻极体传声器。

晶体式传声器灵敏度较高，频率响应较平直，结构简单，价格便宜，但它受温度影响较大，即在-10~45℃范围内可使用；动态范围较窄，一般用于普通声级计。

电动式传声器的频率响应不够平直，灵敏度较低、体积大，易受磁场干扰，稳定性较差，但固有噪声低，能在低温和高温环境下工作。它也用于普通声级计。

电容式传声器是目前较理想的传声器，它的结构简图如图3-2所示。

电容式传声器主要由紧靠着的后极板和绷紧的金属膜片所组成，绝缘体后极板和膜片两者相互绝缘，从而构成一个以空气为介质的电容器的两个极板，当声波作用在膜片上时，后极板与膜片间距发生变化，随之电容也变化，从而产生一个电信号输送到仪器中，这个电信号的大小和形

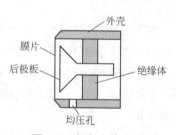

图 3-2　电容式传声器

式取决于声压的大小。电容传声器灵敏度高，一般为 10~50mV/Pa；频率范围宽，10~20000Hz；频率响应平直，稳定性良好，可在-50~150℃，相对湿度为0~100%的范围内使用。它多用于精密声级计及标准声级计。

驻极体传声器不用极化电压，结构简单、价廉，但灵敏度较低，频率响应不够平直，动态范围较窄。由于结构简单，该传声器很有发展前途，它也用于精密级声级计。

传声器对整个声级计的稳定性和灵敏度影响很大，因此，使用声级计要合理选择传声器，表3-1列出了不同类型传声器的主要性能供参考。

表 3-1　丹麦产常用电容式传声器的主要性能

传声器类型	相连前置放大器的型号	灵敏度 /mV·Pa⁻¹	频率范围（±2）/Hz	极化电压 /V	频率响应	动态范围 /dB	直径 /mm
4138	2818 连 UA0160　2615，2619 连 UA0036	1	7~140000	200	杂散及压力	76~186	3.175

传声器类型	相连前置放大器的型号	灵敏度/mV·Pa⁻¹	频率范围（±2）/Hz	极化电压/V	频率响应	动态范围/dB	直径/mm
4135	2681，2615，2619 连 UA0035 型	4	4~100000	200	自由场	5.9~164	6.35
4136		1.6			压力	67~172	
4133	连接 2615 或 2619 型	12.5	4~40000	200	自由场 压力及 杂散	2615 型（38~160）2619 型（29~160）	12.7
4134			4~20000				
4147	2631 连 4134 型	3.7~18	0.01~18000	无（10MHz 载波）	杂散及压力	41~50	12.7
4148	2819 接 2804	12.5	3~16000	28	自由场	29~140	
4146	2631，2615 2619 连 4144	12~30	<0.1~8000	无（10MHz 载波）	压力	54~138	25.4
4117	UA00062 型放大器	3	4~10000	无	自由场	上限 138	25.4

B　放大器和衰减器

传声器把声音信号变成电信号，此信号一般很微弱，不能在电表上直接显示，需要将信号加以放大，这个工作由放大器来完成；当输入信号较强时，为避免表头过载，需对信号加以衰减，这就需要采用衰减器，衰减器对噪声不衰减，信噪比不会提高。

C　计权网络

为了测量噪声的计权声级，声级计内装有电阻、电容组成的计权网络，即 A、B、C、D。它们从等响曲线出发，对不同频率的噪声信号进行不同程度的衰减（参见第 2.2 节），使仪器测得的读数能近似符合人耳对声音的响应。声级计还设有"线性"响应，用来测量非计权的声压级。在实际使用中，可根据不同的目的和噪声特性合理选择 A、B、C、D 计权网络进行噪声测量。一般工矿企业、车辆噪声用 A 声级，脉冲噪声用 C 声级，飞机等航空噪声用 D 声级。

D　电表电路和电源

经过放大器放大或衰减器衰减的信号，被送到电表电路进行有效值检波，使交流信号变成直流信号，在表头上以分贝（dB）指示。表示信号的大小有峰值、平均值、有效值，其中有效值用得较多。声级计有快、慢、脉冲、脉冲保持和峰值保持等挡的时间计权特性。"快"挡要求信号输入 0.2s 后，表头上就迅速达到其最大读数。"慢"挡表示信号输入 0.5s 后，表头指针达到它的最大读数。"脉冲"和"脉冲保持"挡表示信号输入 35ms 后，表头上指针达到最大读数并保持一段时间。"峰值保持"挡的上升时间小于 20μs，就是说可以测量 20μs 以上的脉冲噪声。

为了适用野外测量，声级计电源一般要求电池供电。为了保证测量精度，仪器应进行校准，可使用 NX6 型活塞发生器或 ND9 型声级校准器对仪器进行准确的声学校核，精度分别为±0.2dB 和 0.3dB。

3.1.1.3　声级计性能简介

声级计一般分为普通声级计与精密声级计。普通声级计的测量误差约为±3dB，精密声级计约为±1dB。国产的 ND1、ND2 精密声级计和倍频程滤波器，ND6 型脉冲精密声级计，是便携式Ⅰ型声级计；ND10 袖珍式Ⅱ型声级计属普通声级计，国产 SJ-2 型声级计也属普通声级计。表 3-2 列出了几种声级计的主要性能。

表 3-2　几种声级计的主要性能

声级计型号	ND1	ND2	ND6	ND10
类型	Ⅰ型			Ⅱ型
声级测量范围/dB（A）	25～140		20～140	40～130
电容传声器	CHΓ1, φ24		CH11, φ24 或 CHB, φ12	CH33, φ13.2
频率范围/Hz	20～18000		10～40000	31.5～8000
频率计权	A、B、C 线		A、B、C、D 线	A、C 线
时间计权	快、慢		快、慢、脉冲、保持	快、慢、最大值、保持
检波特性	有效值		有效值及峰值	有效值
峰值因素	4		10	3
极化电压/V	200		200	28
滤波器	外接	倍频程滤波器	外接	—
电源	3 节一号电池			1 节一号电池
尺寸/mm	320×124×88	435×124×88	320×124×88	200×75×60
重量/kg	2.5	3.5	2.5	0.7
工作温度/℃	−10～+40			−10～+50
相对湿度（+40℃）/%	<80			

上述是几种国产声级计性能简介，目前经常使用的还有丹麦 B&K 公司生产的精密声级计，如 2203 型精密声级计和 2209 型脉冲精密声级计。2203 型精密声级计可测量稳态连续噪声，当与 1613 型倍频程滤波器或 1616 型 1/3 倍频程滤波器连用时，可直接对噪声进行频谱分析。2209 型脉冲声级计不但能测量稳态噪声，而且能测量波形因素（峰值除以平均值）大至 40dB 的非稳态噪声，如枪炮等脉冲噪声。这种声级计符合人耳对脉冲噪声的响应及人耳对脉冲声反应的平均

时间，仪器设计有峰值和最大有效值的保持装置，以便读出脉冲声峰值，仪器还设有 A、B、C、D 计权网络。

在进行频率分析时，不能用计权网络，以免造成某些频率的噪声衰减，影响噪声源分析。

3.1.2 频率分析仪

频率分析仪是用来测量噪声频谱的仪器。它主要由两大部分组成，一部分是测量放大器，另一部分是滤波器。测量放大器的原理大致与声级计相同，不同的是测量放大器可以直接测量电压、峰值、平均值，有的放大器还可以直接测量正峰、负峰以及最高峰值的正确读数。一个滤波器只允许一定频率范围的波通过，超出该频率范围下限或上限的信号将受到极大衰减。不同的滤波器与放大器配置，将构成不同的频率分析器，亦称频谱仪。

3.1.2.1 恒定带宽频率分析仪

当放大器与恒定带宽滤波器配置，就构成了恒定带宽频率分析仪。它的中心频率 f_c 可以连续变化，但通过的带宽不变，带宽 Δf 常用 5Hz、20Hz、50Hz 和 200Hz。该分析仪具有频率选择性强的优点，尤其在高频段更为突出，因此，适用于检验产品噪声等精确分析，但它要求所分析的噪声频率必须十分稳定，否则会造成误差。丹麦 2010 型分析器就是这种分析仪器。

3.1.2.2 恒定百分比带宽频率分析仪

这种恒定百分带宽频率分析仪的频带宽随着频率的增加而增宽，通频带宽始终等于中心频率的某一百分数，如百分数为 10，中心频率为 100Hz，其带宽为 10Hz；若中心频率为 1000Hz，其带宽为 100Hz。该分析仪适用测量分析不太稳定的噪声，能测出各谐波成分的相对大小。所测得的频率虽没有恒定带宽分析仪精确，但可以满足工程的实际需要。

3.1.2.3 等对数频带宽式频率分析仪

在实际工程应用中，有时不需要了解噪声频谱的详细结构，只要知道噪声在各个频带内的声压级就够了，这时可采用等对数频带式频率分析仪，该分析仪上、下截止频率有下列关系：

$$X = \log_2 \frac{f_u}{f_l} \tag{3-1}$$

式中　X——频程数；

　　　f_u——上限截止频率，Hz；

　　　f_l——下限截止频率，Hz。

当 $X = 1$ 时，则称为倍频程分析仪；$X = 1/3$ 时，则为 1/3 倍频程分析仪。

在噪声控制的声学测量中，多采用倍频程滤波分析仪。使用声级计和倍频程

（或 1/3 倍频程）分析仪可以进行噪声频谱测量。

关于倍频程和 1/3 倍频程滤波器的中心频率及对应的上下截止频率已在第 1.2 节中的表 1-4 中列出。

3.1.2.4　实时分析仪

上述几种频谱分析仪，是对噪声信号在一定频率范围内进行频谱分析，需花费较长的时间，这些分析仪只能分析稳态噪声信号，而不能分析瞬态噪声信号，如行驶中的汽车、火车、飞行的飞机等。因此，需要有一种对瞬态信号进行实时分析的仪器。它能在极短的时间内显示出噪声信号的 A 声级、总声级和频谱。实时 1/3 倍频程分析仪，主要包括测量放大器、1/3 倍频带滤波器、阴极射线管以及数字显示电路等部分。该分析仪可用于声音和振动的快速频率分析，可测量复杂的信号，并将结果显示出来，直接读数，特别适用于瞬时的脉冲信号分析。

3.1.3　数据自动采集和信号分析系统

随着计算机技术的发展，数据自动采集和信号分析系统应运而生，实现了数据自动采集、记录、处理、显示、分析、拷贝等动静态测试过程的一体化处理，能够完成振动、噪声、应力、应变、温度、压力等物理量的测试分析，实现实时记录、示波显示、波形和频谱分析、瞬态记录分析、信号处理、模态分析、故障诊断、噪声分析、数字滤波等多种仪器功能，而且速度快、效率高、精确度好。

3.2　噪声的测量方法

噪声的测量一般可归纳为两类：第一类是对噪声源所辐射的噪声大小和特性的确定；第二类是评价噪声对人们的工作、学习、身心健康的影响。这两类问题都与噪声有关，对噪声进行控制的目的就是把声源辐射的噪声降低到人们可以接受的程度。

3.2.1　噪声的特性

每种机器、机械设备都会有噪声，如汽车、风机、压缩机、建筑机械等。噪声有强有弱，频率成分也不同，有的是连续的，也有间断或是脉冲噪声。

噪声频谱有连续谱和线谱或者两种同时存在。

噪声的时间特性可分为稳态噪声和非稳态噪声。稳态噪声是声级变化微小的噪声；非稳态噪声分为起伏噪声、间歇噪声和脉冲噪声。起伏噪声，即声级连续且在相当大范围内变化；间歇噪声，即声级保持高于环境噪声的时间和与环境噪声相同的时间大于和等于 1s。噪声特性直接影响测量精度。稳态噪声较容易测量，脉冲噪声测量较复杂和困难。

测试环境对噪声测量精度有很大的影响，同一声源在不同环境中测得的声级不同，这就要求选择合适的声场。在第 1.3 节中曾讨论过声场分为自由声场、扩散声场、半扩散声场。除此之外，我们还常遇到一种称为半球面扩散声场，它是靠近刚性反射面，经常是地面，而且又避开其他障碍物的全方向性声源的声场。

3.2.2 噪声的测量方法

噪声的测量方法的选择，要根据噪声的特性和声源的特性、环境的类型以及测试的精度要求。这里主要讨论第一类的噪声问题，对于具体不同种机械设备噪声的测量可参照国家有关的标准及规定。通用的测量方法，按测量的环境、所需的仪器设备和工作量大小分为概算法、工程法、精密法。

3.2.2.1 概算法

概算法要求的时间和设备最少，对测试环境要求不高，在包围声源的假想测量面，即半球面或立体表面上规定点处测量 A 声级或 C 声级，然后算出平均声压级。它可用于相同声源特性之间的比较，对于较大尺寸、笨重的大型机械设备噪声测定尤为方便，如果需要，也可进行频带声压级测量，但该方法精确度不高。

3.2.2.2 工程法

测量的量除了声压级、声级外，还要测量频带声压级，并可以计算声功率级。测量时，应考虑声学环境对测量结果的影响。测点和测量频率范围的选择，应根据噪声源特性和声源的声学环境来确定，在测试期间，有时还要记录一段时间内的声级随时间的变化关系。由此法测得的数据，一般用于噪声治理，采取降低机械设备噪声的工程措施。

3.2.2.3 精密法

这种方法用于对噪声的精确分析，测量的量是声级、声压级，再加上频带声压级，按照噪声的持续时间和波动特性，在一个适当的时间间隔内记录声级随时间的变化。对声学环境要仔细分析，考虑环境因素对测量的影响。如条件允许，应在实验室内进行噪声测量，如可在自由声场或混响室中进行。所谓混响室是指房间内的机器或其他声源所发出的声波，受六面墙壁或其他反射体的交替反射，使房间内的声能在某一时间内不断叠加，即使声源停止工作，声波也可持续一段时间，这种现象称为混响，相应的声场称为混响声场或扩散声场，把这种具有混响声场的房间称为混响室。

此方法可以精确地确定声源的声功率级，还可确定脉冲噪声的特性及声源指向特性。

3.2.3 现场噪声的测量

3.2.3.1 工业企业机械设备噪声的测量

各种机械设备的噪声测量必须按照国家标准、部颁标准、行业管理规范进行。对于未制定规范的，对所测的机械设备，通常取距设备表面1m处为测点，如设备的最大尺寸小，则距离取为0.5m，测点应在各不同方位上选取（参考前述的半球面或立体表面）数个。

测点选择的大致原则如下：

对于尺寸不大于30cm的机器，测点距机器表面为30cm；尺寸不大于50cm的机器，测点距机器表面为50cm；尺寸不大于100cm的机器，测点距机器表面为100cm；对于尺寸超过1m的大型机器及危险性机械设备，测点的选择要根据具体环境及有关情况而定。

对于空气动力性机械设备，如需测量进排气口的噪声，测点选择如图3-3所示；进气口噪声测点取在进气口轴线上，距管口平面0.5m或1m（或等于一个管口直径）处；排气口噪声测点应取在与排气口轴线成45°或90°角的方位上，距管口中心0.5m或1m（或等于一个管口直径）处；测点的高度可取机器的半高度，但距地面不得低于0.5m，测点应远离其他机械设备或墙体等反射面，距离一般不得小于2m，测量时，传声器正对机器表面。对于机械设备声压级的测量，不同的测点具有不同的结果，一般要按有关规范选测点，如受现场条件所限，不能按规定选测点，要说明测点的位置。

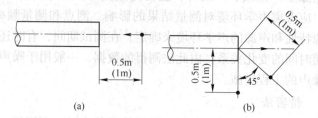

图3-3　进排气口噪声测点示意图
(a) 进气口测点；(b) 排气口测点

3.2.3.2　车间和厂区的噪声测量

车间噪声的测量是在正常工作时，将传声器设置在操作人员的人耳位置或工作人员经常活动的范围内，以人耳高度（取正1.5m）为准选择测点。当车间内各点处声级差不大于3dB，只需取1~3个测点；若车间内各点处声级差别较大，则可将车间划分为几个区域，使任意两个区域间的声级差不小于3dB，而各区域内的声级差小于3dB时，每个区域可选1~3个测点进行测量。

厂区噪声测量是指在车间及作业场所外的环境噪声测量。一般选择在厂周围距墙2m处的地方，测点选在对厂区环境影响较严重、人们经常活动的地方。首先在1∶1000或1∶2000比例的总平面图上，选择一条厂区的主轴线（可选择主干道中心线），作为坐标的基准线，然后将厂区的整个区域划分成若干个小方形网格（一般为20m×20m或10m×10m），各个网格的交点（除落在建筑物及大型障碍物上）均为厂区的测点。

3.2.4　声强测量法

测量噪声源的声功率（声功率级），要在特定的测试环境中测量声压级，并经过复杂的修正才能确定。20 世纪 70 年代后期出现了一种测量噪声的新方法，即声强测量方法。它的优点是，该方法不受声学环境限制，能直接用于现场测量，同时分析速度要比传统的方法快得多。

声强测量的原理是利用声压与质点的速度的关系，来求出质点速度，再依据式（1-5）：

$$I = \frac{P^2}{\rho \cdot c} \tag{1-5}$$

同时利用：

$$P = \rho \cdot u \cdot c$$

式中　P——声压；
　　　　u——质点速度；
　　　　ρ——介质密度；
　　　　c——声速。

有　　　　　　　　　$I = \rho \cdot u^2 \cdot c = Pu$

求出声强，再由公式：

$$W = \oint_s I ds$$

式中　W——声源在单位时间内发出的声功率，W；
　　　　s——包围声源的封闭面积，m^2；
　　　　I——声强在圆面积 ds 法线方向的分量，W/m^2。

以及式（1-9）：

$$L_W = 10 \lg \frac{W}{W_0} = 10 \lg \frac{W}{10^{-12}} \tag{1-9}$$

求声功率和声功率级。

声强测量系统是通过两只相距很近且靠近声源表面的传声器和一套数据处理系统来测量声强，并可求得声源的声压级、声功率级。图 3-4 所示为声强测量系统图。该系统分为两类。一类是由数字滤波器构成的测量系统，如图 3-4（a）所示，它是以声强仪为基本设备，可进行倍频程或 1/3 倍频程分析。另一类是利用双通道谱分析仪与电子计算机（专用或微处理机加编制程序）组成的测量系统，此测量系统以双通道分析仪为基本设备，以计算机有关测量为辅助工具，如图 3-4（b）所示。

由声强原理的基本概念知道，要测量出声强，必须测出某点的声压 P 与质点

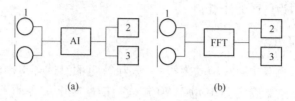

(a)　　　　　　　　　　　　(b)

图 3-4　声强测量系统

1—声强探头（两个传声器）；2—显示设备；3—打印机或绘图机；

AI—声强仪；FFT—双通道谱分析仪

速度 u。声压可用一个传声器测得，而该点的质点速度则无法用一个传声器测量，此时需用双传声器的测量系统，其两个传声器设置简图如图 3-5 所示，1 和 2 为两个相同的传声器，其中心距为 Δr，$O\text{-}O$ 为两传声器间隔的中心，该处的声压为 P，质点速度为 u。二传声器测出的声压分别为 P_1 和 P_2，则声压梯度近似为：

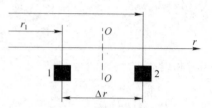

图 3-5　两个传声器的布置

$$\frac{\partial P}{\partial r} \approx \frac{P_2 - P_1}{\Delta r} \tag{3-2}$$

当 $\Delta r \ll \lambda$ 时，$O\text{-}O$ 处的声压为：

$$P = \frac{1}{2}(P_1 + P_2) \tag{3-3}$$

质点的速度为：

$$u = -\frac{1}{\rho}\int \frac{\partial P}{\partial r}\mathrm{d}t = -\frac{1}{\rho}\int \frac{P_2 - P_1}{\Delta r}\mathrm{d}t \tag{3-4}$$

将式（3-3）和式（3-4）代入前述的 $I = Pu$，则有：

$$I = \frac{-(P_1 + P_2)}{2\rho\Delta r}\int (P_2 - P_1)\mathrm{d}t \tag{3-5}$$

由此可见，通过两个传声器测得声压 P_1 和 P_2，即可求出声强，其近似性及测量误差与传声器的中心间距 Δr 以及两传声器本身的测量系统有关。

为了得到窄带声强谱，需要利用谱分析原理，导出频率域中的声强表达式。如将声压信号 P_1 和 P_2 的互功率谱密度函数 G_{21} 与带宽 Δf 的乘积称为互谱，以 $G_{\mathrm{II}\cdot\mathrm{I}}$ 表示，经运算推导得声强的互谱表达式为：

$$I(f) = \frac{1}{2\pi\rho\Delta rf}\mathrm{Im}(G_{\mathrm{II}\cdot\mathrm{I}}) , k < \Delta r \ll 1 \tag{3-6}$$

式中　ρ——空气密度；

Δr ——两个传声器的中心间距；

　f ——频率；

　k ——波数；

　Im——取虚部。

式中，$2\pi f \rho \Delta r$ 为一设定的常数。利用双通道 FFT 分析仪求得二声压信号的互谱值，取它的虚部，再运算后，即可获得声强及其频谱，根据测量面积的大小，可以算出声功率。

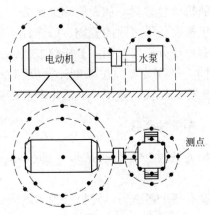

在实际应用中，由测得的声强及划定的面积，就可以算出声源的声功率。例如在两个距离很近的声源上进行声功率的测量，其测点布置如图 3-6 所示。

图 3-6　两个相距很近的声源上声功率的测量

由测得的平均声强级计算声功率级表达式为：

$$L_W = L_I + 10\lg\frac{S}{S_0} \tag{3-7}$$

式中　L_I ——声强级，dB；

　　　S ——测量面积，m^2；

　　　S_0 ——基准面积，$1m^2$。

3.3　噪声信号处理与频谱分析

在第 3.1 节和第 3.2 节中，已分别介绍了噪声测量的常用仪器及噪声测量方法。当声级计与滤波器（倍频程或 1/3 倍频程）联用，可测得各频率的声压级，并绘出频谱曲线；也可根据测试要求，测得 A、B、C、D 计权声级。这些量已基本可以满足工程上的需要，随着电子技术的发展及计算机的应用，用信号处理来鉴别噪声源成为一种有效的手段。它可对测得的噪声数据和信号进行科学的分析及处理，可从中提取尽可能多反映噪声源的特性和传播规律的有用信息，用来识别机械设备的噪声源和寻找产生的原因，为开发新产品及采取有效的噪声控制提供依据。

噪声信号一般都是随机性的，随机过程各个样本记录都不一样，因此不能用明确的数学关系式来表达。但这些样本都有共同的统计特性，随机信号可用概率统计特性来描述。常用的统计函数有均方值 $\psi^2(x)$，均值 m_x 和方差 σ_x^2；概率密度函数 $P(x)$；自相关函数 $R_x(\tau)$；功率谱密度函数 $S_x(f)$；

随机信号的联合统计特性，如互相关函数 $R_{xy}(\tau)$、互谱密度函数 $S_{xy}(f)$ 与相干函数等。

噪声信号的分析处理就是对现场采集的原始数据信号，运用概率统计的方法进行分析和运算，这些过程的工作量较大，但利用快速傅里叶变换，能够很快地处理随机信号数据，从而使相关函数、功率谱密度函数、相干函数和传递函数等也在机械设备噪声源的鉴别、噪声控制技术中得到广泛的应用。经常采用的分析设备有统计分析仪、相关分析仪以及快速傅里叶分析仪，也可用特殊编制的程序（软件）、转换装置，在微型计算机和专用处理机上进行分析，这些仪器操作简便、运算速度快、体积小、重量轻、专用性强。

3.3.1 相关性概念

相关是两个波形或信号（即样本函数的图形记录）之间相似程度的一种度量。

设有两个各态历经随机过程的波形 $x(t)$、$y(t)$，如图 3-7 所示。把两个波形记录 $x(t)$、$y(t)$ 等时间隔地分成 n 个离散值，则为表 3-3。

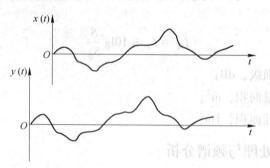

图 3-7　$x(t)$、$y(t)$ 波形

表 3-3　$x(t)$、$y(t)$ 的离散值

t	t_1, t_2, t_3, …, t_n
$x(t)$	x_1, x_2, x_3, …, x_n
$y(t)$	y_1, y_2, y_3, …, y_n

求其两波形记录的方差：

$$\sigma_x^2 = \lim \frac{1}{n} \sum_{i=1}^{n} (x_i - y_i)^2 \tag{3-8}$$

式（3-8）表明，σ_x^2 越小，两波形记录越相似；反之，σ_x^2 越大，两波形记录越不相似。再进一步分析 σ_x^2 的各项，将上式展开得：

$$\sigma_x^2 = \lim_{n \to \infty} \frac{1}{n} \sum_{i=1}^{n} x_i^2 + \lim_{n \to \infty} \frac{1}{n} \sum_{i=1}^{n} y_i^2 - 2 \lim_{n \to \infty} \frac{1}{n} \sum_{i=1}^{n} x_i y_i$$

$$= \langle x^2(t) \rangle + \langle y^2(t) \rangle - 2 \langle x(t) \cdot y(t) \rangle$$

对于一个确定波形的总能量是一定的，上式前两项是代表各自波形的能量，为均方值，是常量。可见两波形相似程度取决于第三项的大小，即：

$$R_{xy} = \lim_{n \to \infty} \frac{1}{n} \sum_{i=1}^{n} x_i y_i = \langle x(t) \cdot y(t) \rangle$$

显而易见，当两波形记录相类似或完全相同时，所求 R_{xy} 为最大，σ_x^2 为最小。反之，当两波形记录不太相似或完全不同时，所求 R_{xy} 为较小，则 σ_x^2 为较大。

又设有一个各态历经随机过程的两个波形记录 $x_1(t)$、$x_2(t)$，可将图 3-7 中的 $x(t)$ 代换为 $x_1(t)$，$y(t)$ 代换为 $x_2(t)$，考虑两个完全相似的波形向左移过一个时间 τ 的情况。即当 $x_1(t)$ 是 $x(t)$，$x_2(t)$ 是 $x(t+\tau)$ 时，则有：

$$R_x = \lim_{n \to \infty} \frac{1}{n} \sum_{i=1}^{n} x_{1i} \cdot x_{2i} = \langle x(t) \cdot x(t+\tau) \rangle \tag{3-9}$$

可见，这时相似程度将由 $\langle x(t) \cdot x(t+\tau) \rangle$ 给出，如 $\tau = 0$，这两波形完全相似，当 τ 增加时，则相似程度将减小。

3.3.2 自相关函数和互相关函数

利用相关性概念来描述两个波形或信号（即样本函数的图形记录）之间的相似程度的函数，称为相关函数；而描述一个随机信号在两个不同时刻状态之间的相互依赖关系的函数，称为自相关函数。

设函数在 t 瞬时取值为 $x(t)$，在 $t+\tau$ 的间隔时间后取值为 $x(t+\tau)$，如图 3-8 中的时间信号与自相关函数。

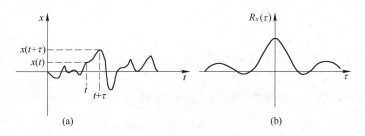

图 3-8 时间信号与自相关函数
（a）时间信号；（b）自相关曲线

自相关函数 $R_x(\tau)$ 定义为 $R_x(\tau) = \lim_{n \to \infty} \frac{1}{n} \sum_{i=1}^{n} x_i(t) \cdot x_i(t+\tau)$，此即离散化计算式，可由下式表示：

$$R_x(\tau) = \lim_{T \to \infty} \frac{1}{T} \int_0^T x(t) \cdot x(t+\tau) \mathrm{d}t \tag{3-10}$$

式中　T——$x(t)$ 和 $x(t+\tau)$ 的周期；

τ——时间位移或时延，与 t 无关的连续时间变量，在 $(-\infty, \infty)$ 中变化。

自相关函数 $R_x(\tau)$ 是以 τ 为自变量的实值偶函数，可正、可负，当 $\tau=0$，自相关函数为：

$$R_x(0) = \lim_{T \to \infty} \frac{1}{T} \int_0^T x^2(t) \mathrm{d}t = \psi_x^2 \tag{3-11}$$

式 (3-11) 中 ψ_x^2 是随机信号的均方值，即 $\tau=0$ 时，自相关函数等于均方值，说明相关程度最大，即完全相关，反映在自相关图上，如图 3-8（b）所示纵轴上最高点，这说明，对周期性信号这种特殊情况来说，自相关函数仍为同周期的周期函数。当 $\tau \to \infty$ 时，则 $R_x(\infty) = m_x^2$（m_x 为平均值），即没有相关关系。利用自相关函数上述的性质，可以找出和提取混杂在噪声信号中的周期信号。因为随机信号随着时延 τ 增加很快时，则自相关函数趋于零（设平均值为零时），而周期信号的自相关函数仍为周期函数，并且其周期与原信号的周期一致。

在旋转机械中，如风机、燃气轮机噪声中的叶轮旋转频率、齿轮的啮合频率等，都可以通过相关函数的信号处理求出。如某大型离心风机，风机转速 $n=600\mathrm{r/min}$，叶片数为 12 片，为寻找风机排风口是否有确定的信号，先把现场录制的风机排风口噪声信号送入信号处理机中，进行自相关函数运算，得出自相关函数图形，如图 3-9 所示。

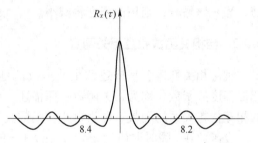

图 3-9　大型风机排气口噪声自相关函数

由图 3-9 可见，图形中的周期 $T = \dfrac{8.4 + 8.2}{2} = 8.3\mathrm{ms}$，由 $f = 1/T$，即可求出 $f = 120\mathrm{Hz}$ 的周期信号。由风机的叶频基频也可得，$f = \dfrac{nz}{60} = \dfrac{600 \times 12}{60} = 120\mathrm{Hz}$。

由此可见，自相关函数可用于检测混杂于噪声中的周期信号。

将系统中某一测点所得的信号与同一系统的另外一些测点的信号相互比较，可以通过互相关函数找出它们之间的关系。

互相关函数 $R_{xy}(\tau)$ 是表示两个随机过程 $\langle x(t) \rangle$ 和 $\langle y(t) \rangle$ 相关性的统计量，其定义为：

$$R_{xy}(\tau) = \lim_{T \to \infty} \frac{1}{T} \int x(t) \cdot y(t+\tau) \mathrm{d}t \tag{3-12}$$

互相关函数 $R_{xy}(\tau)$ 是时延 τ 的函数，对于不相同的时间历程记录来说，它是可正可负的实值函数。但是 $R_{xy}(\tau)$ 不一定在 $\tau = 0$ 处具有最大值，也不是偶函数。当 $x(t) = y(t)$ 时，则 $R_{xy}(\tau) = R_x(\tau)$ 成为自相关函数。

两信号的互相关函数在时间位移等于时延时，在相关图上出现峰值，如图 3-10 所示。图中的 $R_{xy}(\tau)$ 与 $\sigma_x\sigma_y$ 和 $m_x m_y$ 的关系可表示为：

$$- \sigma_x\sigma_y + m_x m_y \leqslant R_{xy}(\tau) \leqslant \sigma_x\sigma_y + m_x m_y$$

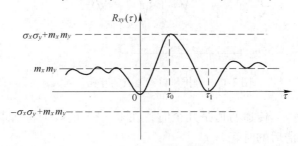

图 3-10 时延的确定

工程上常用互相关函数 $\rho_{xy}(\tau)$ 来表示两个信号的相关性，表达式为：

$$\rho_{xy}(\tau) = \frac{R_{xy}(\tau) - m_x m_y}{\sigma_x\sigma_y} \tag{3-13}$$

式中　　σ_x —— $x(t)$ 的均方差；

σ_y —— $y(t)$ 的均方差；

m_x —— $x(t)$ 的均值；

m_y —— $y(t)$ 的均值。

当 $\rho_{xy}(\tau) = 1$ 时，即 $R_{xy}(\tau) = \sigma_x\sigma_y + m_x m_y$，表示 $x(t)$、$y(t)$ 完全相关；当 $\rho_{xy}(\tau) = 0$ 时，即 $R_{xy}(\tau) = m_x m_y$，表示 $x(t)$ 与 $y(t)$ 是统一独立的；$\rho_{xy}(\tau)$ 在 $0 < \rho_{xy}(\tau) < 1$ 之间表示部分相关。

上述的大型离心风机排风口—测点与进风口—测点的互相关函数图形如图 3-11 所示。从图形看，它仍是一个周期信号，周期 $T = \dfrac{157}{3} = 52.3\,\mathrm{ms}$，$f = \dfrac{1}{T} = 19.1\,\mathrm{Hz}$。该频率约为风机转频 $\left(f = \dfrac{n}{60} = \dfrac{600}{60} = 10\,\mathrm{Hz}\right)$ 的 2 倍。由图还看出在此周期信号之上还有很多高频周期信号，且随时延 τ 的增加无明显减弱。因此，说明噪声信号中包含丰富的周期信号，风机噪声以空气动力噪声为主。

由互相关图可见最大峰值偏离 0 点的时延 $\tau_m = 49.5\,\mathrm{ms}$，这个滞后时间是噪声在空中沿风道传输所造成的。也就是说进排风口两测点传输所需的时间。

利用互相关函数可以分析噪声的传播途径，在采取有效的噪声控制之前，必

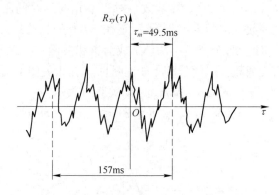

图 3-11 进排风口某两点的互相关函数

须明确传递通道，当传递通道是几个时，在 $R_{xy}(\tau)$ 曲线上将出现几个峰值，相互间距正是传递滞后的时间。

图 3-12 所示为某房间噪声源传递通道的分析，由互相关图看出 5 个峰值出现在拾音器（传声器）1 和 2 之间的 5 个传声通道。τ_1、τ_2、τ_3、τ_4、τ_5 分别是第 I、II、III、IV 和 V 通道声音传递所需的时间。

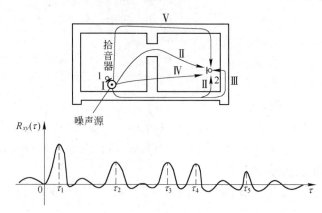

图 3-12 房屋噪声传递通道分析

3.3.3 功率谱密度函数

互相关函数是在时延域内分析，当频率对噪声信号的传输有很大影响时，互相关函数的峰值可能不明显，这就要用功率谱密度函数。

功率谱密度函数简称功率谱。随机信号的自相关函数 $R_x(I)$ 的傅里叶变换即为功率谱密度，定义式为：

$$S_x(f) = \int_{-\infty}^{\infty} R_x(\tau) e^{-j2\pi f \tau} d\tau \tag{3-14}$$

式中 $S_x(f)$ ——功率谱，也称自功率谱；

　　　　e——自然对数的底；

　　　　j——j $=\sqrt{-1}$ 。

相关函数 $R_x(\tau)$ 和功率谱所含有的信息是相同的，不同的是功率谱在频率域内的分析。

功率谱是通过均方值的谱密度来描述信号的频率结构，即功率谱用于表示功率（能量）按频率的分布状况。

自相关函数 $R_x(\tau)$ 和功率谱密度 $S_x(f)$ 互为傅里叶变换偶对，即逆变换有：

$$R_x(\tau) = \int_{-\infty}^{\infty} S_x(f) e^{j2\pi f\tau} df \tag{3-15}$$

根据傅里叶变换的时延性质和乘法性质则有：

$$R_x(\tau) = \lim_{T\to\infty} \frac{1}{T} \int_{-\infty}^{\infty} X(f) \cdot \overline{X}(f) \cdot e^{j2\pi f\tau} df \tag{3-16}$$

式中 $X(f)$ —— $x(t)$ 的傅里叶变换；

$\overline{X}(f)$ —— $x(f)$ 的共轭复数。

由有限傅里叶变换，得：

$$X(f) = \int_0^T x(t) e^{-j2\pi ft} dt$$

$$\overline{X}(f) = \int_0^T x(t) e^{j2\pi ft} dt$$

因此有：

$$S_x(f) = \lim \frac{1}{T} \mid X(f) \mid^2 \tag{3-17}$$

式中 $\mid X(f) \mid$ —— $x(t)$ 的幅值谱。

由式（3-17）可以看出，功率谱密度是幅值谱的平方，因此，它使频率结构更加明显。由于 $R_x(\tau)$ 和 $S_x(f)$ 都是实偶函数，因此工程中功率谱密度常用单位谱表示，即：

$$G_x(f) = 2S_x(f) \tag{3-18}$$

式中 $G_x(f)$ —— $x(t)$ 的单边功率谱密度。

在实际应用中，功率谱还有用均方根谱（又称振幅谱）以及单位为分贝的对数谱来表示。

振幅谱 $x_{\mathrm{rms}}(f) = \sqrt{G_x(f)}$ ；

对数振幅谱 $20\lg x_{\mathrm{rms}}(f)$ ；

对数功率谱 $10\lg G_x(f)$ 。

对于式（3-15）及式（3-16）可见，当 $\tau = 0$ 时，有

$$R_x(0) = \int_{-\infty}^{\infty} S_x(f)\,\mathrm{d}f = \lim_{T \to \infty} \frac{1}{T} \int_0^T X^2(t)\,\mathrm{d}t = \psi_x^2$$

一般均方值 ψ_x^2 为平均功率，而 $S_x(f)$ 表示平均功率随频率 f 的分布密度，所以 $S_x(f)$ 为功率谱密度，它具有能量的量纲，单位是均方值/单位频率。此外，由于 $S_x(f)$ 与 f 轴所围成的面积等于均方值 ψ_x^2，且 ψ_x^2 表示随机过程 $\langle x(t) \rangle$ 的平均功率，所以又称 $S_x(f)$ 为均方功率谱密度函数。例如，某功率谱如图 3-13 所示，在频率为 f_0 处截取 Δf 频率间隔，则得：

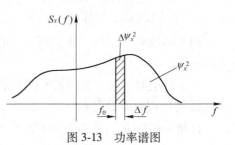

图 3-13　功率谱图

$$\Delta \psi_x^2 = \int_{f_0}^{f_0 + \Delta f} S_x(f)\,\mathrm{d}f$$

积分 $\Delta \psi_x^2$ 为一小微面积，它是整个功率谱所围成的面积 ψ_x^2 的一部分，所以，随机信号的均方值 ψ_x^2 所表示的总面积，就是由各频率分隔的小微面积的总和，而各频率所占有的面积，可以理解为随机信号中各频率占总功率 ψ_x^2 的大小。

功率谱密度恰好反映了噪声能量按频率的分布情况，因而通过对功率谱的调查，分析其频率组成和相应量的大小，可以帮助人们判断机械噪声源和寻找产生噪声的原因，这种方法通常也称为频谱分析，但要与声压级与频率关系的频谱区别开，功率谱也为产品的鉴定和故障诊断从频域上提供依据。

3.3.4　相干函数

在相关分析技术中，常用互相关函数描述两个随机信号之间的相关关系，而在解决实际问题中，常把在时域中的互相关函数转换成频域中互谱密度函数，与自谱相似，它是互相关函数的傅里叶变换，有

$$S_{xy}(f) = \int_{-\infty}^{\infty} R_{xy}(\tau)\,\mathrm{e}^{-\mathrm{j}2\pi f \tau}\,\mathrm{d}\tau \tag{3-19}$$

逆变换有：

$$R_{xy}(\tau) = \int_{-\infty}^{\infty} S_{xy}(f)\,\mathrm{e}^{\mathrm{j}2\pi f \tau}\,\mathrm{d}f \tag{3-20}$$

式中　$S_{xy}(f)$ ——随机信号 $x(t)$ 和 $y(t)$ 的互谱密度函数；

　　　$R_{xy}(\tau)$ ——随机信号 $x(t)$ 和 $y(t)$ 的互相关函数。

在实际测试系统中，为表示两随机信号的相关程度，常用相干函数，即

$$r_{xy}^2(f) = \frac{|S_{xy}(f)|^2}{S_x(f) S_y(f)} \tag{3-21}$$

且有 $0 \leqslant r_{xy}^2(f) \leqslant 1$；当 $x(t)$ 为输入信号，$y(t)$ 为输出信号时，若 $r_{xy}^2 = 1$，表示

$y(t)$ 在这个频率上全部由 $x(t)$ 引起；若 $r_{xy}^2 = 0$，表示 $y(t)$ 在这个频率上与 $x(t)$ 无关；当在 $0 < r_{xy}^2(f) < 1$ 的范围内时，则表示 $y(t)$ 对 $x(t)$ 的依赖程度，并表明测量时有外界噪声等其他输入的影响或系统是非线性的。

在噪声源识别中，常用相干函数法来鉴别噪声功率谱上的峰值频率与各噪声源频率的相关程度，以进一步控制主噪声源。

例 3-1　轴流式局部扇风机 JBT52-2 是矿山井下使用较多的通风机，它的进口或出口噪声级高达 107dB（A），有的甚至还高。现对该风机噪声源进行测试及频谱分析。

解：（1）根据 GB 2888—82《风机和罗茨风机噪声测量方法》的规定，测点选在轴线或与轴线成 45°角的方向上，距离 1m，高度为主轴中心水平线，如图 3-14 所示。测试仪器为 ND6 精密级声级、NL3 倍频程滤波器、CH-1182 传声器（测试前用 NX1 活塞式发生器校准）、JCMH1 磁带记录仪、加速度传感器 YD-54154、DHF-2 电荷放大器、X718 型示波器、信号处理机等。

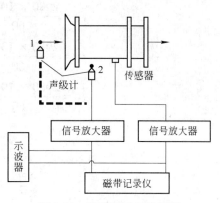

图 3-14　噪声测试系统框图

（2）1 点噪声信号处理。由声级计、倍频程滤波器测得 1 点倍频程声压级见表 3-4。

表 3-4　倍频程声压级及 A 声级　　　　（dB）

测　点	频率/Hz										
	31.5	63	125	250	500	1000	2000	4000	8000	16000	L_A
1	72	87	88	93	104	102	96	86	84	78	107

为了更准确地确定噪声源，我们将 1 点的噪声信号记录下来，测试系统框图见图 3-14。将采集的噪声信号送入信号处理机进行分析、处理、输出。图 3-15 所示为噪声信号分析系统框图。1 点噪声信号分析、处理的自功率谱如图 3-16 所示。

由表 3-4 可以看出，1 点处噪声的声压级在 500Hz、1000Hz、2000Hz 的三个倍频程上最高。

局部通风扇的旋转噪声可由下式计算：

$$f_i = \frac{nz}{60}i \qquad (3-22)$$

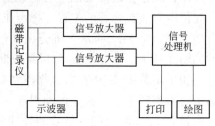

图 3-15　分析系统框图

式中　　n——局部通风扇电动机转速，r/min，本例中 $n = 2980$ r/min；

　　　　z——叶轮叶片数，本风机 $z = 10$；

　　　　i——谐波序号，$i = 1$，2，…。

对于 JBT52-2 局部通风扇的旋转噪声有：

$$f_1 = \frac{2980 \times 10 \times 1}{60} = 497 \text{（Hz）}$$

$$f_2 = \frac{2980 \times 10 \times 2}{60} = 994 \text{（Hz）}$$

$$f_3 = \frac{2980 \times 10 \times 3}{60} = 1491 \text{（Hz）}$$

$$f_4 = \frac{2980 \times 10 \times 4}{60} = 1988 \text{（Hz）}$$

$$f_5 = \frac{2980 \times 10 \times 5}{60} = 2483 \text{（Hz）}$$

$$\vdots$$

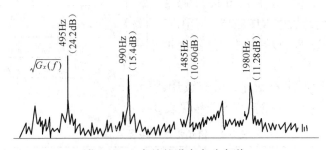

图 3-16　1 点处的噪声自功率谱

通过旋转噪声的谐波计算，可以看出，表 3-4 所列出的声压级最高值与谐波频率基本相等，即在 500Hz、1000Hz、2000Hz 上出现峰值。由图 3-16 可以看出，在 495Hz、990Hz、1485Hz、1980Hz 的噪声峰值最高，这些峰值频率恰好与旋转噪声频率相近，其他测点也得到相同结果。

（3）2 点的噪声信号与振动信号处理。2 点的噪声信号与振动信号采集如图 3-14 所示，风机壳表面的加速度传感器能正确地提供机器表面振动声辐射输入信号，而传声器放在合适的位置，把声压信号作为输出信号。2 点处的噪声信号处理自功率谱如图 3-17 所示，机壳振动信号自功率谱如图 3-18 所示，它们的相干函数如图 3-19 所示。它们的分析系统框图仍为图 3-15。

由相干函数图 3-19 看出，噪声和振动的相干函数 $r_{xy}^2 < 0.6$，这说明局部通风扇主要噪声源不是由机壳振动引起的。

通过对 1、2 测点噪声信号的处理分析及 2 点的噪声信号与振动信号的处理分析，可以知道 495Hz、990Hz、1485Hz、1980Hz 是旋转噪声，其中 495Hz、

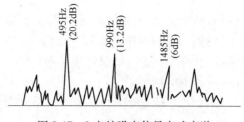

图 3-17　2 点处噪声信号自功率谱

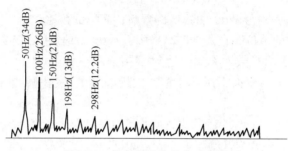

图 3-18　机壳振动信号自功率谱

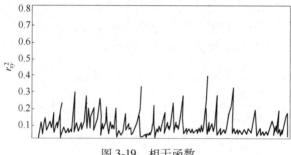

图 3-19　相干函数

990Hz 为旋转噪声基频和二次谐频。它们是局部通风扇的主要噪声源。

3.3.5　倒频谱

　　倒频谱分析是近代信号处理中的一项新技术，它可以分析复杂频谱图上的周期结构，分离和提取密集频率信号中的周期成分。对具有同族谐频及异族谐频、多成分边频等复杂信号的分析比较有效。复杂的噪声源和振动源识别、机械故障诊断与预报、音质的识别等应用倒频谱分析可获得频率结构的满意结果。

　　倒频谱的定义是：对数功率谱的功率谱。即对功率谱密度函数再进行谱密度分析。也就是前述的，对时域信号 $x(t)$ 经过傅里叶变换后可得到功率谱密度函数 $G_x(f)$，当在此谱密度分析中，出现复杂的频率结构而不容易识别时，对功率谱密度函数 $G_x(f)$ 取对数后再进行一次傅里叶变换，其表达式为：

$$C_p(q) = \left| F\{\lg G_x(f)\} \right|^2 \tag{3-23}$$

式中　　$C_p(q)$——信号 $x(t)$ 的功率谱的倒频谱，q 称为倒频率，它具有和原信号
　　　　　　　　$x(t)$ 的同一时间量纲，常以 ms 计；

　　　　$F\{\}$——对括号中的内容进行傅里叶正变换；

　　$G_x(f)$——信号 $x(t)$ 的功率谱。

功率谱主要强调了最大值，而工程上为了分析整个频率范围内的信号，常使用幅值谱（振幅谱），也就是功率谱的平方根，即：

$$C_a(q) = \left| F\{\lg G_x(f)\} \right| \tag{3-24}$$

式中　　$C_a(q)$——信号 $x(t)$ 的幅值倒频谱，简称倒频谱。

关于倒频谱的单位，在式（3-23）中，对第二次傅里叶变换是用功率谱进行的，因常用 dB 表示对数功率谱，这时倒频谱单位为（dB）^{2}；而式（3-24）所示，对第二次傅里叶变换不用功率谱，而用幅值谱，这时倒频谱的单位便用 dB 表示。

倒频谱函数中的 q 称为倒频率；q 大者为高倒频率，表示频谱图上的快速波动和谐波密集；q 小者为低倒频率，表示频谱图上缓慢波动和谐频离散。

随着现代电子技术的发展，测量和分析手段不断提高，识别噪声源的方法也越来越多，如自回归谱法、全息照相诊断法、自适应除噪技术等。这些新技术发展的趋势是测试方法简便实用，更适合现场测量的要求；能实时分析和处理所得到的测量信号；能提高测试结果的精确性和可靠性。

4 噪声源及控制概述

4.1 噪声源的类型

一切向周围辐射噪声的振动物体都被称为噪声源。噪声源的类型较多，有固体的，即机械性噪声；还有流体的，即空气、水、油的动力性噪声；另外，机械设备中，常将由电磁应力作用引起振动的辐射噪声称为电磁噪声。在机械设备中，这三种噪声往往混杂在一起，有时以机械性噪声为主，有时又以流体动力性噪声或电磁噪声为主。因此，机械设备产生的噪声概括为流体动力性噪声、机械性噪声和电磁噪声。

无论是流体动力性噪声、机械性噪声，还是电磁噪声，按其噪声强度随时间的变化情况，都可分为稳态状态噪声、周期状态噪声和冲击状态噪声三种。稳态状态噪声是连续的，声强波动范围在 5dB 以下；周期状态噪声是周期性，声强度超过 5dB；冲击状态噪声是不连续的脉冲噪声、其持续时间小于 1s，而其峰值压力比均方根值至少大 10dB，冲击次数大于 10 次/s 也可以是稳态噪声。

4.2 空气动力性、机械性、电磁性噪声及控制概述

4.2.1 空气动力性噪声的形成

在空气动力机械中，空气动力性噪声一般高于机械性噪声，而且影响范围广、危害也较大。特别是随着现代工业技术的发展，空气动力性机械越来越向大功率、高转速的方向发展。因此，噪声危害也越来越严重。

空气动力性噪声是如何形成的呢？它的类型又有哪些呢？

空气动力性噪声是气体的滚动或物体在气体中运动，引起空气的振动而产生的，如风机、空压机以及燃烧用气、放空等的噪声都属此类。为了更有效地从噪声源上控制噪声，我们较详细地分析一下空气动力性噪声源。产生空气动力性噪声的声源一般可分为三类：单极源、偶极源和四极源。

4.2.1.1 单极子源

单极子源也称脉动球源，如图 4-1 所示。这种声源可认为是一个脉动质量流的点源，假想有一个气球安置在这个点源，我们将会观察到，该气球随着质量的加入或排出而膨胀或收缩，这种状态总是纯径向的，在气球的这种各向同性的运

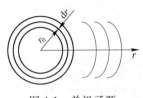

图 4-1　单极子源

动下，周围的介质也随着做周期性的疏密运动，于是便产生了一个球对称的声场，即单极子源。

单极子源的辐射是球面波。在球面上各点的振幅和相位都相同。因此，脉动球源是最理想的辐射源。单极源的辐射没有指向特性。

常见的单极源有爆炸、质点的燃烧等，空压机的排气管端，当声波波长大于排气管直径时也可以看成一个单极源。

单极源的声压和声功率分别由下列两式表达：

$$L_P = 20\lg\left(\frac{\rho_0 \cdot f \cdot q}{2 \cdot r \cdot P_{\mathrm{ref}}}\right) \tag{4-1}$$

$$W = \frac{\pi \cdot \rho_0 \cdot f^2 \cdot q^2}{C_0} \tag{4-2}$$

式中　ρ_0——流体平均质量密度，kg/m³；

f——频率，Hz；

q——均方根体积流量，m³/s；

C_0——平均声速，m/s；

P_{ref}——参考声压，取 20×10^{-6}；

r——声源至接受点的距离，m。

4.2.1.2　偶极子源

偶极源可以认为是相互接近，而相位相差 180° 的两个单极，如图 4-2 所示。偶极源的另一种描述可认为是由于气体给气体一个周期力的作用而产生的。常见的偶极源如球的往复运动，乐器上振动的弦，不平衡的转子以及机翼和风扇叶片的尾部涡流脱落等。偶极辐射不同

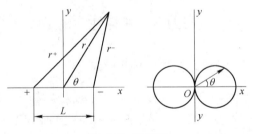

图 4-2　偶极源

于单极辐射，偶极辐射与 θ 角有关，即在声场中，同一距离不同方向的位置上的声压不一样。例如，在 $\theta = \pm 90°$ 的方向上，声压为零；而在 $\theta = 0°$，$\theta = 180°$ 的方向上，声压最大。这说明偶极源辐射具有指向特性。

偶极源的声压级和声功率可表示为：

$$L_P = 20\lg\left(\frac{F\cos\theta}{4\pi r P_{\mathrm{ref}}}\sqrt{\frac{1 + k^2 r^2}{r^2}}\right) \tag{4-3}$$

$$W = \frac{\pi\, f^2 F^2}{3\rho_0 C_0^3} \tag{4-4}$$

式中　F——均方根作用力，N；

k——波数，$k = \dfrac{2\pi f}{C_0}$；

θ——与偶极轴的夹角，（°）；

ρ_0——流体平均质量密度，kg/m^3；

r——声源至接受点的距离，m。

4.2.1.3　四极子源

四极子声源可认为是由 2 个具有相反相位的偶极源，因而也就是由 4 个单极源组成的，见表 4-1。因为偶极有一个轴，所以偶极的组合可以是侧向的，也可以是纵向的。侧向四极代表切应力造成的，而纵向四极则表示纵向应力造成的。侧向四极有三根轴，四个辐射声瓣。而纵向的只有一根轴，两个辐射声瓣。四极源与单极、偶极不同，围绕着四极源的球形边界积分，既没有净质量流量，也没有净作用力存在。因此四极源是在自由紊流中产生的。如喷气噪气和阀门噪声等都是四极声源，四极声源也有辐射指向特性。各极声源的特征见表 4-1。

表 4-1　各极声源的特征

声源形式	与源有关的流动	源的声学表示	指向性图形	声功率关系式	声辐射效率正比于	举 例
单极	脉动流动			$\rho L^2 v^4/C_0^3$ $(\rho A v^3 Ma)$	Ma	液滴燃烧，冲击式喷气发动机，往复式机器的进排气
偶极	接近表面的非定常流		波动力的方向	$\rho L^2 v^6/C_0^3$ $(\rho A v^3 Ma^3)$	Ma^3	风扇动叶噪声，边界层噪声
四极	排入大气的排气的自由掺混		流动方向 流动效应	$\rho L^2 v^3/C_0^5$ $(\rho A v^3 Ma^5)$	Ma^5	喷气噪声阀门噪声

在实际工作中，根据不同机械的不同声源特性，就可采取与之相适应的降噪措施，而这一措施是从声源上控制噪声的主动措施。

4.2.1.4　风机的空气动力性噪声及控制概述

风机的空气动力性噪声是气体流动过程中所产生的噪声。它主要是由气体的非稳定流动产生。气流的扰动、气体与气体及气体与物体相互作用产生的风机噪声属于偶极子源。

风机的空气动力性噪声主要由两部分组成：旋转噪声和涡流噪声；如果风机出口直接排入大气，还有排气噪声。在一般情况下，排气速度较低、排气噪声可不予考虑。风机噪声中，空气动力性噪声最为强烈。因此，控制风机噪声主要控制空气动力性噪声。

风机结构形式不同，空气动力性噪声也不尽相同，所以从噪声源上控制这类噪声的方法不同。例如，对离心风机空气动力性噪声控制，可采取增加风机叶片的数目；增大转子的尺寸；采用扩压器以减少吸气边的压力损失；使蜗舌间隙不要太小；避免吸气边上有障碍物和扰动；注意使吸气边上有低紊流度的良好流动等。对于轴流风机可采取增加叶片数目；增加叶片宽度；增加叶片直径；减少风机进出口上的压力损失；避免在吸气边上有障碍物及扰动；使吸气边上有低紊流度的良好流动等。

风机的空气动力性噪声，由于种种原因，仅靠控制噪声源，难以达到噪声控制标准，这就需要从噪声传播途径上控制噪声。

4.2.1.5　空压机的空气动力性噪声及控制

空压机的噪声是由于活塞的周期性运动，使进出气流周期性地吸入与排出产生的，即由气流产生的，因此空压机的空气动力性噪声属于单极子噪声源。该声源以球面波的形式向外辐射。

空压机的进气噪声是由气流在进气管内的压力脉动形成的。进气噪声的基频与进气管里的气体脉动频率相同，取决于压缩机的转速。

压缩机的排气噪声是由气流在排气管内产生压力脉动产生的。由于排气管端与风包相连，因此排气噪声是通过排气管和储气管罐向外辐射的，故排气噪声与排气管的壁厚、长度及有无弯曲部分等因素有关，合理确定这些参数，能有效地降低噪声效果。

4.2.2　机械性噪声源及类型

机械性噪声是由固体振动产生的。在冲击、摩擦、交变应力或磁性应力等作用下，引起机械设备中的构件（杆、板、块）及部件（轴承、齿轮）碰撞、摩擦、振动，从而产生机械性噪声。

机械性噪声源主要是机械零件运动产生的噪声。即机械中旋转零部件不平衡产生的噪声，往复机械的不平衡产生的噪声，机械零件之间接触产生的噪声，机械零件之间力的传递产生的噪声，工具和工件间互相作用产生的噪声（加工噪声），在冶金、煤炭等矿山系统，有不少机械设备的噪声，主要是旋转、往复运动的不平衡、接触不良、力传递不均匀等引起的噪声。追究起来，机械噪声都是机械振动引起的。当机械噪声的声源是固体面的振动时，其振动速度越大，噪声级越高。因此，降低噪声应减小机械运转时零部件的振动量。进一步研究可参考其他文献。

4.2.3 电磁噪声

在电动机和发电机中，电磁噪声是由交变磁场对定子和转子作用产生周期性的交变力，引起振动产生的。这个交变力与磁通密度的平方成正比。它的切向矢量形成的转矩有助于转子的转动，而径向分量引起噪声。噪声频率与电源频率有关，电动机的电磁振动一般在 100~4000Hz 频率范围内。电磁噪声的声源类型有以下几种。

4.2.3.1 感应电动机的嗡嗡声

这种噪声的频率为电源频率的 2 倍，即为 $2f_1 = 2 \times 50 = 100Hz$，它是由定子中磁带伸缩引起的。

4.2.3.2 沟槽谐波噪声

当转子的每一个导体通过定子磁板时，作用在转子和定子气隙中的整个磁动势将发生变化，引起噪声，频率表达式为：

$$f_r = \frac{nR}{60} \tag{4-5}$$

或

$$f_r = \frac{nR}{60} \pm 2f_1$$

式中 R——转子槽数；

n——转子转速，r/min；

f_1——电源频率，Hz。

4.2.3.3 槽噪声

由定子内廓引起的气隙突然变化使空气骚动产生的噪声称为槽噪声，其频率为：

$$f_s = \frac{n \cdot R_s}{60} \tag{4-6}$$

式中 R_s——定子槽数；

n——转子转数，r/min。

此外，开式电动机的通风是使气流径向通过转子槽，横越气隙并通过定子线包。当径向气流突然中断时，由于空气流的断续，也会引起噪声，此类型噪声的频率为：

$$f_s = \frac{n \cdot R_s}{60}$$

$$f_{s_2} = \frac{2 \cdot n \cdot R_s}{60} \tag{4-7}$$

电源电压不稳时，最容易产生电磁振动和电磁噪声。由于转子在定子内有偏心，引起气隙偏心等，对电磁噪声也有影响，且转子电阻不平衡。转子偏心率为 $2 \cdot S \cdot f_1$，S 为转差率。

要减小电磁噪声，必须稳定电源电压和提高电动机的制造装配精度。在寻找精密机械的声源时，最好预先测量电源电压的不平稳率，改变槽的数量可明显降低电磁噪声。

4.3　噪声源鉴别与控制基本程序

4.3.1　噪声源鉴别

一台机器中的声源往往不止一个，在一个声源上也常有几个部分发声。如果不能判断出几个声源或一个声源的几个部分发声的强度及频率特性、时间特性等，就无法找到最主要的噪声源，难以有效地采取控制措施。因此，精确地找出噪声源是降低机械噪声的前提条件。噪声源的鉴别有两种方法，一是主观鉴别；二是客观鉴别。

主观鉴别是人们根据经验和噪声技术能力来判断声源位置的一种方法，这种方法的实施是有困难的，因为不是所有的人都能有丰富的经验和熟练的噪声技术能力。此外，人耳对有些声音的鉴别能力是有限的，因此，它只能对声源进行定性分析，得不到准确的量化结果。

客观鉴别噪声源是利用仪器进行测量，然后，根据测量结果来分析和鉴别声源。客观鉴别噪声源的一般为声压级测量、声功率级测量、频谱测量，找出峰值最高的噪声分量，分析噪声峰值是何种声源引起的。

除了上述鉴别声源的基本方法外，前面介绍的声强测量法、信号处理与频谱分析法（功率谱相关函数、相干函数、倒频谱）以及近来发展的全息照相诊断技术、自适应除噪技术——ANC 技术等，在鉴别噪声源准确性及效率方面，显示出很大的优越性，为有效地控制噪声创造了条件。

4.3.2　噪声控制的基本程序

噪声控制一般需从三个方面考虑，即噪声源的控制，传播途径的控制，接受者的防护。下面从三个方面进行简略的叙述。

4.3.2.1　噪声源的控制

在噪声源处降低噪声是噪声控制的最有效方法。通过研制和选择低噪声设备，改进生产加工工艺，提高机械零部件的加工精度和装配技术，合理选择材料等，都可达到从噪声源处控制噪声。

A　合理选择材料和改进机械设计来降低噪声

一般金属材料，如钢、铜、铝等，它们内阻尼较小，消耗振动能量较少，因此，凡用这些材料制成的零部件，在激振力的作用下，在构件表面会辐射较强的噪声，而采用消耗能量大的高分子材料或高阻尼合金就不同了。

通过改进设备的结构减小噪声，其潜力是很大的。

B　改进工艺和操作方法降低噪声

改进工艺和操作方法，从噪声源上降低噪声。例如，用低噪声的焊接代替高噪声的铆接；用液压代替高噪声的锤打；用喷气织布机代替有梭织布机等，都会收到降低噪声的效果。

C　减小激振力来降低噪声

在机械设备工作过程中，尽量减小或避免运动的零部件的冲击和碰撞。冲击时，系统之间动能转换时间很短，振幅峰值很高，伴随强烈的噪声，更易使人的听觉系统损伤。冲击除辐射到空气中的噪声外，还要激励被冲构件传递固体声，从而传递很远，形成二次固体声。降低此类噪声，要使运动的零部件连续运动以代替不连续运动；减少运动部件质量及碰撞速度；采取冲击隔离，降低激振力；使机械运转平稳、降低噪声。

D　提高运动零部件间的接触性能

尽量提高零部件加工精度及表面精度，选择合适的配合，控制运动零部件间的间隙大小，要有良好的润滑，减少摩擦，平时注意检修。例如，若将轴承滚珠加工精度提高一级，轴承的噪声可降低 10dB（A）左右。

E　降低机械设备系统噪声辐射部件对激振力的响应

机械设备系统中的零部件只要振动就要辐射噪声。为此，应尽量避免发生共振，当激振频率与固有频率相等或接近时，结构的动刚度显著下降，响应振幅急剧变大，激起部件强烈振动，此时系统最有效地传递振动和发射噪声。在共振区附近，振动响应的幅值主要由系统阻尼的大小决定，阻尼越小，共振表现得越强烈。在此种情况下，改变共振部件的固有频率，可有效地减少部件的振动及由此产生的噪声。比如，可以增加噪声辐射面的质量（降低固有频率）、增加刚度（提高固有频率）或者改变辐射面尺寸。适当提高机械结构动刚度，提高其抗震能力，则振动与噪声就会下降，其措施是改善机械结构的静刚度和固有频率。

机械设备的噪声大小，通常反映了机器零部件加工和装配精度的好坏。噪声小，能使机械设备处于良好的工作状态，延长使用寿命，这也是评价机器优劣的一项重要指标。

4.3.2.2 噪声传播途径的控制

由于目前的技术水平、经济等方面原因，无法把噪声源的噪声降到人们满意的程度，就可考虑在噪声传播途径上控制噪声。

在噪声的传播途径上直接采取声学措施，包括吸声、隔声、减振消声等常用噪声控制技术。表 4-2 列出了几种噪声控制措施的降噪原理、应用范围及减噪效果。

表 4-2　常用噪声控制措施的降噪原理、应用范围及减噪效果

措施种类	降噪原理	应用范围	减噪效果/dB（A）
吸声	利用吸声材料或结构，降低厂房、室内反射声，如悬挂吸声体等	车间内噪声设备多且分散	4~10
隔声	利用隔声结构，将噪声源和接受点隔开，常用的有隔声罩、隔声间和隔声屏	车间工人多，噪声设备少，用隔声罩；反之，用隔声间；二者均不行，用隔声屏	10~40
消声器	利用阻性、抗性、小孔喷注和多孔扩散等原理，消减气流噪声	气动设备的空气动力性噪声，各类放空排气噪体	15~40
隔振	把具有振动的设备与地板的刚性接触改为弹性接触，隔绝固体声传播，如隔振基础、隔振器	设备振动厉害，固体传播远，干扰居民	5~25
减振（阻尼）	利用内摩擦、耗能大的阻尼材料，涂抹在振动构件表面，减少振动	机械设备外壳、管道振动噪声严重	5~15

4.3.2.3 噪声接受点采取防护措施

控制噪声的最后一环是接受点的防护，即个人防护。在其他技术措施不能有效地控制噪声时，或者只有少数人在吵闹的环境下工作，个人防护乃是一种既经济又实用的有效方法。特别是从事铆焊、钣金工冷作、冲击、风动工具、爆炸、试炮以及机器设备较多，自动化程度较高的车间，就必须采取个人防护措施。

A　对听觉和头部防护

对听觉的防护主要是耳塞、耳罩、防声头盔和防声棉。

耳塞是插入外耳道的护耳器。主要有预模式耳塞、泡沫塑料耳塞和人耳膜耳塞三种。它们的隔声量多在 15~27dB。良好的耳塞应具有隔声性能好，佩戴舒适方便、无毒性，不影响通话和经济耐用等特点。

耳罩是将整个耳廓封闭起来的护耳装置。它是根据隔声原理，阻挡外界噪声向人耳内传送而起到护耳作用。耳罩主要由硬塑料、硬橡胶、金属板等制成的左

右两个壳体，泡沫塑料外包聚氯乙烯薄膜制成的密封垫圈，弓架以及吸声材料四部分组成。其平均隔声值在 15~25dB，高频可达 30dB。耳罩的缺点是体积大，在炎热夏季或高温环境中佩戴较闷热。

强噪声对人的头部神经系统有严重的危害，为了保护头部免受噪声危害，常采用戴防声帽的方式降噪，防声帽有软式和硬式两种。

软式防声帽由人造革帽和耳罩组成，耳罩可以根据需要放下和翻到头上，这种帽子佩戴较为舒适。

硬式防声帽是由玻璃钢制成外壳，壳内紧贴一层柔软的泡沫塑料，两边装有耳罩。

防声帽隔声量一般为 30~50dB，其缺点是体积较大，夏天闷热。

防声棉是一种塞入耳道的护耳道专用材料。它是纤维直径为 1~3μm 细玻璃棉，经化学处理制成的，外形不定，使用时。用手捏成锥形塞入耳道即可。防声棉的隔声量随频率增高而增加，隔声量为 15~20dB。

B 人的胸部防护

当噪声超过 140dB 以上，不但对听觉、头部有严重的危害，而且对胸部、腹部各器官也有极严重的危害，尤其对心脏，因此，在极强噪声环境下，要考虑人们的胸部防护。

防护衣是由玻璃钢或铝板，内衬多孔吸声材料制成，可以防噪，防冲击声波，以实现对胸、腹部的保护。

4.3.2.4 噪声控制的工作程序

在实际工作中，噪声控制一般可分为两类情况：

一类是现有的企业噪声超过国家有关标准，需采取噪声控制措施；另一类是新建、扩建和改建的企业，在规划、设计时就应考虑噪声的污染情况，以便确定合理的噪声控制方案，减少噪声污染。

噪声控制的一般程序如下。

A 调查、测试噪声污染情况

在确定噪声控制方案之前，应到噪声污染的现场，调查主要噪声源及其产生噪声的原因，了解噪声传播的途径，走访噪声的受害者。进行实际噪声测量，由测得的结果绘制噪声的分布图，在厂区及居民区的地图上用不同的等声级曲线表示。

B 确定减噪量

把现场测得噪声数据与噪声标准（包括国家标准、部颁标准及地方和企业标准）进行比较，确定所需降低噪声的数值，即噪声级和各频带声压级应降低的分贝数。

C 确定噪声控制方案

在确定噪声控制方案时，首先应对机械设备的运行工作情况进行详细的了解，所拟订的方案，对机械设备的正常工作、生产工艺和技术操作是否有影响，坚决防止所确定的噪声控制措施妨碍、甚至破坏了正常的生产程序。确定方案时，要因地制宜，既经济又合理，切实可行。控制措施可以是综合噪声控制技术，也可以是单项的。要抓住主要的噪声源，否则，很难取得良好的噪声控制效果。噪声控制方案可能有几种供选择，此时，除考虑降噪效果外，还应考虑投资多少，工人操作和设备正常工作等因素。

D 降噪效果的鉴定与评价

在实施噪声控制措施后，应及时进行降噪效果的技术鉴定或工程验收工作，如未达到预期效果，应及时查找原因，根据实际情况补加新的措施，直至达到预期的效果。噪声控制工作程序框图见图 4-3。

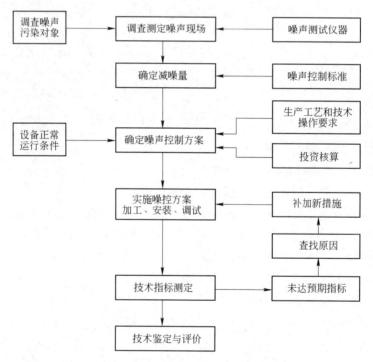

图 4-3 噪声控制工作程序框图

5 吸声材料与吸声技术

大多数人有这样的感受，相同一台机器放在车间内时，远比放在车间外的噪声要高，这是因为大多数车间内表面由一些钢筋混凝土预制的天花板或楼板、坚硬光滑的墙面和玻璃门窗等构成。在这样的车间里，工人除了能听到通过空气介质传来机器的直达声外，还可听到由平整而坚硬的内表面及机器设备表面多次反射而来的混响声，这两种噪声的叠加，使车间内噪声强度增加了。如想降低这种噪声的强度，就需在天花板、四周墙面或空间安装吸声材料、悬挂吸声体，当声波入射到这些材料的表面上时，吸收部分声能，减少反射声，使混响声减小。

5.1 吸声材料的性能参数

5.1.1 吸声机理及吸声系数

当声波进入吸声材料孔隙后，立即引起孔隙中的空气和材料的细小纤维振动。由于摩擦和黏滞阻力，声能转变为热能，而被吸收和耗散掉，因此，吸声材料大多松软多孔，表面孔与孔之间互相贯通，并深入到材料的内层，这些贯通孔与外界连通。图5-1为吸声材料的吸声示意图。

由图5-1可以看出，当声波遇到室内墙面、天花板等镶嵌的吸声材料时，一部分声能被反射回去，另一部

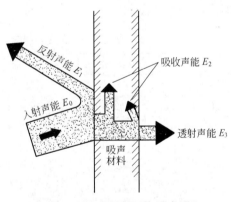

图 5-1 吸声材料吸声示意图

分声能向材料内部传播并被吸收，还有一部分声能透过材料继续传播。入射的声能被反射的越少，材料的吸声能力越好。材料的这种吸声性能常用吸声系数 α 来表示，定义为：声波入射材料表面时，材料的吸收声能和透射声能与入射到材料表面的声能之比，即

$$\alpha = \frac{E_0 - E_1}{E_0} = \frac{E_2 + E_3}{E_0} \tag{5-1}$$

式中 E_0——入射声的总声能；

E_1 ——反射声的声能；

E_2 ——被材料吸收的声能；

E_3 ——透过材料的声能。

不同的材料，具有不同的吸声系数，完全反射的材料，$\alpha = 0$；完全吸收的材料，$\alpha = 1$，一般材料的吸声系数介于 0~1 之间。

吸声材料对于不同的频率，具有不同的吸声系数。在工程上，一般采用 125Hz、250Hz、500Hz、1000Hz、2000Hz、4000Hz 六个频率的吸声系数之算术平均值，来表示某种吸声材料的吸声频率特性。对于吸声系数大于 0.2 的材料，称为吸声材料。光滑水泥地面的平均吸声系数 $\bar{\alpha} = 0.02$，钢板 $\bar{\alpha} = 0.02$，它们均不是吸声材料。

吸声系数还与声波入射角度有关。声波垂直入射到材料的表面测得的吸声系数，称为垂直入射吸声系数，用 α_0 表示。α_0 是通过驻波管法测定的。当声波从各个方向同时入射到材料（结构）表面，这种无规则入射测得的材料吸声系数，称为无规则入射系数，以 α_T 来表示。α_T 是用混响室法测定的。

工程设计中，常用的吸声系数有混响室测量无规则入射吸声系数 α_T 和驻波管测量的垂直入射吸声系数 α_0 两种。混响室法测定 α_T 和驻波法测定的 α_0 之间的近似换算关系见表 5-1。

表 5-1　管测法与混响室法吸声系数换算关系

垂直入射吸声系数 α_0	0.00	0.01	0.02	0.03	0.04	0.05	0.06	0.07	0.08	0.09
	无规则入射吸声系数 α_T									
0.0	0	0.02	0.04	0.06	0.08	0.10	0.12	0.14	0.16	0.18
0.1	0.20	0.22	0.24	0.26	0.27	0.29	0.31	0.33	0.34	0.36
0.2	0.38	0.39	0.41	0.42	0.44	0.45	0.47	0.48	0.50	0.51
0.3	0.52	0.54	0.55	0.56	0.58	0.59	0.60	0.61	0.63	0.64
0.4	0.65	0.66	0.67	0.68	0.70	0.71	0.72	0.73	0.74	0.75
0.5	0.76	0.77	0.78	0.78	0.79	0.80	0.81	0.82	0.83	0.84
0.6	0.84	0.85	0.86	0.87	0.88	0.88	0.89	0.90	0.90	0.91
0.7	0.92	0.92	0.93	0.94	0.94	0.95	0.95	0.96	0.97	0.97
0.8	0.98	0.98	0.99	1.00	1.00	1.00	1.00	1.00	1.00	1.00
0.9	1.00	1.00	1.00	1.00	1.00	1.00	1.00	1.00	1.00	1.00

表 5-1 的使用方法如下：例如，已知材料的吸声系数 $\alpha_0 = 0.68$，可由表第一列中的 0.6 与第一行的 0.08 相交点，查得 $\alpha_T = 0.90$。

吸声系数采用驻波管法和混响室法测定的具体方法可参考其他相关文献。

5.1.2　流阻R_f、孔隙率q和结构因子S

影响材料吸声性能的主要因素有流阻R_f、孔隙率q和结构因子S等，在实际使用中，要充分注意这些参数。

5.1.2.1　材料的流阻R_f

当声波引起空气振动时，微量空气在多孔材料的孔隙中通过，这时，材料两面的静压（声压）差ΔP与气流线速度之比定义为流阻R_f：

$$R_f = \frac{\Delta P}{v} \tag{5-2}$$

式中　ΔP——材料两面声压差，Pa；

　　　v——通过材料孔隙的气流线速度，m/s。

当流阻接近空气的特性阻抗，即$407Pa \cdot s/m$，就可获得较高的吸声系数，因此，一般希望吸声材料的流阻介于$100 \sim 1000Pa \cdot s/m$之间，过高和过低流阻的材料，其吸声系数都不大。通常取适当的密度、厚度的玻璃棉与矿渣棉，就可取得较高的吸声系数。对于过低的流阻材料，则要求有较大的厚度；过高流阻的材料则希望薄一些。表5-2列出几种吸声材料的流阻。

表5-2　几种吸声材料的流阻

材料名称	流阻/Pa·s·m⁻¹	材料名称	流阻/Pa·s·m⁻¹
1.6cm甘蔗板	3600	2.0cm玻璃纤维（260kg/m³）	480
2.5cm纤维板	1800	6.0cm毛毡（350kg/m³）	3200

5.1.2.2　材料的孔隙率q

多孔材料中孔隙体积V_0与材料的总体积V之比称为孔隙率q，即由下式表示：

$$q = \frac{V_0}{V} \tag{5-3}$$

对于所有孔隙都是开通孔的吸声材料，孔隙率可按下式计算：

$$q = 1 - \frac{\rho_1}{\rho_2} \tag{5-4}$$

式中　ρ_1——吸声材料的密度，kg/m³；

　　　ρ_2——制造吸声材料物质的密度，kg/m³。

一般多孔材料的孔隙率q在70%以上，矿渣棉为80%，玻璃棉为95%以上。孔隙率可通过实际测量得到。

5.1.2.3　材料的结构因子S

结构因子是多孔吸声材料孔隙排列状况对吸声性能影响的一个量。吸声理论中，假设材料中的孔隙是沿厚度方向平行排列的，而实际的吸声材料或结构中，孔隙的排列方式极其复杂，为了使理论分析与实际情况相符合，就引入了结构因子这一修正量。要准确地求出多孔材料的结构因子是很困难的。对于孔隙无规则排列的吸声材料，一般的 S 介于 $2 \sim 10$ 之间，但也有的 S 高达 $20 \sim 25$。玻璃棉为 $2 \sim 4$；木丝板为 $3 \sim 6$；毛毡为 $5 \sim 10$；聚氨酯泡沫塑料为 $2 \sim 8$；微孔吸声砖为 $16 \sim 20$。纤维材料的结构因子 S 与孔隙率 q 之间有一定关系，见表 5-3。

表 5-3　纤维状材料 q 与 S 的近似关系

孔隙率 q	0.4	0.6	0.8	1.0
结构因子 S	15	4.5	2	1.0

5.2　吸声材料与吸声结构

吸声材料和吸声结构种类很多，按其吸声原理基本可分为多孔吸声材料的吸声结构、共振吸声结构以及微穿孔板吸声结构。

多孔吸声材料的吸声结构对中、高频噪声有较高的吸声效果；共振吸声结构（如共振腔吸声结构和薄板共振吸声结构）对低频段的噪声有较好的吸声效果，而微穿孔板吸声结构具有吸声频带宽等优点，如图 5-2 所示。

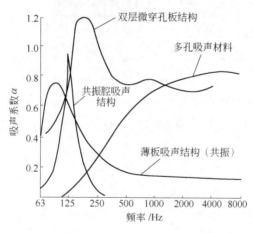

图 5-2　几种材料（结构）的吸声特性

5.2.1　多孔吸声材料

多孔吸声材料的构造特点是具有许多微小孔隙，它的吸声机理前节已叙述过。多孔材料具有吸声性能好、取材方便、应用普遍等优点。

5.2.1.1　影响多孔吸声材料性能的实际因素

前节曾讨论过多孔材料的流阻、孔隙率和结构因子，它们对吸声性能有直接的影响，在实际应用中，多孔材料的吸声性能还与下列实际因素有关。

A   吸声材料厚度和吸声系数的关系

吸声材料的吸声系数，一般随着频率的增加而增大。在一定频率下，增加吸声材料的厚度，可以提高中低频的吸声效果，但对高频声的吸声性能几乎没有什么影响。多孔吸声材料一般具有良好的高频吸声性能，不存在吸声上限频率。所以，吸收高频声用较薄的吸声材料，但对低频声，则要求较厚的吸声层。一般从理论上来讲，厚度取 1/4 波长，吸声效果最好，但不够经济；从工程实用上看，厚度取 1/10 或 1/15 波长，也能满足要求。通常多孔吸声材料厚度取 3~5cm 即可，为提高低中频吸声性能，厚度取 5~10cm，只有在特殊情况下取 10cm 以上。图 5-3 所示为不同厚度材料的吸声特性。

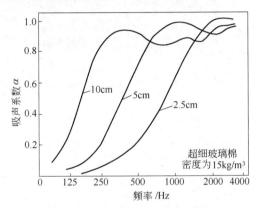

图 5-3   不同厚度材料的吸声特性

B   吸声材料密度对吸声系数的影响

一般多孔材料的密度增加时，材料内部的孔隙率相对降低，因而增加了低频吸声效果，造成高频吸声效果下降。图 5-4 所示为 5cm 厚的超细玻璃棉密度变化时对吸声系数的影响。

在实际施工中，材料如果填充得密度过小，经过运输和振动，会导致密度不均，吸声效果差；但填充密度也不能过大，过大也会使吸声效果明显下降。在一定的条件下，每种材料的密度存在一个最佳值。例如，超细玻璃棉的密度为 15~25kg/m³；矿渣棉则为 120kg/m³。

上述厚度与密度两个因素对吸声效果的影响，密度的影响占第二位。

C   吸声材料背后空腔对吸声系数的影响

为了改善多孔吸声材料的低频吸声性能，常把多孔吸声材料布置在离刚性壁一段距离处，即在多孔材料后面留一段空气层（厚度），可以提高它的吸声系数，如图 5-5 所示为背后空腔对多孔材料吸声特性的影响。

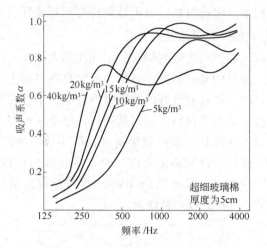

图 5-4　材料密度对吸声系数的影响

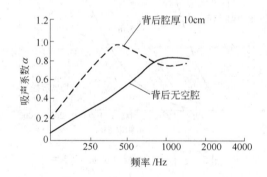

图 5-5　背后空腔对多孔吸声材料吸声性能的影响

　　试验研究表明，当空气层厚度近似等于 1/4 波长时，吸声系数最大；而其厚度等于 1/2 波长的整数倍时，吸声系数最小。为了使普通噪声中较丰富的中频成分得到最大的吸收，一般建议多孔材料离刚性壁面 70~100mm。

　　D　温度对多孔材料吸声性能的影响

　　温度的变化对多孔吸声材料的吸声性能影响很明显。如当温度增高时，吸声峰向高频移动；温度降低，则向低频移动，如图 5-6 所示。

　　吸收峰值的移动原因，是由于温度变化而引起声速及声波波长的变化所致，同时，也因空气黏性变化导致流阻改变。因此，在选用吸声材料时，不要超过材料的

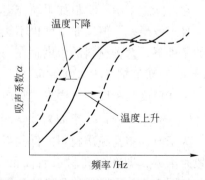

图 5-6　温度对多孔材料吸声性能的影响

温度使用范围，否则会使材料在某些频率上的吸声效果降低或失效。

常用吸声材料的使用温度见表5-4。

表5-4　常用吸声材料的使用温度

材料名称	泡沫塑料	毛毡	玻璃纤维制品	普通超细玻璃棉	无碱超细玻璃棉	高硅氧玻璃棉	矿渣纤维制品	矿渣棉	铜丝棉	铁丝棉	微空吸声砖	金属微穿孔板
最高使用温度/℃	80	100	250~350	450~550	600~700	1000~1200	250~350	500~600	900	1100	900~1000	>1000
最低使用温度/℃	−35	−35	−35	−100	−100	−100	−35	−100				

E　湿度对吸声性能的影响

多孔材料的吸湿或吸水，不但能使吸声材料变质，而且降低材料的孔隙率，使吸声性能下降，为此，可采用塑料薄膜护面，应保持薄膜松弛，减少对吸声性能的影响。

F　高速气流对吸收性能的影响

在高速气流下，吸声材料易被吹散，从而降低材料的吸声效果。因此，应根据不同流速选用不同的材料和不同结构来护面。

5.2.1.2　多孔吸声材料和种类

多孔吸声材料主要有无机纤维吸声材料、泡沫塑料、有机纤维材料和建筑吸声材料及其制品。

A　无机纤维材料

无机纤维材料主要有超细玻璃棉、玻璃丝、矿渣棉、岩棉等。

超细玻璃棉的优点是质轻、柔软、容重小、耐热、耐腐蚀等，因此，使用较普遍；缺点是吸水率高，弹性差，填充不易均匀。

矿渣棉的优点是质轻、防蛀、防火、耐高温、耐腐蚀、吸声性能好；缺点是杂质多、性脆易断，在风速大、要求洁净的场合不宜使用。

岩棉的优点是隔热、耐高温、价格低廉。

B　泡沫塑料

泡沫塑料吸声材料主要有聚氨酯、聚醚乙烯、聚氯乙烯酚醛等。这类材料具有良好的弹性，容易填充均匀；缺点是不防火、易燃烧、易老化。

C　有机纤维材料

有机纤维材料有棉麻、甘蔗、木丝、稻草等，这些材料价廉、取材方便；缺点是易潮湿，易变质、腐烂，从而降低吸声性能。

D　建筑吸声材料

建筑上采用的吸声材料有加气混凝土、膨胀珍珠岩、微孔吸声砖等。

在选择吸声材料时，为保证良好的吸声性能，一要多孔；二是孔与孔之间要相互贯通；三是这些贯通孔要与外界连通。不要误认为多孔材料就是吸声材料，只有孔洞互相贯通的开孔材料，才有良好的吸声性能，才适宜做吸声材料；而各孔孤立互不通气的闭孔材料不起吸声作用，不能作为吸声材料使用。另外，值得注意的是不能把多孔吸声材料当作隔声材料来使用。

常用各种吸声材料的吸声系数见表5-5，供设计参考。

表 5-5　常用各种吸声材料的吸声系数 α_0（驻波管法）

种类	材料名称	厚度 /cm	密度 /kg·m^{-3}	各频率的吸声系数						说　明
				125Hz	250Hz	500Hz	1000Hz	2000Hz	4000Hz	
无机纤维材料	超细玻璃棉	5	20	0.10	0.35	0.85	0.85	0.86	0.86	
		10	20	0.25	0.60	0.85	0.87	0.87	0.85	
		15	20	0.50	0.80	0.85	0.85	0.86	0.80	
	超细玻璃棉（穿孔钢板护面）	15	20	0.79	0.74	0.73	0.64	0.35	0.32	$\phi5$，$p=4.8\%$，$t=1$ $\phi5$，$p=5\%$，$t=1$ $\phi9$，$p=20\%$，$t=1$ ϕ—孔径，mm； p—穿孔率； t—板厚，mm
		15	25	0.60	0.65	0.60	0.55	0.40	0.30	
		6	30	0.13	0.63	0.60	0.66	0.69	0.67	
	防水玻璃棉	10	20	0.25	0.94	0.93	0.90	0.96		
	沥青玻璃棉毡	3	80	0.10	0.10	0.27	0.61	0.94	0.99	
	酚醛玻璃棉毡	3	80	0.10	0.12	0.26	0.57	0.85	0.94	
	矿渣棉	6	240	0.25	0.55	0.78	0.75	0.87	0.91	
		5	175	0.25	0.33	0.70	0.76	0.89	0.97	
	沥青矿渣棉（玻璃布护面）	5	150	0.1	0.31	0.60	0.88	0.89	0.97	
	岩棉	2.5	80	0.04	0.09	0.24	0.57	0.93	0.97	
		10	80	0.35	0.64	0.89	0.96	0.96	0.98	
		2.5	150	0.04	0.095	0.32	0.95	0.95	0.95	
泡沫塑料	聚氨酯泡沫塑料	3	45	0.07	0.14	0.47	0.88	0.70	0.77	上海产
		4	40	0.10	0.19	0.36	0.70	0.75	0.80	
		8	45	0.20	0.40	0.95	0.90	0.98	0.85	
	聚醚乙烯泡沫塑料	1	26	0.04	0.04	0.06	0.08	0.18	0.29	北京产
		3	26	0.04	0.11	0.28	0.89	0.75	0.86	

5.2.2　多孔材料的吸声结构

多孔吸声材料大多是松散的，不能直接布置在室内和气流通道内。在实际使用中，通常用透气的玻璃布、纤维布、塑料薄膜等，把吸声材料（如玻璃棉泡沫塑料）放进木制的或金属的框架内，然后再加一层护面穿孔板。护面穿孔板可使用胶合板、纤维板、塑料板，也可使用石棉水泥板、钢板、铝板、镀锌铁丝网等。

5.2.2.1 吸声板结构

吸声板结构是由多孔吸声材料与穿孔板组成的板状吸声结构。穿孔板的穿孔率一般大于 20%（所谓穿孔率是指板上的穿孔面积与未穿孔部分的面积之比），否则，会由于未穿孔部分面积过大造成入射声的反射，从而影响吸声性能。另外，穿孔板的孔心距越远，其吸收峰就越向低频方向移动。轻织物大多使用玻璃布和聚乙烯塑料薄膜，聚乙烯薄膜的厚度在 0.03mm 以内，否则，会降低高频吸声性能。常见的吸声板结构示意图如图 5-7 所示。在实际应用中，要根据气流速度不同，采取不同形式的吸声板护面结构。图 5-8 所示为不同护面的结构形式。

刚性壁
木框
轻织物
穿孔板
多孔材料
500~1000
φ5~8
10~15
10~15

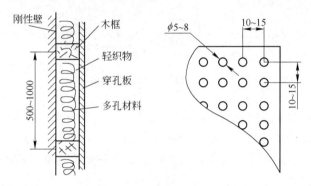

图 5-7 吸声板结构

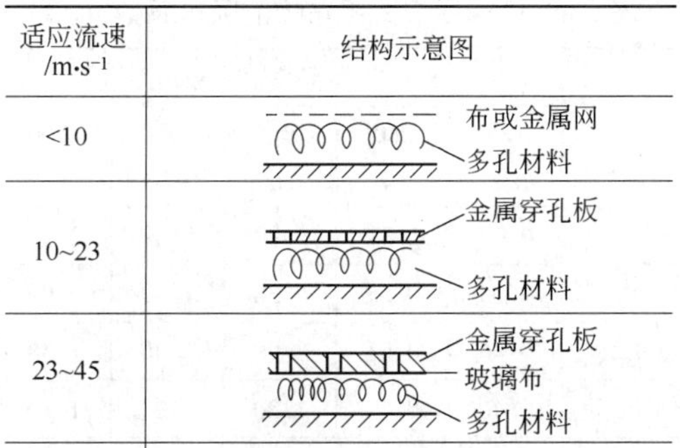

适应流速 /m·s⁻¹
结构示意图
<10
布或金属网
多孔材料
10~23
金属穿孔板
多孔材料
23~45
金属穿孔板
玻璃布
多孔材料
45~120
金属穿孔板
钢丝棉
多孔材料

图 5-8 不同护面形式的吸声结构

近年来还发展了定型规格化生产的穿孔石膏板、穿孔石棉水泥板、穿孔硅酸盐板以及穿孔硬质护面吸声板。在室内使用的有各种颜色图案，外形美观的吸声板不仅能起到吸声作用，而且还可起装饰美化作用。

5.2.2.2 空间吸声体

吸声体是由框架、吸声材料和护面结构制成的，由于它可以悬挂在声场的空间，故有时也被称为空间吸声体，吸声体常用的几何形状有平面形、圆柱形、棱形、球形、圆锥形等，如图 5-9 所示。

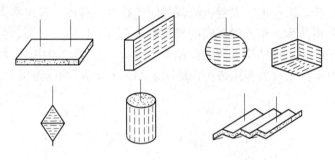

图 5-9　空间吸声体的几种形状

空间吸声体的主要优点为：吸声系数高，空间吸声体可以靠近各个噪声源，根据声波的反射和绕射原理，有 2 个或 2 个以上的面（包括边棱）与声源接触，因此，平均吸声系数可达 1 以上。表 5-6 为矩形平板式吸声体悬吊在混响室内所测得的吸声系数值。吸声体加工制作简单；原材料易购、价廉、安装方便、维修容易。

表 5-6　矩形平板式吸声体的吸声系数（α_T）

护面方式	各频率下的吸声系数						平均吸声系数 $\bar{\alpha}$
	125 Hz	250 Hz	500 Hz	1000 Hz	2000 Hz	4000 Hz	
玻璃布	0.37	1.31	1.89	2.49	2.37	2.28	1.78
玻璃布加窗纱	0.15	0.55	1.28	1.99	1.99	1.90	1.31
玻璃布加穿孔板（$p=20\%$）	0.46	0.61	0.90	1.40	1.38	1.60	1.06
玻璃布加穿孔板（$p=6\%$）	0.46	0.68	1.20	1.22	1.10	0.90	0.93

空间吸声体的构造如图 5-10 所示，它是由框架、吸声材料和护面结构组成，在框架四角设有吊环，可供吊装（平挂或垂挂）。因吸声体对高频声的吸收效果是随着空间吸声体的尺寸的减小而增加；对于高频声的吸收随着空间吸声体的尺寸的加大而升高；同时考虑运输和吊挂方便，吸声体的尺寸不宜过大和过小。常用的规格有 1m×1m，即长 1m，宽 1m，还有 2m×1m，2m×1.5m 等几种。

吸声材料是吸声体的重要组成部分。吸声材料的选择和填充是决定吸声体效

率的关键。目前，国内生产的吸声体大多采用超
细玻璃棉作为吸声材料，超细玻璃棉的填充密
度、厚度都应根据需消减的噪声频率特性，经计
算和实测确定。对于吸声材料的护面结构选择，
也应注意是否合理，它直接影响吸声材料的吸声
性能。工程上常用的护面层有金属网、塑料窗
纱、玻璃布、麻布、纱布及各类金属穿孔板等。
金属网和窗纱的穿孔率大，用它们护面对材料的
性能几乎没有影响。玻璃布、麻布、纱布等都是
低流阻材料，对吸声材料的性能影响也不大。穿
孔板的穿孔率若大于 20%，对材料的吸声性能影

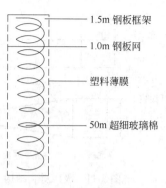

图 5-10　吸声体构造

响也是不大的；当穿孔率小于 20% 时，在高频段上，由于声波的波长短，声波绕
射（衍射）效应小，使吸声性能降低；而在低频段上，由于绕射作用强，故对
材料吸声性能影响不大；而且，由于穿孔板与后面形成空腔，有共振吸声结构
（后述）作用，在低频段的吸声性能将会有所改善。

　　对吸声体的护面结构的选择，除了考虑是否影响吸声性能外，还应考虑吸声
体的使用环境及经济成本，可参照图 5-8 提供的情况综合考虑。

　　悬挂吸声体应遵循下列原则：

　　实践和试验证明，悬挂吸声体的面积与厂房平顶面积之比为 25% 左右时，吸
声体的吸声系数达到最大值；吸声体的悬挂高度，如条件允许时，尽量靠近噪声
源、挂得低；在面积比相同的条件下，吸声体垂直悬挂和水平悬挂降噪效果基本
相同；吸声体分散悬挂优于集中悬挂，特别对中高频的吸声效率可提高
40%~50%。

　　一般应用空间吸声体的车间，可降低噪声 10dB 左右。

5.2.2.3　吸声劈尖

　　吸声劈尖实际上是一种楔子形空间吸声体，即在金属网架内填充多孔吸声材
料，如图 5-11 所示。

　　该吸声结构吸声系数较高，低频特性极好。当吸声劈尖的长度大约等于所需
吸收的声波最低频率波长的一半时，它的吸声系数可达 0.99，几乎可以吸收绝大
部分入射的声能。如果要求不高，吸声劈尖可适当缩短，即去掉尖部的 10%~
20%，劈尖底部宽度取 20cm 左右，劈尖长度取 80~100cm，这样，最低截止频率
可达 70~100Hz。实测表明，这种去掉尖部的做法，不仅没有降低吸声的性能，
而且可增大室内的有效面积。另外，在吸声劈尖底板的后面设有穿孔共振器，也
有的为空气间隔层。劈尖的实际安装，应交错排列，应避免其方向性，提高吸声
性能，如图 5-12 所示。

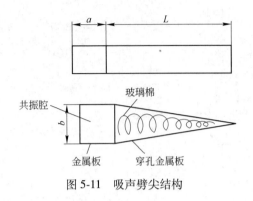

图 5-11 吸声劈尖结构

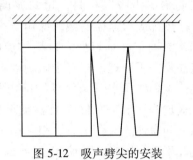

图 5-12 吸声劈尖的安装

5.2.3 共振吸声结构

多孔材料的吸声结构对中高频噪声吸声效果较好，对低频噪声吸收性能差。为弥补这一不足，根据共振原理研制了各种吸声结构。常用的有薄板共振吸声结构、薄膜吸声结构、穿孔板吸声结构。

5.2.3.1 薄板共振吸声结构

薄板共振吸声结构如图 5-13 所示，板材为胶合板或硬质纤维板，周边固定在木质框架，板后留有一定厚度的空气层，就构成了薄板共振吸声结构，即薄板相当于质量，而空气层相当于弹簧。当入射声波碰到薄板时，就激励板面振动，从而

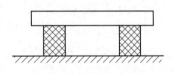

图 5-13 薄板共振结构

引起薄板和空气层这一系统振动，将一部分振动能转变为热能耗散掉。当入射声波的频率与结构的固有频率一致时，就产生了共振，此时，所消耗的声能最大。由于多数薄板共振结构的固有频率都在低频范围之间，所以，它能有效地吸收低频声。

薄板共振吸声结构的固有频率可由下式计算：

$$f_0 = \frac{600}{\sqrt{MD}} \tag{5-5}$$

式中　M——薄板的面密度，kg/m^2；

　　　D——空气层厚度，cm。

由式（5-5）可以看出，增加薄板的面密度 M 或空气层厚度 D ，可使薄板结构的固有频率降低；反之，则会提高。常用木质薄板共振吸声结构的板厚取 3~6mm，空气层厚度取 30~100mm，共振吸收频率约在 10~300Hz 之间，其吸声系数一般在 0.2~0.5。在实际应用中，人们发现，单纯由薄板与空气层组成的薄板共振吸声结构的吸声系数不高，如果在薄板结构的边缘（板与龙骨的接触处）

放置一些软材料（海棉条、橡皮条、毛毡等），或在龙骨框架四周粘贴一些多孔材料（玻璃棉、泡沫等），则可提高吸声系数，改善吸声性能，使吸声系数的最大值向低频方向移动，如图 5-14 所示。常用薄板、薄膜共振吸声结构的吸声系数见表 5-7。

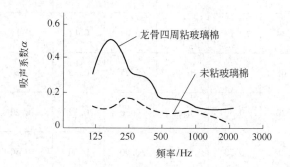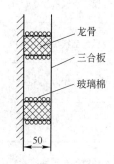

图 5-14 龙骨粘贴吸声材料的吸声系数

表 5-7 薄板（膜）共振吸声结构的吸声系数（α_T）

材料和构造	各频率下的吸声系数					
	125Hz	250Hz	500Hz	1000Hz	2000Hz	4000Hz
三合板：空气层厚 5cm，木龙骨间距 45cm×45cm	0.21	0.73	0.21	0.19	0.08	0.12
三合板：空气层厚 10cm，其余同上	0.59	0.38	0.18	0.05	0.04	0.08
五合板：三合板：空气层厚 5cm，木龙骨间距 45cm×45cm	0.08	0.52	0.17	0.06	0.10	0.12
五合板：空气层厚 10cm，其余同上	0.41	0.30	0.14	0.05	0.10	0.16
木丝板：板厚 3cm，空气层 5cm，木龙骨间距 45cm×45cm	0.05	0.30	0.81	0.63	0.70	0.91
木丝板：空气层厚 10cm，其余同上	0.09	0.36	0.62	0.53	0.71	0.89
草纸板：板厚 2cm，空气层厚 5cm，木龙骨间距 45cm×45cm	0.15	0.49	0.41	0.38	0.51	0.64
草纸板：空气层厚 10cm，其余同上	0.50	0.48	0.34	0.32	0.49	0.60
刨花压轧板：板厚 1.5cm，空气层厚 5cm，木龙骨间距 45cm×45cm	0.35	0.27	0.20	0.15	0.25	0.39

材 料 和 构 造	各频率下的吸声系数					
	125Hz	250Hz	500Hz	1000Hz	2000Hz	4000Hz
胶合板：空气层厚 5cm	0.28	0.22	0.17	0.09	0.10	0.11
胶合板：空气层厚 10cm	0.34	0.19	0.10	0.09	0.12	0.11
帆布：空气层厚 4.5cm	0.05	0.10	0.40	0.25	0.25	0.20
帆布：空气层厚 2cm+矿渣棉 2.5cm	0.20	0.50	0.65	0.50	0.32	0.20
聚乙烯薄膜：玻璃棉 5cm	0.25	0.70	0.90	0.90	0.60	0.50
人造革：玻璃棉 2.5cm	0.20	0.70	0.90	0.55	0.33	0.20

5.2.3.2　薄膜共振吸声结构

薄膜共振吸声结构与薄板结构的吸声原理基本相同，它是用弹性材料，如聚氯乙烯薄膜、漆布、不透气的帆布及人造革等代替薄板，在其后仍设置空气层，同样形成了薄膜共振吸声结构。它的共振频率仍可用式（5-5）计算。由于薄膜的面密度较小，所以其共振吸声频率 f_0 向高频移动，通常薄膜结构的共振频为 200~1000Hz，吸声系数介于 0.3~0.4。在实际应用中，也常在薄膜后设置多孔吸声材料，以便改善低频吸声性能。如图 5-15 所示为帆布的吸声特性。常用薄膜共振吸声结构的系数在表 5-7 中已列出。

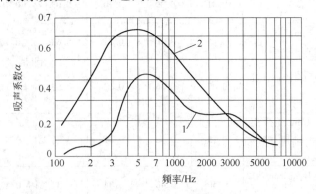

图 5-15　帆布的吸声特性

1—背后空气层，45mm 吸声特性；2—再粘贴 25mm 厚岩棉吸声特性

5.2.3.3 穿孔板共振吸声结构

穿孔板共振吸声结构是把钢板、铝板或胶合板、塑料板、草纸板等，以一定的孔径和穿孔率打上孔，并在板后设置空气层制成，如图 5-16 所示。由于穿孔板上每个孔后都有对应空腔，即为许多并联的"亥姆霍兹"共振器，当入射声波的频率和系统的共振频率一致时，就激起共振。穿孔板孔颈处空气柱往复振动，速度、幅值达最大值，摩擦与阻尼也最大，此时，使声能转变为热能最多，即消耗声能最多。

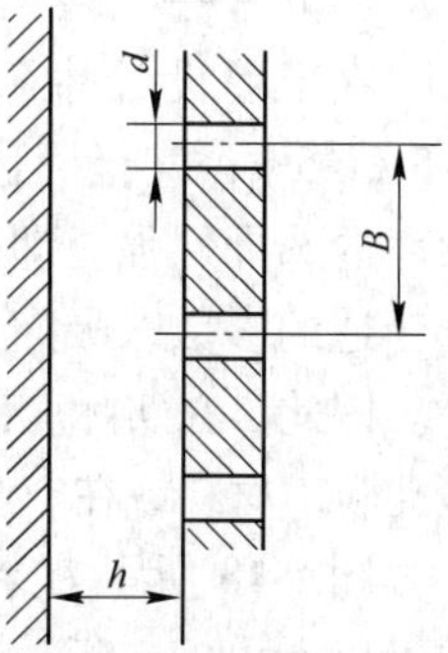

图 5-16 穿孔板共振
吸声结构

穿孔板共振吸声结构的最高吸声系数也出现在共振频率处，其共振频率可由下式计算：

$$f_0 = \frac{c}{2\pi}\sqrt{\frac{p}{h \cdot L_k}} \tag{5-6}$$

式中　p ——穿孔率，即板上穿孔面积与板的总面积的百分比；

　　　c ——声速，m/s；

　　　h ——空腔深度，m；

　　L_k ——小孔的有效颈长，$L_k = t + 0.8d$，t 为板厚，d 为孔径，单位均为 m。

由式（5-6）可以看出，板的穿孔面积越大，吸收的频率越高；空腔越深或颈口有效深度越长，吸收的频率越低。

穿孔板上的穿孔排列方式一般有两种，正方形和三角形，如图 5-17 所示。

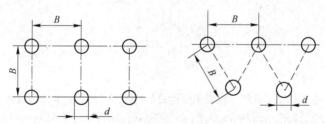

图 5-17 正方形和三角形排列

圆孔正方形排列的穿孔率：

$$p = \frac{\text{孔的面积}}{\text{板的总面积}} = \frac{\pi}{4}\left(\frac{d}{B}\right)^2 \tag{5-7}$$

圆孔三角形排列的穿孔率：

$$p = \frac{\text{孔的面积}}{\text{板的总面积}} = \frac{\pi}{2\sqrt{3}}\left(\frac{d}{B}\right)^2 \tag{5-8}$$

式中　B ——孔心距，mm；

d ——孔径，mm。

在工程设计中，板厚一般取 1.5～10mm，孔径 ϕ（2～5）mm，穿孔率 0.5%～5%，甚至可达 15%，腔深为 50～300mm。穿孔板吸声共振结构的缺点是频率的选择性强，即吸声频带很窄，仅在共振频率附近才有最好的吸声性能（如选合适的参数，吸声系数在 0.4～0.7 以上），偏离共振频率，则吸声效果明显下降。因此，在实际应用中，应尽可能使消声频带宽一些。如果在穿孔板空腔侧加衬多孔吸声材料或在空腔中填充多孔吸声材料，都可改善穿孔板结构的吸声性能。

图 5-18 所示为穿孔板共振吸声结构及加衬吸声材料前后的吸声特性。由图中可以看出，在板后加孔吸声材料时，吸收峰值变宽，不但提高吸声系数，而且使共振频率稍向低频移动，移动量一般在一个倍频程内。补贴吸声材料，为的是增加孔径附近空气阻力，多孔材料应尽量靠近穿孔板，吸声效果最佳。如果吸声材料的厚度超过 2.5cm，置于空气层中间对吸声性能影响不大，但远离穿孔板，即靠近墙壁，吸声性能很差（与上两种情况比较）。

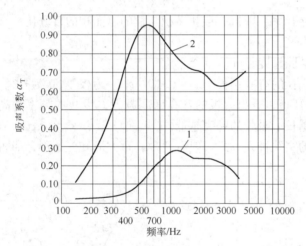

图 5-18 穿孔板共振吸声结构及加衬吸声材料前后的吸声特性

1—空气层厚 25mm；2—板后衬 25mm 厚矿渣棉穿孔板（板厚 4mm，孔径 5mm，孔心距 12mm）

常用穿孔板共振吸声结构的吸声系数见表 5-8，组合共振吸声结构的吸声系数见表 5-9。

表 5-8　常用穿孔板共振吸声结构的吸声系数（α_T）

材料和结构尺寸/mm		各频率下的吸声系数					
		125	250	500	1000	2000	4000
三合板	孔径 $\phi5$，孔中心距 40，空气层厚 100	0.37	0.54	0.30	0.08	0.11	0.19
	孔径 $\phi5$，孔中心距 40，空气层厚 100，板内衬一层玻璃布	0.28	0.70	0.51	0.20	0.16	0.23

	材料和结构尺寸/mm	各频率下的吸声系数					
		125	250	500	1000	2000	4000
五合板	孔径 $\phi5$，孔中距25，空气层厚50	0.01	0.25	0.54	0.30	0.16	0.19
	板内填矿渣棉（25kg/m³），其余同上	0.23	0.60	0.86	0.47	0.26	0.27
硬纤维板	孔径 $\phi4$，孔中距24，空气层厚75	0.10	0.24	0.50	0.10	0.66	0.08
胶合板	孔径 $\phi10$，孔中距45，空气层厚40	0.38	0.32	0.28	0.25	0.23	0.14
	孔径 $\phi6$，孔中距40，空气层厚50，内填玻璃棉	0.36	0.59	0.49	0.62	0.52	0.38
钢板	孔径 $\phi5$，板厚1，穿孔率2%，空气层厚150，内填超细玻璃棉（25kg/m³）	0.85	0.70	0.60	0.41	0.25	0.025
	孔径 $\phi9$，板厚1，穿孔率10%，空气层厚60，内填超细玻璃棉（30kg/m³）	0.38	0.63	0.60	0.56	0.54	0.44
铝板	孔径 $\phi5$，空心距，空气层厚75	0.13	0.37	0.67	0.56	0.32	0.21

表 5-9　常用组合共振吸声结构的吸声系数（α_0）

种类	吸声结构		各种频率下吸声系数					
	护面结构（孔径 ϕ（mm）；板厚 t（mm）；穿孔率 p（%））	吸声层厚/cm	125Hz	250Hz	500Hz	1000Hz	2000Hz	4000Hz
穿孔板加超细玻璃棉	前置 $\phi=5$，$t=2.5$，$p=5\%$	10	0.39	0.45	0.36	0.42	0.32	0.25
	前置 $\phi=9$，$t=1$，$p=20\%$	6	0.13	0.63	0.60	0.66	0.69	0.67
穿孔板加聚氨酯泡沫塑料	前置 $\phi=5$，$t=2$，$p=25\%$	5	0.25	0.30	0.50	0.51	0.51	0.50
	前置 $\phi=10$，$t=2$，$p=25\%$	5	0.25	0.31	0.49	0.51	0.51	0.43
穿孔板加玻璃棉加空气层	前置 $\phi=6$，$t=7$，$p=6\%$	吸声层2.5 空气层15	0.50	0.85	0.90	0.60	0.35	0.20
	前置 $\phi=5$，$t=1$，$p=10\%$	吸声层1.5 空气层15	0.20	0.55	0.75	0.60	0.60	0.25

5.2.4 微穿孔板吸声结构

　　微穿孔板吸声结构是我国著名声学专家马大猷教授，经过多年实验研究，提出的新型吸声结构。这种吸声结构克服了穿孔板吸声结构存在吸声频率窄的缺点，并具有结构简单、加工方便，特别适用高温、高速、潮湿及要求清洁卫生的环境下使用等优点。

　　微穿孔板吸声结构是由微穿孔板和板后的空腔组成。金属微穿孔板厚 $t=$

0.2~1mm，孔径 $\phi = 0.2 \sim 1$mm，穿孔率 $p = 1\% \sim 3\%$，穿孔率取 $1\% \sim 2.5\%$，吸声效果最佳。

微穿孔板吸声结构，由于板薄、板径小、声阻比穿孔板大得多，质量小得多，因而吸声系数和频带特性都比穿孔板要好。

微穿孔板吸声结构主要是利用声传过来时，小孔中空气柱往复运动造成摩擦消耗声能，而吸收峰的共振频率则由空腔的深度来控制，腔愈深，共振频率愈低。

微穿孔板吸声结构的共振频率计算仍用式（5-6），但此时 L_k 由下式计算：

$$L_k = t + 0.8d + \frac{ph}{3} \tag{5-9}$$

式中　$\frac{ph}{3}$——修正项；

　　　p——穿孔率，%；

　　　h——腔深，m。

在实际应用中，为了加宽吸收的频带向低频方向扩展，可将它做成双层微穿孔板结构，这种双层微穿孔板结构之间留有一定的距离。如果要吸收较低的频率，空腔深些，一般控制在 20~30cm 以内；如果主要吸收中高频声波，则视具体情况，空腔可以减小到 10cm 或更小。图 5-19 所示为双层微穿孔板吸声结构示意图。图 5-20 所示为单层微穿孔板的吸声特性。该吸声结构的参数为：孔径 $\phi 0.8$mm，板厚 $t = 0.8$mm，穿孔率 $p = 2\%$，腔深 $h = 100$mm。

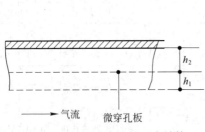

图 5-19　双层微穿孔板吸声结构

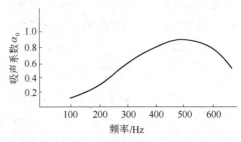

图 5-20　单层微穿孔板的吸声特性

图 5-21 所示为双层微穿孔板吸声结构的吸声特性。该吸声结构的设计参数为，孔径均为 0.8mm，板厚均为 0.8mm，前板 $p_1 = 2\%$，前腔深 $h_1 = 80$mm，后板 $p_2 = 1\%$，后腔深 $h_2 = 120$mm。

由图 5-20 和图 5-21 比较看出，单层微穿孔板吸声系数最大值发生在 500Hz 左右，消声频带（高效）不宽，吸声系数最大仅为 0.82；而双层微穿孔板吸声系数最大值达 1.0，高效消声频带很宽。常见单层微穿孔板和双层微穿孔板吸声结构的吸声系数分别见表 5-10 和表 5-11。

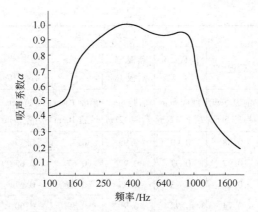

图 5-21　双层微穿孔板吸声结构的吸声特性

表 5-10　单层微穿孔板的吸声系数 α_0

穿孔率/%	腔深/cm	铜板厚/mm	孔径/mm	各频率下的吸声系数													
				100	125	160	200	250	320	400	500	630	800	1000	1250	1600	2000
1	5	0.8	0.8	0.03	0.05	0.05	0.11	0.29	0.36	0.61	0.87	0.99	0.82	0.78	0.44	0.20	0.12
1	10	0.8	0.8	0.24	0.24	0.33	0.58	0.71	0.82	0.98	0.96	0.84	0.46	0.40	0.14	0.07	0.29
1	15	0.8	0.8	0.35	0.37	0.54	0.77	0.85	0.92	0.97	0.87	0.65	0.30	0.20	0.26	0.32	0.15
1	25	0.8	0.8	0.63	0.72	0.92	0.97	0.99	0.97	0.76	0.33	0.10	0.99	0.40	0.09	0.17	0.12
2	3	0.8	0.8	0.07	0.08	0.09	0.10	0.11	0.12	0.17	0.15	0.25	0.44	0.58	0.81	0.64	0.40
2	5	0.8	0.8	0.05	0.05	0.05	0.07	0.17	0.36	0.60	0.76	0.89	0.78	0.57	0.33	0.22
2	10	0.8	0.8	0.12	0.10	0.14	0.33	0.46	0.63	0.77	0.92	0.80	0.53	0.31	0.23	0.08	0.40
2	20	0.8	0.8	0.40	0.40	0.50	0.72	0.83	0.95	0.80	0.54	0.27	0.07	0.77	0.40	0.13	0.28

表 5-11　双层微穿孔板吸声系数（$\phi = 0.8\text{mm}$，$t = 0.8\text{mm}$）

频率/Hz	穿孔率							
	前板2.5%，后板1%		前板2% 后板1%	前板3% 后板1%	前板2%（$\rho_1 = 2\%$） 后板1%（$\rho_2 = 1\%$）			
	前腔3cm 后腔7cm	前腔5cm 后腔5cm	前腔8cm 后腔12cm	前腔8cm 后腔12cm	前腔10cm 后腔10cm	前腔5cm 后腔5cm	前腔8cm 后腔12cm	前腔5cm 后腔10cm
100	0.25	0.14	0.44	0.37	0.24	0.19	0.41	0.19
125	0.26	0.18	0.48	0.40	0.29	0.25	0.41	0.25
160	0.43	0.29	0.75	0.62	0.32	0.31	0.46	0.31
200	0.60	0.50	0.86	0.81	0.64	0.50	0.83	0.50
250	0.71	0.69	0.97	0.92	0.79	0.79	0.91	0.79

频率/Hz	穿　孔　率							
	前板2.5%，后板1%	前板2% 后板1%	前板3% 后板1%	前板2%（$\rho_1 = 2\%$） 后板1%（$\rho_2 = 1\%$）				
	前腔3cm 后腔7cm	前腔5cm 后腔5cm	前腔8cm 后腔12cm	前腔8cm 后腔12cm	前腔10cm 后腔10cm	前腔5cm 后腔5cm	前腔8cm 后腔12cm	前腔5cm 后腔10cm
320	0.86	0.88	0.99	0.99	0.72	0.79	0.69	0.80
400	0.83	0.97	0.97	0.99	0.67	0.62	0.58	0.62
500	0.92	0.97	0.93	0.95	0.70	0.67	0.61	0.67
630	0.70	0.74	0.98	0.90	0.79	0.60	0.54	0.60
800	0.53	0.74	0.96	0.88	0.74	0.57	0.60	0.57
1000	0.65	0.99	0.64	0.66	0.64	0.68	0.61	0.68
1250	0.94	0.70	0.41	0.50	0.43	0.63	0.60	0.63
1600	0.65	0.33	0.30	0.25	0.42	0.53	0.45	0.53
2000	0.35	0.24	0.15	0.13	0.41	0.46	0.31	0.46
2500					0.42	0.38	0.47	0.38
说　明	驻波管法（α_0）				混响室法（α_T）			

从理论上讲，为了加宽穿孔结构的吸收频带，希望孔径愈小愈好。但孔径太小，不仅加工困难，还易堵塞。因此，在工程实际中，采用的孔径 d 为 $0.5 \sim 1\text{mm}$。同时，采用双层微穿孔板吸声结构，吸声系数高，且吸声频带宽。

5.3　吸声减噪与降噪设计

当室内声源 S 发出声波后，碰到室内各表面多次反射，形成混响声。因此，室内某一点接受到的是直达声和反射声的叠加结果，如图 5-22 所示。

室内混响声的强弱与室内壁面对声音的反射性能密切相关，壁面材料的吸声系数愈小，对声音的反射能力愈大，混响声也愈强，噪声源的噪声级就提高得愈多。

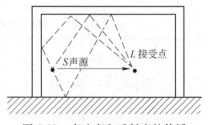

图 5-22　直达声和反射声的传播

当在室内壁面饰以吸声材料和吸声结构，在空间设置吸声体或吸声屏后，那么，噪声碰到吸声材料后，一部分被吸收掉，使反射声能减弱，工作人员仅能听到从声源发出经过最短距离到达的直达声和被减弱的反射声，这时，总的噪声级就会降低。这种吸声减噪的方法，广泛用于工厂车间和民用建筑中。

值得注意的是，吸声处理方法只能吸收反射声，也就是说只能降低室内混响声，对于直达声没有什么效果。

一般在大房间中，吸声处理不会使噪声明显下降。但在房间很大，却向一个方向伸长，且顶棚较低时，采用吸声措施，减噪效果会比正方体的房间好得多。良好的吸声减噪效果可达 6~10dB。

5.3.1　吸声量

前述材料的吸声系数，只表明它所具有的吸声能力，而一个房间吸声处理后的实际吸声量，不仅与吸声系数的大小有关，而且还与使用吸声材料的面积有关，房间的实际吸声量可用下式表示：

$$A = S \cdot \alpha \tag{5-10}$$

式中　A——实际吸声量，m^2；

　　　S——材料的表面积，m^2；

　　　α——材料对每一频率的吸声系数，无量纲。

由吸声量这一概念可以看出，向自由空间开着的 $3m^2$ 的窗户所引起的声吸收量为 $3m^2$，即声波传至窗口处会全部透过去，完全没有反射。如 $10m^2$ 墙壁铺上吸声系数为 0.3 的吸声材料，它的吸声量也为 $3m^2$，二者的吸声量是相同的。

如果某房间墙面上装饰几种材料，它们对应的吸声系数和面积分别为 α_1，α_2，α_3，$\cdots$，α_n 和 S_1，S_2，S_3，$\cdots$，S_n，则该房间的总吸声量可由下式计算：

$$A = S_1\alpha_1 + S_2\alpha_2 + S_3\alpha_3 + \cdots + S_n\alpha_n = \sum S_i\alpha_i$$

房间的平均吸声系数为

$$\overline{\alpha} = \frac{S_1\alpha_1 + S_2\alpha_2 + S_3\alpha_3 + \cdots + S_n\alpha_n}{S_1 + S_2 + S_3 + \cdots + S_n} = \frac{\sum S_i\alpha_i}{\sum S_i} \tag{5-11}$$

常用建筑（装饰）材料和室内设施的吸声系数见表 5-12。

表 5-12　常用建筑（装饰）材料及室内设施的吸声系数（α_T）

吸声材料名称及构造	频　率					
	125Hz	250Hz	500Hz	1000Hz	2000Hz	4000Hz
砖墙（清水面）	0.02	0.03	0.04	0.04	0.05	0.05
砖墙（粉刷面）	0.01	0.02	0.02	0.03	0.04	0.05
砖墙（抹灰）	0.02	0.02	0.02	0.03	0.03	0.04
混凝土地面	0.01	0.01	0.02	0.02	0.02	0.04
大理石、水磨石、片石	0.01	0.01	0.01	0.02	0.02	0.02
普通玻璃，厚 3mm	0.35	0.25	0.18	0.12	0.07	0.04
室铺木地板，沥青粘在混凝土上	0.05	0.05	0.05	0.05	0.05	0.05

吸声材料名称及构造	频　率					
	125Hz	250Hz	500Hz	1000Hz	2000Hz	4000Hz
厚地毯铺在混凝土上	0.02	0.06	0.14	0.37	0.60	0.65
一般玻璃窗（关闭）	0.35	0.25	0.18	0.12	0.07	0.04
敞开窗	1.00	1.00	1.00	1.00	1.00	1.00
人坐在人造革椅上，每个吸声量（m^2）	0.23	0.34	0.37	0.33	0.34	0.31
人造革椅，每个吸声量（m^2）	0.21	0.18	0.30	0.28	0.15	0.10

5.3.2　吸声减噪计算

如前所述，房间内某一点的噪声是由直达声与反射声两部分构成的。

直达声的声压级由下式计算：

$$L_{P_1} = L_W + 10\lg \frac{Q}{4\pi r^2} \qquad (5-12)$$

反射声的声压级可这样计算：

$$L_{P_2} = L_W + 10\lg \frac{4}{R} \qquad (5-13)$$

房间内直达声和反射声叠加后总声压级为：

$$L_P = L_W + 10\lg \left(\frac{Q}{4\pi r^2} + \frac{4}{R} \right) \qquad (5-14)$$

式中　L_P——房间内某一接受点的声压级，dB；

L_W——噪声源的声功率级，当噪声源辐射的总能量为 W 时，可用 $L_W = 10\lg \dfrac{W}{W_0}$，$W_0 = 10^{-12}$W；

$\dfrac{Q}{4\pi r^2}$——直达声场的作用；

r——接受点与噪声源的距离，m；

Q——声源的指向性因素，可由表 5-13 查得；

$\dfrac{4}{R}$——混响声场（反射）的作用；

R——房间常数，m^2，$R = \dfrac{S\,\bar{\alpha}}{1-\bar{\alpha}}$，其中 S 为房间的总表面积（m^2），$\bar{\alpha}$ 为平均吸声系数。

由式（5-13）可以看出，当声源一定、衰减距离一定时，Q 不同，总声压级

L_P 不同，而 Q 是随着声源在房间内的位置变化而变化的，见表 5-13。

表 5-13　声源的指向性因素

声 源 位 置	指向性因素 Q	声 源 位 置	指向性因素 Q
室内几何中心	1	室内某一边线中心点	4
室内地面或某墙面中心	2	室内 8 个角处之一	8

总声压级除了与 Q 有关外，还与 R 有关，而房间常数又与吸声处理有密切关系。从理论上讲，如对室内采取高效吸声措施，使 R 趋于无穷大，就能使室内仅有直达声，而没有反射声。但实际上很难做到，甚至不可能。

由式（5-13）可以看出，房间内表面吸声处理后的噪声改变量仅仅和房间常数有关系，我们可以假设室内吸声处理前后的声压级、房间常数和平均吸声系数分别为 L_{P_1}、R_1、$\overline{\alpha_1}$ 和 L_{P_2}、R_2、$\overline{\alpha_2}$。则有

$$R_1 = \frac{S\,\overline{\alpha_1}}{1-\overline{\alpha_1}}, \qquad R_2 = \frac{S\,\overline{\alpha_2}}{1-\overline{\alpha_2}}$$

房间吸声处理前接受点的声压级：

$$L_{P_1} = L_W + 10\lg\left(\frac{Q}{4\pi r^2} + \frac{4}{R_1}\right)$$

房间吸声处理后该接受点的声压级：

$$L_{P_2} = L_W + 10\lg\left(\frac{Q}{4\pi r^2} + \frac{4}{R_2}\right)$$

吸声处理前后该点噪声降低量 ΔL_P 为：

$$\Delta L_P = L_{P_1} - L_{P_2} = 10\lg\left(\frac{\dfrac{Q}{4\pi r^2}+\dfrac{4}{R_1}}{\dfrac{Q}{4\pi r^2}+\dfrac{4}{R_2}}\right) \tag{5-15}$$

从式（5-15）可以看出，如果在一个大的房间里，该点在声源附近时，则噪声以直达声为主，$\dfrac{Q}{4\pi r^2} \gg \dfrac{4}{R}$，可忽略 $\dfrac{4}{R}$ 的影响，则降噪量为：

$$\Delta L_P = 10\lg\left(\frac{\dfrac{Q}{4\pi r^2}}{\dfrac{Q}{4\pi r^2}}\right) = 10\lg 1 = 0$$

上式结果说明，吸声处理对近声场无降噪效果。若该点与声源的距离足够远时，噪声以反射声为主，则 $\dfrac{Q}{4\pi r^2} \ll \dfrac{4}{R}$，$\dfrac{Q}{4\pi r^2}$ 可忽略，则噪声降低值为

$$\Delta L_P = 10\lg \frac{R_2}{R_1} = 10\lg\left(\frac{\overline{\alpha_2}}{\overline{\alpha_1}} \cdot \frac{1-\overline{\alpha_1}}{1-\overline{\alpha_2}}\right) \tag{5-16}$$

由此式可计算在扩散房间内远离声源处的最大吸声降噪值。但式中由于$\overline{\alpha_1} \cdot \overline{\alpha_2} \ll 1$，所以式（5-16）可近似写成：

$$\Delta L_P = 10\lg \frac{\overline{\alpha_2}}{\overline{\alpha_1}} \tag{5-17}$$

式中　$\overline{\alpha_2}$——吸声处理后房间内的平均吸声系数；

　　　$\overline{\alpha_1}$——吸声处理前房间内的平均吸声系数。

式（5-17）适用于由直达声和反射声形成的稳态声场的房间内，它可计算平均吸声减噪量。为简化计算，$\Delta L_P = 10\lg \dfrac{\overline{\alpha_2}}{\overline{\alpha_1}}$可由图5-23查得。

在噪声控制的实际工程中，由于声源的叠加和声波的传播较复杂，直达声和反射声掺混在一起，因此，单独分析直达声和反射声很困难，也没必要，人们所关心的是吸声处理后整个房间的噪声平均降低情况，而要知道吸声处理后的平均噪声级，关键是求吸声处理前后的平均降噪量ΔL_P。这样，就可由式（5-17）估算或由图5-23近似查得。

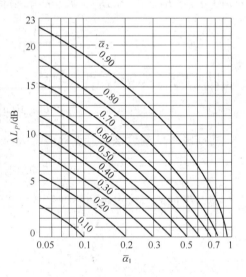

图5-23　吸声处理与降噪量换算

5.3.3　吸声减噪措施的应用范围

（1）在大的房间中，采用吸声处理降噪，要注意其吸声面积的大小。实践经验证明，当房间容积小于3000m³时，采用吸声饰面降低噪声效果较好。

（2）当原房间内壁面平均吸声系数较小时，比如，壁面由坚硬而光滑的混凝土抹面（吸声系数较低），采用吸声降噪措施才能收到良好效果；如原房间壁面及物体具有一定的吸声量，亦即吸声系数较大，再采取吸声措施，很难取得理想的效果。

（3）在离噪声源较远处，宜采用吸声措施。吸声处理只能减弱反射声，对从声源来的直达声没有作用。当人们离噪声源较近时，接受的主要是直达声，采取吸声措施不会有多大效果，只有当人们离噪声源较远，人们接受的反射声较直达声强烈，采用吸声措施才有明显效果。

（4）吸声措施的降噪量一般在 6~10dB。对于一般室内混响声只能在直达声的基础上增加 4~12dB，而吸声则是减弱反射声的作用，因此，吸声处理只能取得 4~12dB 的降噪效果。在实际工程中，能使室内减噪量达到 6~10dB 是比较切实可行的，要想获得更高的减噪效果，困难会大幅度增加，从经济方面考虑很不合算。

（5）吸声处理适宜噪声源多且分散的室内。若室内有较多噪声源，且分散布置，要对每一噪声源都采取噪声控制措施（如隔声罩等）困难会较多，我们可以和隔声屏（减小直达声的传播距离）一起配合采用吸声措施，会收到良好的降噪效果。

5.3.4　吸声降噪设计的一般步骤

室内采取吸声降噪措施，其设计步骤与一般噪声控制工作步骤大致相同，下面简略叙述一下：

（1）详细了解待处理房间的噪声级和频谱。首先了解车间内各种机电设备的噪声源资料，资料不全可进行实测及估算求出车间有关测点的噪声级及频谱图。

（2）根据国家、厂矿、部门的有关噪声标准，确定各倍频程所需的降噪量。

（3）估算或进行实际测量要采取吸声处理车间的吸声系数（或吸声量），求出吸声处理需增加的吸声量或平均吸声系数。

（4）选取吸声材料的种类及吸声结构类型，确定吸声材料的厚度、容重、吸声系数，计算吸声材料的面积和确定安装方式等。

例 5-1　某车间长 16m、宽 8m、高 3m，在侧墙边有两台机床，其噪声波及整个车间。现欲采取吸声降噪措施，使在离机器 8m 以外处噪声降至 NR55 以下，如何进行吸声降噪设计？

解：首先查阅机床设备噪声方面的技术资料，做一些必要的计算，若无资料或资料不全，可进行实际噪声测量，获得准确的噪声数据，其实，实际测量更能反映声场的实质情况。然后，再进行吸声处理设计。设计过程及有关数据见表5-14。

表 5-14　吸声设计数据

序号	项　目	各倍频程中心频率下参数						说　明
		125Hz	250Hz	500Hz	1000Hz	2000Hz	4000Hz	
1	距机床 8m 处噪声声压级/dB	70	62	65	60	56	53	实测值

序号	项 目	各倍频程中心频率下参数						说 明
		125Hz	250Hz	500Hz	1000Hz	2000Hz	4000Hz	
2	噪声控制目标	70	63	58	55	52	50	NR55，查图
3	所需降噪量/dB	—	—	7	5	4	3	(1) - (2)
4	处理前的平均吸声系数 $\overline{\alpha}_1$，（混响室法）	0.06	0.08	0.08	0.09	0.11	0.11	实测或由式 $\frac{\sum S_i \alpha_i}{\sum S_i} = \alpha$ 估算
5	处理后应有的平均吸声系数 $\overline{\alpha}_2$	0.06	0.08	0.04	0.30	0.34	0.35	由式 (5-17) 计算
6	现有吸声量/m²	24	32	32	36	44	44	$A_1 = S\alpha_1$ $S = 400\text{m}^2$
7	应有吸声量/m²	24	32	160.37	113.8	110.5	87.8	$A_2 = A_1 \cdot 10^{0.1\Delta L_P}$
8	需增加吸声量/m²	0	0	128.4	77.9	66.5	44	(7) - (6)
9	选穿孔板加超细玻璃棉 α	0.11	0.36	0.89	0.71	0.79	0.75	查表 (5-9)
10	需加吸声材料数量 /m²	0	0	144.3	109.7	84	56	(8) ÷ (9)
11	考虑加装吸声材料遮盖部分对原壁面吸声量的影响	—	—	155.8	122.7	99.8	71.9	(10) +144.3× (4)

表 5-14 中第 1 行（序号 1）为距机床 8m 处实测的噪声各倍频程声压级数值。

第 2 行为该车间的确定位置处噪声控制目标值，即列出各倍频程容许的声压级数值。

第 3 行为各倍频带声压级所需的降噪值，dB。

第 4 行为车间内吸声处理前的平均吸声系数 $\overline{\alpha}_1$，即由式（5-11）分别求出，或进行实测。

第 5 行为吸声处理后的平均吸声系数 $\overline{\alpha}_2$，它由第 3 行的降噪量及第 4 行的 $\overline{\alpha}_1$，并由式（5-17）求出 $\overline{\alpha}_2$。如 $\Delta L_P = 10\lg \dfrac{\overline{\alpha}_2}{\overline{\alpha}_1}$，则有 $\overline{\alpha}_2 = \overline{\alpha}_1 \cdot 10^{0.1\Delta L_P}$，那么，500Hz 处所应有的吸声系数：

$$\overline{\alpha}_2 = 0.08 \times 10^{0.1 \times 7} = 0.4$$

第 6 行为现有吸声量，由 $A_1 = S\alpha_1$ 计算，该房间 $S = 400\text{m}^2$，那么，500Hz 处

的吸声量为：

$$A_1 = S \cdot \overline{\alpha_1} = 400 \times 0.08 = 32 \ (\text{m}^2)$$

第 7 行为应有吸声量。在 500Hz 处的吸声量为：

$$A_2 = A_1 \cdot 10^{0.1\Delta L_P} = 32 \times 10^{0.1 \times 7} = 160.37 \ (\text{m}^2)$$

第 8 行为需要增加的吸声量。如 500Hz 处为

$$A_2 - A_1 = 160.37 - 32 = 128.4 \ (\text{m}^2)$$

第 9 行为选择穿孔板加超细玻璃棉吸声结构。穿孔板 $\phi 5$，$p = 25\%$，$t = 2$，吸声层为 5cm。

第 10 行为需要吸声材料的数量。如 500Hz 处需要吸声材料的数量为：128.4÷0.89 = 144.3 （m²）。

通过计算，室内加装 144.3m² 吸声组合结构，即可达至 NR55 的要求。但上述计算是按原有壁面在处理后仍然保持原有吸声量考虑，而实际安装方式使吸声材料（结构）遮盖原有壁面，计算时应扣除遮盖部分。这样，第 11 行就是考虑遮盖影响后，所应铺设的吸声材料，如 500Hz 处，吸声材料数量为 144.3 + 144.3×0.08 = 155.8m²。那么，实际安装 155.8m² 的吸声材料（结构），就足以满足 NR55 的要求。值得指出的是，该房间较低，宜采用吸声结构，不宜悬挂吸声体。

6 隔声材料与隔声技术

在实际生活中，噪声传播的路径是很复杂的，图 6-1 所示为噪声在房间中传播路径的示意图。

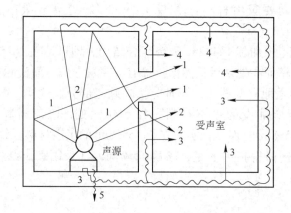

图 6-1　噪声的不同传播路径

由图可以看出，噪声从墙壁的孔口传入邻近房间（声波 1），噪声透过隔墙传入邻近房间（声波 2），机器机座振动激发产生向外传播的结构声进入邻近房间（声波 3），噪声声波激发房间围护结构而产生振动传入它邻近房间（声波 4），所有这些噪声都经过空气传播；噪声源的振动沿房屋结构传播开来，而形成固体声（声波 3、5）。因此，隔声问题分为两类：一类是空气声的隔绝；另一类是固体声的隔绝。

因此，控制噪声应在对噪声源进行鉴别和分析的基础上，分清主次，以采取不同的隔离措施。对于空气声（图 6-1 的 1、2、4），可采用密实、重的材料制成构件加以阻挡，或将噪声封闭在一个空间使其与周围空气隔绝，这种控制方法称为隔声措施。常用的隔声措施有隔声间、隔声罩、隔声屏等，这些措施可以防止声音沿空气向外传播。而对于机械设备运转振动激发地板和墙壁传播的固体声，则需采用橡胶、地毯、泡沫塑料等材料及隔振器来隔绝。对于隔离空气声效果很好的重而密实的钢筋混凝土板，对固体声隔绝效果却较差；同样，隔绝固体声效果好的橡胶、泡沫塑料等材料，对空气声的隔离也不佳，本章主要讨论空气声的隔绝。

6.1 隔声材料及隔声基本知识

6.1.1 透声系数与传声损失

6.1.1.1 透声系数

噪声在传播过程中，当遇到一个很大的屏障（障碍物）时，一部分声能被吸收，一部分声能被反射回去，其余部分声能透过屏障传递到另一侧，如图6-2所示。

假如忽略被屏障吸收的声能，把入射声波的能量定义为E_0，透过屏障的声能量定义为E_τ，则透射声能E_τ与入射声能E_0之比称为透声系数或透射系数，即

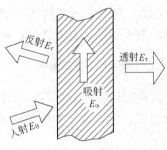

图6-2 隔声原理

$$\tau = \frac{E_\tau}{E_0} \qquad (6-1)$$

τ是一个无量纲的量，它与声波入射角有关，一般所指的τ是无规则入射的、各入射角度透射系数的平均值。材料的隔声能力可用透声系数来衡量，τ值介于0~1之间。当$\tau=1$时，为全透射情况；$\tau=0$时，说明透过去的声能为零。τ值愈小，表明材料隔声性能愈好；反之，则相反。

6.1.1.2 透声损失

由于透声系数较小，使用起来不太方便。因此，在实际工程中，人们常采用τ的倒数，并取其常用对数来表示透声损失的大小，透声损失亦称传声损失或隔声量，用R表示，单位是dB。表达式为：

$$R = 10\lg \frac{1}{\tau} \qquad (6-2(a))$$

或

$$\tau = 10^{-\frac{R}{10}} \qquad (6-2(b))$$

由式（6-2（a））可以看出，τ值越小，R值越大，说明隔声性能越好。

例如，某一隔声墙，在频率1000Hz时的透声系数$\tau=0.001$，则其隔声量为：

$$R = 10\lg \frac{1}{0.001} = 30 \quad (dB)$$

假如噪声源在1000Hz的噪声级为100dB，那么，经过该墙透射到邻近房间内该频率的噪声级为70dB。

同一隔声墙，对于不同的频率声音，具有不同的隔声性能。在工程中，常用中心频率为125Hz、250Hz、500Hz、1000Hz、2000Hz、4000Hz的六个倍频程下的隔声量相加，取其算术平均值表示某一隔墙的隔声性能，叫做平均隔声量，用

$\overline{R}$ 表示。

值得注意的是，隔声材料与吸声材料是两个完全不同的概念。吸声是依靠组成材料的多孔性、柔软性，使入射的声波在材料的细孔中，由摩擦转化为热能而将声能耗散掉。它要求吸声材料的表面上反射的声能越少越好。而隔声则是靠材料的密实性、坚实性，使声波在隔声结构上反射，它要求透过隔声结构的声能越小越好。因此，在工程实际应用中，决不能把吸声材料与隔声材料混淆用错，否则，既不合理，也不经济，更重要的是达不到预计的噪声控制效果。

6.1.2 单层结构的隔声

单层均质密实的隔声构件受声波作用后，其隔声性能一般由构件（砖墙、混凝土墙、金属板、木板等）的面密度、板的劲度、材料的内阻尼、声波的频率决定。

6.1.2.1 隔声频率特性曲线

图 6-3 所示为单层均质构件的隔声特性曲线，按频率可分为 3 个区域，即劲度和阻尼控制区（Ⅰ）、质量控制区（Ⅱ）、吻合效应和质量控制延续区（Ⅲ）。

当声波频率低于结构的共振频率 f_r 时，构件的振动速度反比于比值 K/f，其中 K 为构件的劲度，f 为声波频率；构件的隔声量与劲度成正比，因此，这一频率范围称为劲度控制区。在此区域内，构件随频率的增加，以 6dB/倍频程的斜率下降。

随着频率的增加，进入共振频率 f_r 及谐波 f_n 的控制频域，在这一区域，隔声量下降，共振频率处隔声量最小，主要由阻尼控

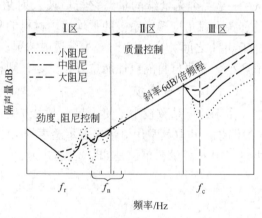

图 6-3 单层均质结构隔声特性曲线

制。共振频率与构件的几何尺寸、面密度、弯曲劲度和外界条件有关。一般建筑构件（砖、钢筋混凝土等构成的墙体），其共振频率很低；对于金属板等隔声障板，其共振频率可能分布在声频范围内，会影响隔声效果。

随着频率继续增加，便进入质量控制区，即构件的振动速度受惯性质量的控制。在这一区域内，构件的面密度越大，其惯性阻力也越大，也就不易振动，隔声量也越大；频率越高，隔声量也越大。

当频率再增高，进入吻合效应和质量控制延续区，在此区的临界频率 f_c 处，隔声量下降，出现吻合效应。

6.1.2.2　质量定律

理论分析和试验研究表明，单层均质的隔声构件（砖墙、混凝土墙、金属板、木板等），其隔声性能主要是随着构件的面密度和声波的不同而变化的。

单层结构的隔声量可用下列经验公式计算：

$$R = 18 \lg m + 12 \lg f - 25 \qquad (6\text{-}3)$$

式中　m——隔声构件的面密度，kg/m^2；

f——入射声波的频率，Hz。

由式（6-3）可以看出，构件隔声量大小与构件面密度和入射声波频率有关。当 m 不变时，f 增加 1 倍，其隔声量约增加 3.6dB；当 f 不变时，m 增加 1 倍，隔声量约增加 5.4dB。

为了使用方便，隔声量可由等隔线图 6-4 查出。图中每条直线上的点代表隔声量是相同的，在某一定的隔声数值下，它对应不同的面密度和不同的频率。

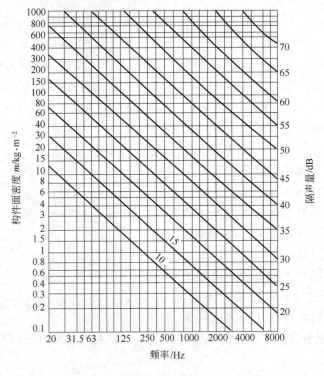

图 6-4　等隔线图

在实际应用中，为了方便起见，通常取 50Hz 和 5000Hz 两频率的几何平均值 500Hz 的隔声量来表示平均隔声量，记作 R_{500}。因此式（6-3）中频率因素可以不考虑，其隔声量计算式为：

$$\begin{cases} R_{500} = 18\lg m + 8 & m > 100 \\ R_{500} = 13.5\lg m + 13 & m \leqslant 100 \end{cases} \tag{6-4}$$

隔声量 R_{500} 值还可由图 6-5 查得。

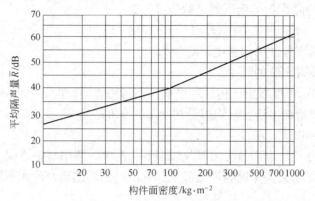

图 6-5　构件面密度与 R_{500} 的关系

6.1.2.3　吻合效应

在工程实际中，构件的隔声效果常常低于由"质量定律"计算的数值，这是因为在计算隔声量时，忽略了构件本身的弹性，使计算值偏高。对于任何一种隔声构件，都是一个有刚度的弹性板。当声波的某一频率，以一定的角度入射到构件表面时，若入射波的波长在构件表面上的投影恰好等于构件（板）的自由弯曲波长（构件被激发振动产生的沿板面传播的波），即空气中的声波在构件上的投影与构件的弯曲波相吻合，引起构件的振动，这种现象称为吻合效应，如图 6-6 所示。

在实际声场中，大多数声波是无规则入射的。假设入射波长为 λ 时，入射波的波阵面与构件平面之间的夹

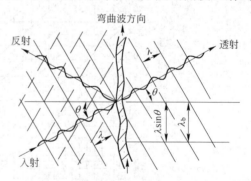

图 6-6　构件（板）面产生吻合效应

角为 θ，构件被激发产生弯曲的自由波长为 λ_b，由吻合效应有下列关系式：

$$\lambda_b = \lambda \sin\theta \tag{6-5}$$

由式（6-5）可计算出产生吻合效应时入射波的频率，该频率称为"吻合频率"。

当入射波频率高于某一频率时，均有其相应的吻合角度产生吻合效应。当入射波的频率低于某频率时，即相应的波长大于自由弯曲波长时的其他更低的频率，便不能产生吻合效应。这个能产生吻合效应的最低入射频率称为"临界吻合频率"，简称临界频率。由图 6-6 可以看出，当入射声波的最低吻合频率发生在声波

掠射于板面时，此时，吻合角 $\theta = 90°$，即该频率的波长 $\lambda = \lambda_b$。发生吻合效应时，声能几乎全部透过构件，使隔声量显著下降，隔声性能不再符合质量定律。

理论分析与试验研究表明，临界频率与构件本身的固有性质有关，它可由下式计算：

$$f_c = \frac{c^2}{2\pi b}\sqrt{\frac{12\rho(1-\mu^2)}{E}} \tag{6-6}$$

式中　f_c——临界频率，Hz；

　　　c——空气中声速，m/s；

　　　b——隔声构件的厚度，m；

　　　ρ——隔声构件的密度，kg/m³；

　　　μ——材料（构件）的泊松比，一般取 $\mu = 0.3$；

　　　E——材料（构件）弹性模量，N/m²。

由式（6-6）可以看出，临界频率的大小与构件的密度、厚度和弹性模量等因素有关。对于一般的密实而厚的构件，如砖墙、混凝土墙等，它们的弯曲刚度都较大，临界频率经常出现在低频段，即在人耳听阈范围以外，人们感受不到。而轻薄的板墙，如各种金属板和非金属板等，临界频率则发生在高频率段，即在人耳敏感的听阈范围内。因此在设计墙体构件时，应尽量使临界频率发生在较低的频率范围内，使墙体构件取得良好的隔声效果。

常用墙体构件的临界频率范围如图 6-7 所示。

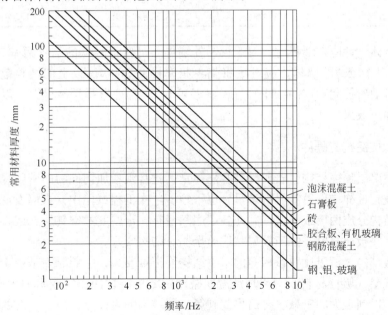

图 6-7　常用墙体构件的临界频率范围

常用隔声材料（构件）的密度和弹性模量见表 6-1。

表 6-1　常用隔声材料（构件）的面密度和弹性模量

材料名称	密度/kg·m⁻³	弹性模量/N·m⁻²	材料名称	密度/kg·m⁻³	弹性模量/N·m⁻²
钢	7900	2.1×10^{11}	杉木	400	5×10^9
铜	9000	1.3×10^{11}	胶合板	600	$(4.3 \sim 6.3) \times 10^9$
铝	2700	7.0×10^{10}	硬质板	800	2.1×10^9
玻璃	2500	7.1×10^{10}	软纤维板	400	1.2×10^9
普通钢筋混凝土	2300	2.4×10^{10}	石膏板	800	1.9×10^9
泡沫混凝土	600	1.5×10^9	水泥木丝板	600	2×10^8
砖	1900	1.6×10^{10}	玻璃纤维板	1500	1×10^{10}

由式（6-6），利用表 6-1，并知材料的厚度，就很容易计算出该种材料的临界频率。

表 6-2 列出了常用材料的面密度与临界频率的乘积，供设计时参考。

表 6-2　常用隔声材料的面密度与临界频率的乘积值

材　料	$m \times f_c$/Hz·kg·m⁻²	材　料	$m \times f_c$/Hz·kg·m⁻²
铅	600000	钢筋混凝土	44000
铝	32200	砖　墙	42000
钢	97700	硬　板	30600
玻璃	38000	多层木夹板	13200

在具体设计隔声墙体时，对于较厚的墙体，可获得较低的临界频率（100Hz 以下）；对于较薄的墙体，应设法将临界频率推向 5000Hz 以上的高频范围。同时，要考虑所控制噪声的频率特性，参考表 6-2，合理选择隔声材料，以期获得最佳的隔声效果。

6.1.3　双层结构的隔声

前述单层隔声结构，若要提高其隔声量，就必须增加构件的面密度或增加构件的厚度，这样构件可能显得笨重，也不经济。在工程试验中，人们发现，如果把单层结构分成两层或多层，并在各层之间留有一定厚度的空气层，或在空气层中填充一些吸声材料，隔声效果就比单层实心结构要好。

双层结构之所以比重量相等的单层结构隔声量要高，主要原因是由于双层之间的空气层（吸声材料）对受声波激发振动的结构有缓冲作用或附加吸声作用，使声能得到很大的衰减，之后再传到第二层结构的表面上，所以，总的隔声量就提高了。

6.1.3.1　双层结构的隔声特性

空气层作为弹性结构，可提高双层结构的隔声性能。但这种双层墙体和空气层组成的弹性系统也存在不足。当入射声波的频率和构件的共振频率 f_0 一致时，就会产生共振，此时，构件的隔声量就会大大降低；只有当入射声波的频率超过 $\sqrt{2} f_0$ 的频率之后，双层结构的隔声效果才会明显。图 6-8 所示为具有空气层的双层结构的隔声量与频率的关系。

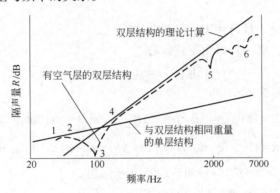

图 6-8　有空气层的双层结构隔声量与频率的关系

由图 6-8 可清楚看出，在 3 处发生共振，隔声值下降为零；1~2 段表示当入射声波的频率比双层结构共振频率低时，双层结构像一个整体一样振动，与相同重量单层结构的隔声量无任何区别；只有在比共振频率高 $\sqrt{2} f_0$ 以上的 4~5~6 段时，双层结构才比单层结构隔声量明显提高。

6.1.3.2　双层结构的共振频率

双层结构发生共振，大大影响其隔声效果。双层结构的共振频率可由下式计算：

$$f_0 = \frac{1}{\pi} \sqrt{\frac{\rho_0 c^2}{(m_1 + m_2) b}} \tag{6-7}$$

式中　f_0——共振频率，Hz；

　　　ρ_0——空气密度，常温下为 1.18kg/m³；

　　　c——空气中声速，常温下为 344m/s；

　　　b——空气层厚度，m；

m_1，m_2——分别为双层结构的面密度，kg/m²。

一般较重的砖墙、混凝土墙等双层墙体的共振频率大多在 15~20Hz 范围内，对人们听觉没有多大影响，故共振的影响可以忽略。对于轻薄双层墙，当其面密度小于 30kg/m²，而且空气层厚度小于 2~3cm 时，其共振频率一般在 100~250Hz 范围内，如产生共振，隔声效果极差。因此，在设计薄而轻的双层结构尤其要注意避免这一不良现象的发生。在具体应用中，可采取在薄板上涂阻尼涂料或增加两结构层之间的距离等，来弥补共振频率下的隔声不足。

6.1.3.3 双层结构的隔声量

由质量定律可知，相同材料、相同厚度的两层板材合在一起，隔声量仅比单层板增加 4.8dB；而当两层板相距无限远时，隔声量应当加倍，但在实际工程中，两板距离总是有限的，其隔声量的增加必然与墙板的面密度和空气层状况有关。

双层结构的隔声量可用下列经验公式计算。

一般情况下，隔声量可由下式计算

$$R = 18\lg(m_1+m_2) + 12\lg f - 25 + \Delta R \qquad (6\text{-}8)$$

故平均隔声量为

$$\begin{cases} \overline{R} = 18\lg(m_1+m_2) + 8 + \Delta R & m_1+m_2 > 100\text{kg/m}^2 \\ \overline{R} = 13.5\lg(m_1+m_2) + 13 + \Delta R & m_1+m_2 \leqslant 100\text{kg/m}^2 \end{cases} \qquad (6\text{-}9)$$

式中 R，$\overline{R}$——分别为隔声量和平均隔声量，dB；

m_1，m_2——分别为双层结构的面密度，kg/m²；

ΔR——附加隔声量，dB，如图 6-9 所示。

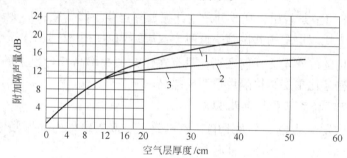

图 6-9 双层结构附加隔声量与空气层厚度的关系

1—双层加气混凝土墙（$m = 140\text{kg/m}^2$）；2—双层无纸石膏板墙
（$m = 48\text{kg/m}^2$）；3—双层纸面石膏板墙（$m = 28\text{kg/m}^2$）

式（6-8）和式（6-9）从形式上看与式（6-3）和式（6-4）相同，即双层结构的隔声量与单层结构的隔声量比，仅增加了空气层作用引起的附加隔声量。附加隔声量与空气层厚度有关，图 6-9 为双层结构隔声量与空气层厚度的关系。

在工程应用中，由于受空间位置的限制，空气层不能太厚，当取 20～30cm 的空气层时，附加隔声量为 15dB 左右，取 10cm 左右的空气层时，附加隔声量一般在 8～12dB。

双层结构和单层结构一样，也有吻合效应的影响。为避免吻合时隔声性能下降，常采用面密度不同的结构，使二者的临界频率错开，从而避免在临界频率处吻合效应对双层结构的隔声性能的破坏。

为了减少双层结构共振时的透声，可在双层结构中间的空气层中加入多孔吸声材料，使隔声量提高。图 6-10 所示为双层结构中间填充多孔吸声材料与否的隔声性能特性。

图 6-10 中使用的双层结构是 2mm 厚的铝板，两层距离为 70mm，填充超细玻璃棉。由图可看出，填充玻璃棉的隔声量明显高于未填的，最大可达 10dB 左右。

设计双层结构，除了注意共振及吻合效应外，还应考虑双层结构空腔中的刚性连接。如有刚性连接，前一层结构的声能将通过刚性连接（亦称声桥）传到后一层结构，使空气层的附加隔声量受到严重影响。比如，在施工中若将砖、瓦头等杂物丢进夹层中，无意中会起到

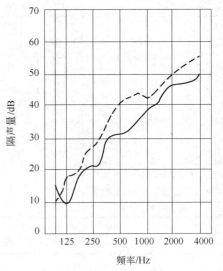

图 6-10 双层结构中间未填与填充
吸声材料的隔声特性
———— 未填；- - - - - 填吸声材料

声桥作用，使隔声性能大大降低。另外，双层结构采用不同材料时，如果是一层面密度较大，一层面密度较小，那么，设计时应将材料面密度较小的一层对着噪声源一侧，这样可降低面密度较大的一层声辐射，提高双层结构的隔声效果。

常用单层与双层结构的隔声量见表 6-3 和表 6-4。

表 6-3 常用单层与双层结构的隔声量（一）

类别	材料及构造	厚度 /mm	面密度 /kg·m⁻²	各频率下的隔声量/dB						平均隔声量/dB
				125Hz	250Hz	500Hz	1000Hz	2000Hz	4000Hz	
单层	钢板（板背后加强肋，肋间的方格尺寸不大于 1m×1m）	1	7.8	17	21	25	28	32	36	26.5
		2	15.6	20	24	28	32	36	35	29.2
		3	23.4	23	27	31	35	37	30	30.5
		8	62.4	28	32	36	34	33	40	33.8
	胶合板	3	2.4	11	14	19	23	26	27	20
		5	4.0	12	16	20	24	27	27	21
		8	6.4	16	20	24	27	27	27	23.5
	木丝板	20	12	23	26	26	26	26	26	25.5
	石膏混凝土板	80	115	28	33	37	39	44	44	37.5

$$125Hz 表示频率单位为 Hz（横坐标）；隔声量/dB（纵坐标）$$

类别	材料及构造	厚度 /mm	面密度 /kg·m⁻²	各频率下的隔声量/dB						平均隔声量/dB
				125Hz	250Hz	500Hz	1000Hz	2000Hz	4000Hz	
单层	砖墙（两面抹灰）	240（一砖）	440	43	45	52	58	59	57	52
		120（半砖）	220	34	36	42	50	58	60	47
	钢筋混凝土板	40	100	32	36	35	38	37	53	38.5
		100	250	34	40	40	44	50	55	43.8
		200	500	40	40	44	50	55	60	48.2
		300	750	44.5	50	58	65	69	69	59.3
双层	240mm 厚砖墙加空气层加 240mm 厚砖墙（两面抹灰）	空气层 150	800	50	51	58	71	78	80	65

表 6-4　常用单层与双层结构的隔声量（二）

类别	材 料 及 构 造	面密度 /kg·m⁻²	平均隔声量 /dB
单层（板）	1mm 厚铝板（合金铝）	2.6	20.5
	1mm 厚铝板加 0.35mm 厚镀锌铁皮	5.0	22.7
	五合板	13.8	28.5
	20mm 厚碎木压榨板	3.4	20.6
	5mm 厚聚氯乙烯塑料板	7.6	26.6
双层（板）	12~15mm 厚铅丝网抹灰，双层中填 50mm 厚矿棉毡	94.6	44.4
	双层 2mm 厚铝板填 70mm 厚超细棉	12.0	37.3
	双层 1.5mm 厚钢板（中空 70）	23.4	45.7
单层（墙）	90mm 厚炭化石灰板墙	65	33.9
	150mm 厚加气混凝土墙（砌块两面抹灰）	140	43.0
	100mm 厚加气混凝土墙（条板、喷浆）	80	39.3
双层（墙）	18mm 厚塑料贴面压榨板双层墙，钢木龙骨（18mm 加 200mm 中空加 18mm）	27	36.2
	18mm 厚塑料贴面压榨板双层墙，钢木龙骨（12mm 加 80mm 填矿棉加 12mm）	29	45.3
	18mm 厚塑料贴面压榨板双层墙，钢木龙骨（2mm×12mm 加 80mm 中空加 12mm）	35	41.3
	12mm 厚纸面石膏板双层墙，木龙骨（12mm 加 80mm 填珍珠岩块加 12mm）	40	45.0
	炭化石灰板双层墙（90mm 加 60mm 中空加 90mm）	130	48.3
	240mm 厚砖墙加 80mm 中空内填矿棉 50mm，加 6mm 厚塑料板	500	64.0

6.2　隔声间的设计

在噪声源数量多而且复杂的强噪声环境下，如空压机站、水泵站、汽轮机车间等，若对每台机械设备都采取噪声控制措施，不仅工作量大、技术要求高，而且投资多。因此，对于这种工人不必长时间站在机器旁的操作岗位，建造隔声间是一种简单易行的噪声控制措施。

隔声间亦称隔声室，它是用隔声围护结构建造一个较安静的小环境，人在里面，防止外面的噪声传进来。由于人在其内活动，隔声间要有通风（通风量一般每人为20m³/h）、采光、通行等方面的要求。

隔声间一般设有门窗、穿墙管道等，它们会使构造出现孔洞及缝隙，这些孔洞、缝隙等必须加以密封，否则会大大影响隔声间的隔声性能。

下面就建造隔声间的有关问题讨论一下。

6.2.1　组合墙体的隔声量

隔声间一般由几面墙板组成，而每一面墙板又由墙体、门窗等隔声构件组合。一面墙包括了门、窗等，我们称为组合墙体。这种组合墙体的门、窗等构件是由几种隔声能力不同的材料构成，像这种组合墙体的隔声性能，主要取决于各个组合构件的透声系数和它们所占面积的大小。

图 6-11 所示为隔声组合墙体示意图，图中墙体的隔声量为 R_1，面积为 S_1；左窗的隔声量为 R_2，面积为 S_2；门的隔声量为 R_4，面积为 S_4；右窗的隔声量为 R_3，面积为 S_3。计算该组合墙体的隔声量，首先应由各构件的隔声量求出相应的透声系数，即：

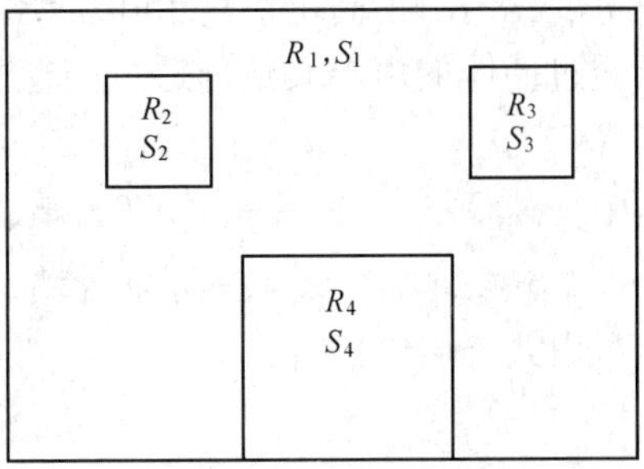

图 6-11　隔声组合墙体

$$\tau_1 = 10^{-\frac{R_1}{10}}, \quad \tau_2 = 10^{-\frac{R_2}{10}}, \quad \cdots, \quad \tau_n = 10^{-\frac{R_n}{10}}$$

然后，计算组合墙体的平均透声系数：

$$\overline{\tau} = \frac{\tau_1 S_1 + \tau_2 S_2 + \cdots + \tau_n S_n}{S_1 + S_s + \cdots + S_n} = \frac{\sum \tau_i S_i}{\sum S_i} \tag{6-10}$$

式中　$\overline{\tau}$——组合墙体的平均透声系数；

　　τ_i——组合墙体各构件的透声系数；

　　S_i——组合墙体各构件的面积。

这样，组合墙体的平均隔声量 $\overline{R}$ 由下式计算：

$$\overline{R} = 10\lg\frac{1}{\overline{\tau}} = 10\lg\frac{\sum S_i}{\sum \tau_i S_i} \tag{6-11}$$

例 6-1 一组合墙体由墙板、门和窗构成的，已知墙板的隔声量 $R_1 = 50\text{dB}$，面积 $S_1 = 20\text{m}^2$；窗的隔声量 $R_2 = 20\text{dB}$，面积 $S_2 = 2\text{m}^2$；门的隔声量 $R_3 = 30\text{dB}$，面积 $S_3 = 3\text{m}^2$，求该组合体的隔声量。

解： 由题已知 $R_1 = 50\text{dB}$，则 $\tau_1 = 10^{-\frac{R_1}{10}} = 10^{-5}$

$$R_2 = 20\text{dB}，则 \tau_2 = 10^{-\frac{R_2}{10}} = 10^{-2}$$

$$R_3 = 30\text{dB}，则 \tau_3 = 10^{-\frac{R_3}{10}} = 10^{-3}$$

由式（6-11）可计算该组合体的隔声量

$$\overline{R} = 10\lg\frac{\sum S_i}{\sum \tau_i S_i} = 10\lg\frac{20+2+3}{20\times10^{-5}+2\times10^{-2}+3\times10^{-3}} = 30.3\text{dB}$$

由此例计算结果知，该组合墙体的隔声量比墙板的隔声量（$R_1 = 50\text{dB}$）小得多，造成隔声能力下降的原因主要是门、窗隔声量低，门窗的隔声量控制整个组合墙体的隔声量。若要提高该组合墙体的隔声能力，就必须提高门、窗的隔声量，否则，墙板隔声量再大，总的隔声效果也不会好多少。因此，一般墙体的隔声量要比门、窗高出 10~15dB。比较合理的设计是按"等透射量"原理，即要求透过墙体的声能大致与透过门窗的声能相同，用式表示为

$$\tau_{墙} \cdot S_{墙} = \tau_{门} \cdot S_{门} = \tau_{窗} \cdot S_{窗} \tag{6-12}$$

式中 $\tau_{墙}$，$\tau_{门}$，$\tau_{窗}$——分别为墙、门、窗的透声系数；

$S_{墙}$，$S_{门}$，$S_{窗}$——分别为墙、门、窗的面积，m^2。

由式（6-12）有：

$$\tau_{墙} = \frac{\tau_{门} \cdot S_{门}}{S_{墙}} \quad 或 \quad \tau_{墙} = \frac{\tau_{窗} \cdot S_{窗}}{S_{墙}}$$

则墙体的隔声量为：

$$R_{墙} = R_{门} + 10\lg\frac{S_{墙}}{S_{门}} \tag{6-13}$$

式中 $R_{墙}$，$R_{门}$——分别为墙体和门（窗）的隔声量，dB；

$S_{墙}$，$S_{门}$——分别为墙体和门（窗）的面积，m^2。

若用"等透射量"原理，对例 6-1 进行合理设计，即可得到墙体的隔声量。

当考虑墙与窗时，墙的隔声量为：

$$R_{墙} = R_{窗} + 10\lg\frac{S_{墙}}{S_{窗}} = 20 + 10\lg\frac{20}{2} = 30\text{dB}$$

当考虑墙与门时，墙的隔声量为：

$$R_{墙} = R_{门} + 10\lg \frac{S_{墙}}{S_{门}} = 30 + 10\lg \frac{20}{3} = 28.2\text{dB}$$

综合考虑组合墙体上的门、窗，墙板的隔声量为30dB就可以了，如果盲目提高墙板的隔声量，只能提高经济成本，隔声间总隔声量没有多大改变。

6.2.2　孔洞和缝隙对隔声的影响

组合墙体上的孔洞和缝隙对隔声性能影响很大。当声波传播至小的孔洞和缝隙处时，若声波的波长小于孔隙的尺寸（高频波），声波可全部透过去；若声波的波长大于孔隙尺寸（低频波），透过多少声能则与孔隙的形状及孔隙的深度有关。在建筑隔声组合结构中，门窗的缝隙、各种管道的孔洞、焊接构件焊缝不严等，这些孔隙的存在，正是透射声能较多的地方，直接引起组合结构隔声量的下降。

有孔洞或缝隙的组合结构墙体的平均透声系数仍由式（6-10）计算，一般孔洞和狭缝的透声系数近似取为1。

例6-2　某一墙体有足够大的隔声量，墙体上存在一个占墙体面积1%的缝隙，试问该墙体的最大隔声量为多少？

解：对于孔隙透声系数取 $\tau_{孔} = 1$；因墙有足够大的隔声量，因此，墙的透声系数 $\tau_{墙} = 0$。

具有孔洞、缝隙的墙体平均透声系数由式（6-10）计算：

$$\overline{\tau} = \frac{S_{孔} \cdot \tau_{孔} + S_{墙} \cdot \tau_{墙}}{S_{孔} + S_{墙}} = \frac{S_{孔}}{S_{墙}} = \frac{1}{100}$$

墙体的隔声量为：

$$\overline{R} = 10\lg \frac{1}{\overline{\tau}} = 10\lg \frac{1}{10^{-2}} = 20 \text{（dB）}$$

此例中，如孔隙面积占墙体面积的1/10，则墙体隔声量变为：

$$\overline{R} = 10\lg \frac{1}{10^{-1}} = 10 \text{（dB）}$$

由此可见，孔洞或缝隙面积越大，对墙体的隔声量影响越大。

图6-12所示为孔隙影响墙体隔声量的关系图。由图可以看出，如果知道某种墙体的隔声量和孔隙面积所占墙体面积的百分数，就可以直接查出该墙体的实际隔声量。比如，当墙体的隔声量为40dB，孔隙面积占墙体的1%，那么，该墙体的实际隔声量为20dB。从图6-12中还可看出，即使原墙体隔声量很大（50dB或60dB），只要墙体存在1%的孔隙，其墙体的隔声量就不会超过20dB（它与上例计算一致）。

从上述讨论可以看出，孔隙能使隔声结构的隔声量显著下降，因此，在隔声结构中，对结构的孔洞或缝隙必须进行密封处理。如隔声间的通风管道，应在孔洞处加一套管，并在管道周围包扎严密，如图6-13所示。

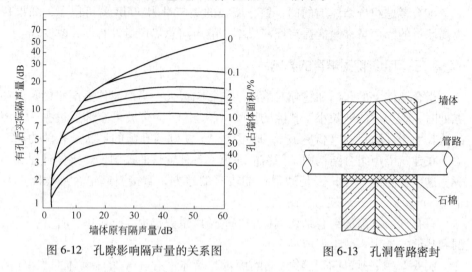

图6-12 孔隙影响隔声量的关系图

图6-13 孔洞管路密封

在建筑施工中，还应注意砖缝和灰缝饱满，混凝砂浆捣实，防止出现孔洞和缝隙，提高隔声结构的隔声效果。

6.2.3 隔声门和隔声窗的设计

6.2.3.1 多层复合板的隔声

在第一节中曾讨论了单层结构和双层结构的隔声特性。对于轻质结构按质量定律计算，其隔声量是有限的，再加上它们有较高的固有频率，因此，很难满足高隔声量的要求。但是，若采用多层复合结构，通过不同材质的分层交错排列，就可以获得比同样重的单层均质结构高得多的隔声量，如图6-14所示。

多层复合结构之所以能提高隔声效果，主要是利用声波在不同介质的界面上产生反射的原理。如果在各层材料的结构上采取软硬相隔，即在坚硬层之间夹入疏松柔软层，或柔软层中夹入坚硬材料，不仅可以减弱板的共振，也可以减少在吻合频率区域的声能透射。

实践证明，采用多层结构，只要面层

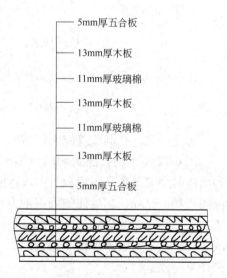

图6-14 多层隔声结构

与弹性层选择合适，在获得同样隔声量的情况下，多层结构要比单层结构轻得多，而且在主要频率范围内（125~4000Hz）均可超过由质量定律计算得到的隔声量。正由于多层结构是减轻隔声构件重量和改善隔声性能的有效措施，因此，在噪声控制工程和建筑隔声设计中被广泛采用。如一般隔声门或轻质隔声墙，就常采用这种多层结构。

多层结构的每层厚度不宜太薄，一般每层不低于3mm，多层结构的层数不必过多，一般3~7层即可。相邻层间的材料尽量做成软硬相间的形式。如木板—玻璃纤维板—钢板—玻璃纤维板—木板。

增加薄板的阻尼可以提高隔声量。薄钢板上粘贴相当于板厚3倍左右的沥青玻璃纤维之类的材料，对于消除共振频率和吻合效应的影响有显著作用。

6.2.3.2 隔声门

隔声门是隔声结构中的重要构件，它常常是隔声的薄弱环节，对隔声间和隔声罩的隔声效果起着控制作用，因此，合理设计隔声门是极其重要的。

隔声门多采用轻质隔声结构，一般隔声门的门扇隔声性能是能够达到较理想的设计要求的，隔声门的隔声性能主要取决于门与门框的搭接缝处的密封程度。

日常用的单层木门，一般隔声量都在20dB以下，为了提高门的隔声能力，通常是将门扇做成前述的双层和多层复合结构，并在层与层之间加填吸声材料，这样的门扇隔声量可达30~40dB。典型的隔声门扇构造如图6-15所示，其隔声性能见表6-5。

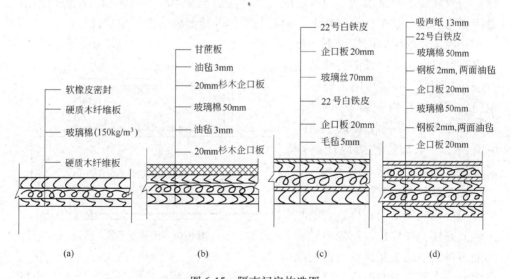

图6-15 隔声门扇构造图

表 6-5　常用门的隔声量

类别	材料和构造	隔声量/dB						
		125	250	500	1000	2000	4000	平均
普通门	三夹门：门扇厚 45mm	13.5	15	15.2	19.6	20.6	24.5	16.8
	三夹门：门扇厚 45mm，门扇上开一个小观察窗，玻璃厚 3mm	13.6	17	17.7	21.7	22.2	27.7	18.8
	重料木板门：四周用橡皮、毛毡密封	30	30	29	25	26		27
	分层木门（图 6-15（a））	28	28.7	32.7	35	32.8	31	31
	分层木门（图 6-15（a）），不用软橡皮密封	25	25	29	29.5	27	26.5	27
	双层木板实拼：板厚共 100mm	16.4	20.8	27.1	29.4	28.9	—	29
	钢板门：钢板厚 6mm	25.1	26.7	31.1	36.4	31.5	—	35
特制门	分层门（图 6-15（c））	29.6	29	29.6	51.5	35.3	43.3	32.6
	分层门（图 6-15（b））	24	24	26	29	36.5	39.5	29
	分层门（图 6-15（a））	41	36	38	41	53	60	43

　　门的隔声效果好坏，还与门缝的密封程度有关。即使门扇隔声量再大，密封不好，隔声门的隔声效果也不会好。若要提高门的隔声量，就要处理好门缝的密封问题。为了提高密封质量，门扇下还可以镶饰扫地橡皮。经过上述密封方法，一般门的隔声量可提高 5~8dB。为了使隔声门关闭严密，在门上应设加压关闭装置。一般较简单的是锁闸。门铰链应有离开门边至少 50mm 的转轴，以便门扇沿着四周均匀地压紧在软橡皮垫上。门框与墙体的接缝处的密封也应注意。

　　在隔声要求很高的情况下，可采取双道隔声门及声锁的特殊处理方法。"声锁"亦称声闸，即在两道门之间的门斗内安装吸声材料，使传入的噪声被吸收衰减，如图 6-16 所示。采用这种措施使隔声能力接近两道门的隔声量之和。

6.2.3.3　隔声窗

　　隔声窗同隔声门一样，它的隔声性能好坏，同样是控制隔声结构的隔声量大小的主要构件。窗的隔

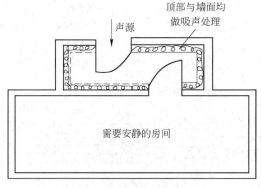

图 6-16　声锁示意图

声效果取决于玻璃的厚度、层数、层间空气层厚度以及窗扇、玻璃与骨架、窗框

与墙之间密封程度。为了提高窗的隔声量，通常采用双层或三层玻璃窗。玻璃越厚，隔声效果越好。一般玻璃厚度取 3~10mm。双层结构的玻璃窗，空气层在 80~120mm 之间，隔声效果较好，玻璃厚度宜选用 3mm 与 6mm 或 5mm 与 10mm 进行组合，避免两层玻璃的临界频率接近，产生吻合效应造成窗的隔声量下降。表 6-6 为几种厚度玻璃的临界频率。安装时，各层玻璃最好不要相互平行，可把朝向噪声源一面的玻璃做成上下倾斜，倾角为 85℃ 左右，以利消除共振对隔声效果的影响；顶部与墙面均做吸声处理；玻璃与窗框接触处用压紧的弹性垫密封。常用的弹性材料有细毛毡、多孔橡皮垫和 U 形橡皮垫。一般压紧一层玻璃，约提高 4~6dB 的隔声量；压紧两层玻璃能增加 6~9dB 的隔声量。为保证窗扇达到其设计的隔声量，所用的木材必须干燥，窗扇之间、窗扇与窗框之间全部接触面必须严密，窗扇的刚度要好。用油灰涂抹窗扇上玻璃处的槽口及缺陷处，必须沿着玻璃边缘抹成条状并挤压紧；用橡皮等压紧垫时，必须使其将玻璃靠紧，这样不仅能提高窗扇的严密性，而且有助于减少玻璃的共振。

表 6-6　几种厚度玻璃的临界频率

玻璃的厚度/mm	临界频率/Hz	玻璃的厚度/mm	临界频率/Hz
3	4000	6	2000
5	2500	10	1100

图 6-17 所示为双层玻璃窗的密封安装图。

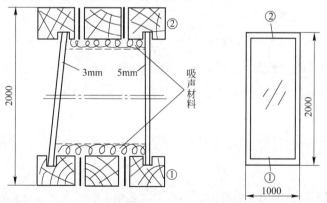

图 6-17　双层玻璃窗结构及密封安装图（单位为 mm）

常用玻璃窗的隔声量见表 6-7。

6.2.4　隔声间的实际隔声量计算

隔声间的实际隔声量由下式计算：

$$R_{实} = \bar{R} + 10\lg\frac{A}{S_{墙}}$$

(6-14)

式中 $R_实$——隔声间的实际隔声量，dB；

$\overline{R}$——各构件的平均隔声量，dB；

A——隔声间总吸声量，m^2；

$S_墙$——隔声墙的透声面积，m^2。

表 6-7 常用玻璃窗的隔声量

类别	材 料 及 构 造	隔声量/dB						
		125	250	500	1000	2000	4000	平均
单层	单层玻璃窗：玻璃厚 3~6mm	20	20	23.5	26.4	22.9	20	22±2
	单层固定窗：玻璃厚 6mm，四周用橡皮密封	17	27	30	34	38	32	29.7
	单层固定窗：玻璃厚 15mm，四周用腻子密封	25	28	32	37	40	50	35.5
双层	双层固定窗：玻璃分别为 3mm、6mm，空气间隔层为 20mm	21	19	23	34	41	39	29.5
	双层固定窗：其中一层是倾斜玻璃	28	31	29	41	47	40	35.5
三层	三层固定窗：空气层间上部和底部用吸声材料粘贴（参见图 6-17）	37	45	42	43	47	56	45

由式（6-14）可看出，隔声间的实际隔声量不仅取决于各构件的平均隔声量，而且还取决于整个围护结构暴露在声场的面积大小及隔声间内的吸声情况，即取决于修正项 $10\lg\dfrac{A}{S_墙}$。

例 6-3 某空压机站内建造隔声间作为控制室，隔声间的总面积为 $100m^2$，与机房相邻的隔墙面积为 $S_墙 = 18\ m^2$，墙体的平均隔声量为 $\overline{R} = 50dB$，求当隔声间内平均吸声系数 $\overline{\alpha}$ 分别为 0.02、0.2 和 0.4 时，隔声间的实际隔声量各为多少？

解：（1）当隔声间的吸声系数 $\overline{\alpha} = 0.02$ 时，由式（6-14）计算隔声间的实际隔声量：

$$R_实 = \overline{R} + 10\lg\frac{\overline{\alpha} \cdot S_总}{S_墙} = 50 + 10\lg\frac{0.02 \times 100}{18} = 50 + (-9.54) = 40.46\ (dB)$$

（2）当隔声间内吸声系数 $\overline{\alpha} = 0.2$ 时，

$$R_实 = 50 + 10\lg\frac{0.2 \times 100}{18} = 50 + 0.46 = 50.46\ (dB)$$

（3）当 $\overline{\alpha} = 0.4$ 时，

$$R_实 = 50 + 10\lg\frac{0.4 \times 100}{18} = 50 + 3.46 = 53.46\ (dB)$$

　　由上述计算可以看出，隔声间内进行必要的吸声处理，对提高隔声间的实际隔声量有很大作用。

　　例 6-4　某高噪声车间需建造一个隔声间，厂房内机器设备与隔声间的平面布置如图 6-18 所示。隔声间的设计要求如下：隔声间外（点 1）实测噪声结果见表 6-8；在面对机器设备的 20m² 墙上设置两个窗和一个门，窗的面积为 2m²，门的面积为 2.2m²；隔声间主要供操作人员休息（车间设备可间隔进行巡回检查）用，标准取 NR60。

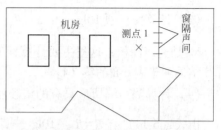

图 6-18　机房与隔声间的布置

表 6-8　隔声间上隔墙的隔声量计算

序号	项目说明	倍频程中心频率/Hz					
		125	250	500	1000	2000	4000
1	隔声间外声压级（测点 1）/dB	96	90	93	98	101	100
2	隔声间内允许声压级 NR60	74	68	64	60	58	56
3	所需降噪量/dB	22	22	29	38	47	44
4	隔声间吸声处理后的吸声系数 α	0.32	0.63	0.76	0.83	0.90	0.92
5	隔声间内吸声量 $A=\alpha S$（S 为天花板面积，$S=22m^2$）	7.04	13.86	16.72	18.26	19.80	20.24
6	$A/S_{墙}$（$S_{墙}$ 为隔声面积，$S_{墙}=20m^2$）	0.35	0.69	0.83	0.91	0.99	1.0
7	$10\lg\dfrac{A}{S_{墙}}$　　　　$R=R_{实}-10\lg\dfrac{A}{S_{墙}}$	-4.6	-1.61	-0.81	-0.41	-0.04	0
8		26.6	23.61	29.81	38.41	47.04	44

　　解：（1）确定隔声间所需的实际隔声量。

　　由隔声间外围测点 1 所测的噪声声压级见表 6-8 第 1 行，各声压级噪声值减去隔声间噪声的允许值，即取 NR60 曲线对应的各倍频程声压级数值，见表第 2 行，由此可得隔声间所需的实际隔声量 $R_{实}$，结果列于表中第 3 行。

　　（2）确定隔声间内的吸声量。

　　如前所述，增加室内吸声量，可以提高隔声间的隔声效果。通过在隔声间天花板上做吸声处理，选用矿渣棉、玻璃布、穿孔纤维板护面，其吸声系数见表中第 4 行所列。

　　隔声间的其他表面未做吸声处理，吸声量很小可忽略。因此，隔声间内的吸

声量 A 就等于天花板面积乘以吸声系数，天花板面积为 22m^2，其计算结果列于表 6-8 的第 5 行。

（3）计算修正项 $10\lg\dfrac{A}{S_{墙}}$：

$S_{墙}$ 是透声面积，这里主要计算面对噪声最强的隔墙，$S_{墙}=20\text{m}^2$，修正项的计算结果列于表 6-8 的第 7 行。

（4）计算隔声墙所应具有的倍频程隔声量：

由式（6-14）有 $\overline{R}=R_{实}-10\lg\dfrac{A}{S_{墙}}$，即用表中的第 3 行与第 7 行相减，便可求出隔墙所需要的隔声量 R，列于表中的第 8 行。

（5）选用墙体与门窗结构：

由表 6-8 中第 8 行的 R 值，可计算出墙体的平均隔声量 $\overline{R}=34.9\approx35\text{dB}$。这样，可选出相应墙体与相应的门、窗结构，使组合结构的隔声量 $\overline{R}$ 满足 35dB 的要求，一般墙体的隔声量比门、窗高出 10~15dB 就可以了。

6.3　隔声罩的设计

前述的隔声间适用于噪声源分散、单独控制噪声源有困难的场合。

在工矿企业，常见一些噪声源比较集中或仅有个别噪声源，如空压机、柴油机、电动机、风机等，此情况下，可将噪声源封闭在一个罩子里，使噪声传出去很少，消除或减少噪声对环境的干扰。这种噪声控制装置叫隔声罩。

隔声罩的优点较多：技术措施简单、体积小、用料少、投资少，而且能够控制隔声罩的隔声量，使工作所在的位置噪声降低到所需要的程度。但是，将噪声封闭在隔声罩内，需要考虑机电设备运转时的通风、散热问题；同时，安装隔声罩可能给检修、操作、监视等带来不便。

6.3.1　隔声罩的选材及形式

隔声罩的罩壁是由罩板、阻尼涂料和吸声层构成的。它的隔声性能基本还是遵循"质量定律"，要取得较高的隔声效果，隔声材料同样应该选择厚、重、实的，厚度增加 1 倍，隔声量可增加 4~6dB。但在实际工程中，为了便于搬运、操作、检修和拆装方便，并考虑经济方面的因素，隔声罩通常使用薄金属板、木板、纤维板等轻质材料做成，这些材料质轻、共振频率高，使隔声性能显著下降。因此，当隔声罩板采用薄金属板时，必须涂覆相当于罩板 2~3 倍厚度的阻尼层，以便改善共振区和吻合效应的隔声性能。

隔声罩一般分为全封闭、局部封闭和消声箱式隔声罩。全封闭隔声罩是不设开口的密封隔声罩，多用来隔绝体积小、散热问题要求不高的机械设备。局部封闭型隔声罩是设有开口或者局部无罩板的隔声罩，罩内仍存在混响声场，该形式隔声罩一般应用在大型设备的局部发声部件上，或者用来隔绝发热严重的机电设备。在隔声罩进排气口安装消声器，这类装置属于消声隔声箱，多用来消除发热严重的风机噪声。

6.3.2　隔声罩的实际隔声量计算

有实际隔声量，就有非实际或称为理论隔声量。在设计隔声罩时，对于某种材质本身有其固有的隔声量，这就是隔声罩的理论隔声量，但它不等于实际隔声量。这是因为声源未加隔声罩时，它辐射的噪声是向四面八方辐射扩散的，也正是在这种条件下，得到了理论隔声量；当声源加装封闭隔声罩后，声源发出的噪声在罩内多次反射，这样就大大增加了罩内的声能密度，因此，即使罩体材料的隔声量再大，也会使隔声罩的实际隔声量下降。隔声罩的实际隔声量可由下式计算：

$$R_{实} = R + 10\lg\bar{\alpha} \qquad (6-15)$$

式中　$R_{实}$——隔声罩的实际隔声量，dB；

　　　R——罩板材料（结构）的理论隔声量，dB；

　　　$\bar{\alpha}$——隔声罩内表面的平均吸声系数。

式（6-15）适用全封闭型隔声罩，也可近似计算局部封闭隔声罩及隔声箱的实际隔声量。由式（6-15）可知，隔声罩内壁的吸声系数大小，对隔声罩的实际隔声量影响极大，现举例如下。

例6-5　用2mm厚的钢板制作隔声罩，已知钢板的隔声量 $\bar{R}$ = 29dB，钢板的平均吸声系数 $\bar{\alpha}$ = 0.01。为提高隔声罩的隔声效果，现在罩内铺一层超细玻璃棉，用玻璃布加铁丝网护面，使其平均吸声系数提高到0.65，求铺设吸声材料后，隔声罩的实际隔声量提高了多少？

解：（1）罩内未做吸声处理时，由式（6-15）计算：

$$R_{实} = R + 10\lg\bar{\alpha} = 29 + 10\lg0.01 = 29 - 20 = 9 \text{（dB）}$$

（2）罩内做吸声处理后：

$$R_{实} = 29 + 10\lg0.65 = 29 - 1.87 \approx 27 \text{（dB）}$$

（3）罩内加衬吸声材料的实际隔声量比未做吸声处理提高的分贝数：

$$R_{实2} - R_{实1} = 27 - 9 = 18 \text{（dB）}$$

由此可以看出，隔声罩内壁进行吸声处理与未做吸声处理的实际隔声效果相差很大，所以，必须在罩内衬以吸声材料，以吸收罩内的混响声。

在加衬吸声材料时，为防止散落，需用玻璃布、金属网或穿孔率大于20%的穿孔板加以覆盖。根据试验研究证实，一般用50mm厚的多孔材料（厚度不小于波长的 1/4）贴衬内壁，在 500Hz 以上吸声系数可大于 0.7。

6.3.3 隔声罩的设计要点

（1）隔声罩的设计必须与生产工艺的要求相吻合。

安装隔声罩后，不能影响机械设备的正常工作，也不能妨碍操作及维护。例如，为了满足某些机电设备的散热、降温的需要，罩上要留出足够的通风换气口，口上安装的消声器，其消声值要与隔声罩的隔声值相匹配。为了随时了解机器的工作情况，要设计观察窗（玻璃），为了检修、维护方便，罩上需设置可开启的门或把罩设计成可拆装的拼装结构。

（2）隔声罩板要选择具有足够隔声量的材料制成，如铝板、铜板、砖、石和混凝土等。

（3）防止隔声罩共振和吻合效应的其他措施。

前述消除隔声罩薄金属板及其他轻质材料的共振和吻合效应是在板面涂一层阻尼材料。除此之外，也可在罩板上加筋板，减少振动，减少噪声向外辐射；在声源与基础之间、隔声罩与基础之间、隔声罩与声源之间加防振胶垫，断开刚性连接，减少振动的传递；合理选择罩体的形状和尺寸，一般情况下，曲面形状刚度较大，罩体的对应壁面最好不相互平行。

（4）罩壁内加衬吸声材料吸声系数要大，否则，不能满足隔声罩所要求的隔声量。

（5）隔声罩各连接件要密封。

在隔声罩上尽量避免孔隙。如有管道、电缆等其他部件在隔声罩上穿过时，要采取必要的密封及减振措施。图 6-19 所示为通风管道穿过隔声罩的连接方法。它是在缝隙处用一段比通风管道直径略大些的吸声衬里管道，把通风管包围起来，吸声衬里的长度取缝宽度的 15 倍为宜。这样处理可避免罩体与管道有刚性接触、影响隔声效果，又可防止穿过的缝隙漏声。另外，对于拼装式隔声罩，在构件间的搭接部位应进行密封处理，图 6-20 所示为构件的搭接与密封结构。

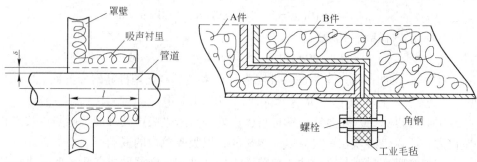

图 6-19 隔声罩与管的连接方法　　　　　图 6-20 构件的搭接与密封结构

（6）为了满足隔声墙的设计要求，做到经济合理，可设计几种隔声罩结构。对比它们的隔声性能及技术指标，根据实际情况及加工工艺要求，最后确定一种。考虑到隔声罩工艺加工过程不可避免地会有孔隙漏声及固体隔绝不良等问题，设计隔声罩的实际隔声量应稍大于要求的隔声量，一般以大于 3～5dB 为宜。

6.3.4　隔声罩的降噪效果测试方法

6.3.4.1　罩内罩外声级差法（也称噪声降低）

这种测试方法是分别在隔声罩里面测得噪声级 $L_内$，在隔声罩外测得噪声级 $L_外$，如图 6-21 所示，然后得其噪声降低值：

$$\Delta L = L_内 - L_外 \tag{6-16}$$

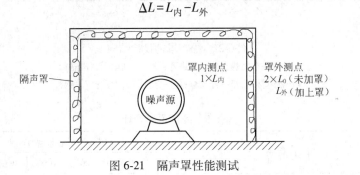

图 6-21　隔声罩性能测试

由于此法测得的结果与声源的方向性及罩内形成的声场特性等有关，因此，现场很少采用。

6.3.4.2　插入损失法

在离声源一定距离处测得无隔声罩的噪声级 L_0 和加隔声罩后的噪声级 $L_外$，两者之差称为隔声罩的插入损失，即：

$$IL = L_0 - L_外 \tag{6-17}$$

很显然，此方法简便，能直接测出隔声罩的降噪效果，并符合现场使用隔声罩的实际情况，但此法也受声源的方向性和所在测量现场的声场情况的影响。为了避免影响，提高测试精度，通常采用平均声级差法，即围绕声源选数个测点进行测量，取其平均值。

例 6-6　发电机隔声罩的设计。已知某发电机的外形如图 6-22 所示。距该机器表面 1m 远的噪声频谱见表 6-9 第 1 行所列，机器在运转中需通风散热，试设计该机器的隔声罩。

解：（1）隔声罩壳壁的设计程序：

第一步，确定隔声罩外允许的噪声级，选 NR80 曲线作为该车间的噪声标准，A 声级为 85dB，表 6-9 第 2 行列出了 NR80 的对应值。

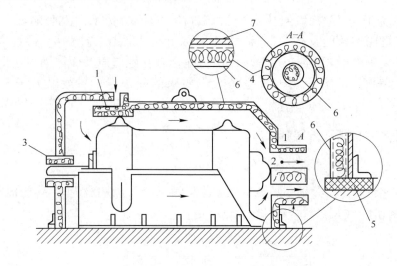

图 6-22　隔声罩的设计结构

1，2—空气热交换用消声器；3—传动轴用消声器；

4—吸声材料；5—橡胶垫；6—穿孔板或丝网；7—钢板

表 6-9　隔声罩的设计

序号	项目说明	倍频程中心频率/Hz					
		125	250	500	1000	2000	4000
1	距机器 1m 处声压级/dB	99	109	111	106	101	97
2	机旁允许声压级（NR80）/dB	96	91	88	85	83	81
3	隔声罩所需实际隔声量/dB	3	18	23	21	18	16
4	罩内加衬吸声层的吸声系数 α	0.1	0.35	0.85	0.85	0.86	0.86
5	修正项 $10\lg\alpha$	-10	-4.6	-0.7	-0.7	-0.65	-0.65
6	照壁板应有的隔声量 R/dB	13	22.6	23.7	21.7	18.65	16.65
7	2mm 厚钢板的隔声量/dB	20	24	28	32	36	35

第二步，确定隔声罩所需的实际隔声量。由机器的噪声频谱（表 6-9 第 1 行）减去表中第 2 行（NR80 曲线的值），即为隔声罩所需的实际隔声量（如差值为负或 0，则表示不进行隔声处理），列于表中第 3 行。

第三步，确定罩内的吸声材料。前面已知吸声材料吸声系数的大小直接影响隔声罩的实际隔声量。由表 5-5 选择 50mm 厚的超细玻璃棉（密度 20kg/m³），用玻璃布和穿孔钢板护面（穿孔率 $p=25\%$），其吸声系数见表 6-9 中第 4 行。

第四步，计算隔声罩的隔声量 R，由吸声系数 α 计算隔声量的修正项 $10\lg\alpha$，见表 6-9 中第 5 行。

由式（6-15）导出 $R=R_{\text{实}}-10\lg\alpha$，即由表 6-9 中第 3 行减去第 5 行便可得到

罩壁所需要的隔声量 R（理论隔声量），列在表6-9中第6行。

第五步，根据需要的 R 值，查表6-3，选2mm厚钢板即能满足此罩的设计要求（板背后有加强筋，筋间的方格尺寸不大于1m×1m），钢板的隔声值 R 列于表6-9中第7行。

（2）根据机器的通风散热要求，在隔声罩进风口和出风口设计2个消声器，消声器的消声值不低于该隔声罩的隔声量（消声器的设计方法见本书第8章）。

（3）隔声罩与机器轴的接触处，用一个有吸声饰面的圆形消声器环抱起来，以防漏声。

（4）隔声罩与地面接触处加橡胶垫或毛毡，以便隔振和密封。

6.4 隔声屏的设计

前述隔声罩或隔声间是把噪声源与接受点完全分开，在噪声控制上是很有效的。但在某些场合，如车间里有很多高噪声的大型机械设备，有些设备会泄出易燃气体要求防爆，有些设备需要散热，且换气量较大，以及操作和维修不便，不宜采用隔声罩的形式将噪声源封闭起来，此时，可采用隔声屏来降低接受点的噪声。隔声屏是用隔声结构做成的，并在朝向声源一侧进行了高效吸声处理的屏障。它是放在噪声源与接受点之间，阻挡噪声直接向接受点辐射的一种降噪措施。这种措施简单、经济，除了适用于车间内、一些不能直接用全封闭的隔声罩的机械设备及减噪量要求不大的情况外，还适用于露天场合，使声源与需要安静的区域隔离。如在住宅区的公路、铁路两侧设置隔声屏、隔声堤或利用自然山丘等阻挡噪声。

6.4.1 隔声屏的降噪原理

声波在传播中遇到障碍物产生衍射（绕射）现象，与光波照射到物体的绕射现象是一样的。光线被不透明的物体遮挡后，会在阻碍物后面出现阴影区，而声波会产生"声影区"，同时，声波绕射，必然产生衰减，这就是隔声屏隔声的原理。对于高频噪声，因波长较短，绕射能力差，隔声效果显著；低频声波波长长，绕射能力强，所以隔声屏隔声效果有限。图6-23所示为低、中、高频声波遇到障碍物绕射的示意图。

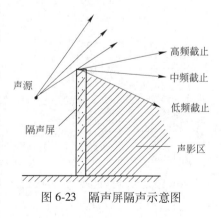

图6-23 隔声屏隔声示意图

当隔声屏的尺寸与声波波长相比足够大，屏障后某一距离范围内就会形成低声级的"声影区"，这时，屏障就具有较好的隔声性能。

6.4.2　隔声屏降噪效果的计算

6.4.2.1　自由声场中隔声屏降噪量的计算

当在空旷的自由声场中设置一道有一定高度的无限长屏障，假设透过隔声屏障本身的声音忽略不计，那么，相对于同一噪声源，同一接受位置，在设置隔声屏和不设置隔声屏两次测量到的声压级的差值，即屏障的降噪量，可用下式计算：

$$\Delta L = 20\lg\left(\frac{\sqrt{2\pi N}}{\tanh\sqrt{2\pi N}}\right) + 5 \qquad (6\text{-}18)$$

$$N = \frac{2}{\lambda}(A + B - d) \qquad (6\text{-}19)$$

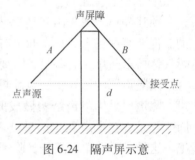

图 6-24　隔声屏示意

式中　ΔL——噪声衰减量，dB；

　　　N——越过屏障顶端衍射的菲涅耳数，它是描述声波传播中绕射性能的一个量，它的计算如图 6-24 所示；

　　　λ——声波波长，m；

　　　A——噪声源到隔声屏顶端的距离，m；

　　　B——接受点到隔声屏顶端的距离，m；

　　　d——声源到接受点之间的直线距离，m。

式（6-18）中，当 $N \geqslant 1$ 时，双曲正切函数 $\tanh\sqrt{2\pi N}$ 的值很快便趋于 1，这时式（6-18）可化简为：

$$\Delta L = 10\lg N + 13 \qquad (6\text{-}20)$$

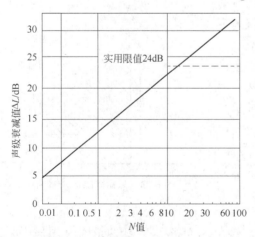

图 6-25　隔声屏声级衰减值计算图

为了便于计算，可将式（6-18）画成坐标计算简图，如图 6-25 所示。该图纵坐标是噪声衰减值，单位是分贝，横坐标是菲涅耳数 N。图中虚线表示目前隔声屏在实用中的最大隔声值，即为 24dB。

6.4.2.2　自由声场中隔声屏降噪量的计算

当隔声屏位于室内时，隔声屏的实际降噪效果受室内的声源指向性因素和室内吸声情况的影响，这时，室内隔声屏的降噪效果可由下式近似计算：

$$\Delta L = 10\lg\left[\frac{\dfrac{\eta Q}{4\pi d^2}+\dfrac{4K_1K_2}{S(1-K_1K_2)}}{\dfrac{Q}{4\pi d^2}+\dfrac{4}{S_0\overline{\alpha_0}}}\right] \tag{6-21}$$

式中　ΔL——隔声屏的噪声衰减量，dB；

　　　Q——声源的指向性因素；

　　　d——声源到接受点的直线距离，m；

　　$S_0\overline{\alpha_0}$——设置隔声屏前室内的总吸声量，m^2；

　　　S_0——室内总表面积，m^2；

　　　$\overline{\alpha_0}$——室内表面平均吸声系数；

　　　S——隔声屏边缘与墙壁、平顶之间敞开部分的面积，m^2；

　　　η——隔声屏衍射系数，$\eta=\sum\dfrac{1}{3+20N_i}$；

　　　N_i——隔声屏第 N_i 个边缘的菲涅耳数，$N_i=\dfrac{2\delta_i}{\lambda}=\dfrac{2}{\lambda}(A_i+B_i-d)$；

　　　δ_i——声源与接受者之间，经隔声屏第 i 边缘的绕射距离与原来直线距离之间的行程差，m；

　　　K_1——$K_1=\dfrac{S}{S+S_1\alpha_1}$；

　　　K_2——$K_2=\dfrac{S}{S+S_2\alpha_2}$；

　　$S_1\alpha_1$——隔声屏放置后声源一侧的吸声量，m^2；

　　$S_2\alpha_2$——隔声屏设置后，接受者一侧的吸声量，m^2。

　　另外，上述计算隔声屏的降噪量公式，是在声场中点声源情况下推导得到的，在实际噪声源中，任何辐射噪声的机械设备都有一定的尺寸，并不是理想的点声源。但只要声源的尺寸比隔声屏的尺寸小得多，就可以认为是点声源，由图 6-24 计算。对于多个点声源或机械设备尺寸较大的噪声源，可以分解成数个点声源，先分别计算每一个点声源的衰减，再计算总的噪声衰减量。

　　例 6-7　在某公路一侧设置一道隔声屏障，该隔声屏高 10m，其他尺寸如图 6-26 所示，试计算隔声屏的隔声量（忽略地面反射影响）。

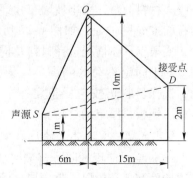

图 6-26　隔声屏计算例题

解： 由图 6-26，计算有：$A=\sqrt{6^2+9^2}=10.8$（m）

$$B=\sqrt{15^2+8^2}=17\text{（m）}$$

$$d=\sqrt{21^2+1^2}\approx21\text{（m）}$$

将 A、B、d 代入式（6-19），则有：

$$N=\frac{2}{\lambda}(A+B-d)=\frac{2f}{c}(10.8+17-21)=\frac{2f}{344}\times6.8=0.0395f$$

当 $f=63$Hz 时，$N=2.5$，由图 6-24 查得：$\Delta L=18$dB；

$f=125$Hz 时，$N=4.94$，查得：$\Delta L=18$dB；……

同理可求出隔声屏在 250Hz、500Hz、1×10^3Hz、2×10^3Hz、4×10^3Hz、8×10^3Hz 各频率上的隔声量，见表 6-10。

表 6-10　隔声屏隔声效果

频率/Hz	63	125	250	500	1000	2000	4000	8000
N 值	2.5	4.94	9.8	19.7	39.5	79	158	316
隔声量/dB	16	18	22	23	24	24	24	24

目前，隔声屏的实际应用，其噪声衰减量一般最大为 24dB，因此，表中 1000Hz 以上频率的隔声量均宜取 24dB。

6.4.3　隔声屏的选材及设计应注意的问题

6.4.3.1　隔声屏的材料选择及构造

隔声屏宜采用轻质结构，便于搬运，安装也较方便。一般用一层隔声钢板或硬质纤维板，钢板厚度为 1~2mm，在钢板上涂 2mm 的阻尼层，两面填充吸声材料，如超细玻璃棉或泡沫塑料等。两侧吸声层厚度可根据实际要求，填入 20~50mm。为防止吸声材料散落，可用玻璃布和穿孔率大于 25% 的穿孔板或丝网护面，如图 6-27 所示。在实际工程中，要根据具体情况选择材料及构造。

对于固定不动的隔声屏，为了提高其隔声能力，选择材料仍按"质量定律"，可选砖、砌块、木板、钢板、厚重的材料。

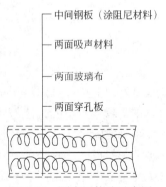

中间钢板（涂阻尼材料）

两面吸声材料

两面玻璃布

两面穿孔板

图 6-27　隔声屏构造示意图

6.4.3.2　隔声屏设计应注意的问题

（1）室内应用的隔声屏要考虑室内的吸声处理。试验和理论研究表明，当室内壁面和天花板以及隔声屏表面的吸声系数趋于零时，室内会形成混响声场，隔声屏的降噪值为零。因此，隔声屏两侧应做吸声处理。

（2）隔声屏材料的选择及构造要考虑其本身的隔声性能。一般隔声屏的隔声量要比所希望的"声影区"的声级衰减量大 10dB，如声影区要求 15dB 的隔声量，隔声屏本身要有 25dB 以上的隔声量，只有这样，才能避免隔声屏透射声造成的影响。同时，还要防止隔声屏的孔隙漏声，注意结构制作的密封。隔声屏如用在室外，要考虑材料的防雨及气候变化对隔声性能的影响。

（3）隔声屏设计要注意构造的刚度。在隔声屏底边一侧或两侧用型钢条加强，对于移动的隔声屏，可在底侧加万向橡胶轮，可随时调整它与噪声源的方位，以取得最佳降噪效果。

（4）隔声屏要有足够的高度、长度。从前面的计算看出，隔声屏的高度直接关系到隔声屏的隔声量。隔声屏越高，噪声的衰减量越大，所以隔声屏应有足够的高度，对于隔声屏长度的要求，一般长度为高度的 3~5 倍时，就能近似看作为无限长。

（5）隔声屏主要用于阻挡直达声。根据实际需要，可制成多种形式，如图 6-28 所示，二边形、遮檐式、三边形、双重式等。一般要因地制宜，根据需要也可在隔声屏上开设观察窗，观察窗的隔声量与隔声屏大体相近。

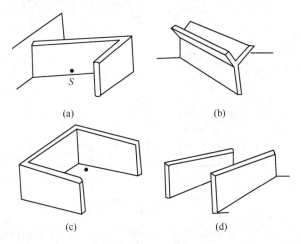

(a)　　　　　　　　　　(b)

(c)　　　　　　　　　　(d)

图 6-28　隔声屏的形式
(a) 二边形；(b) 遮檐式；(c) 三边形；(d) 双重式

例 6-8 隔声屏室内应用实例。

某厂发电机车间有 3 台 300kW、200kW、150kW 直流发电机，车间内噪声特别强烈，在距机组 1m 处测得中心频率 500Hz 的倍频程声压级达 108~112dB，A 声级达 107~108dB。严重影响了整个车间工人的健康和通信联系。

针对上述噪声情况，工厂先采取吸声处理措施，即在屋顶悬挂吸声体，在墙面装置了部分吸声板，但仅靠吸声措施，噪声只能降低 7~8dB（A），在机组 1m

处降低 1~2dB（A），这说明机组 1m 处是以直达声为主，所以单靠吸声措施难以有效地降低噪声。因此，厂方决定再加设隔声屏来降低噪声。

在距机组 0.6m 处，设置一道平行于机组的隔声屏。隔声屏的选材和结构是这样的：隔声屏高度为 2m，宽度为 2m，顶部加遮檐 0.8m，向机组倾斜 45°，制作成单元拼装式，竖直拼缝用"工"字形橡胶条密封。中间夹层用 1mm 钢板，两面各铺贴 5cm 的超细玻璃棉吸声材料，密度为 20kg/m³，为防止吸声材料散落，衬玻璃布外加钢丝网护面。为提高隔声屏的刚度，四周边缘用 3mm 型钢加强。隔声屏用螺栓固定在地面的浅槽内，隔声屏建成后，离机组 1m 处完全处于声影区内，对于离地面高为 1.2m 的接受点处，噪声衰减很大，A 声级的降噪声达 18~24dB。室内离机组较远的其他位置的 A 声级基本降到了 90dB 以下，已基本符合"工业企业噪声卫生标准"中对老企业的规定。

上述的降噪措施使噪声衰减量增加，这是发生在隔声屏后的声影区内，对于车间的空间平均降噪声仅达 10dB 左右，近似等于远离机组的降噪过程。图 6-29 所示为发电机隔声屏的布置图。

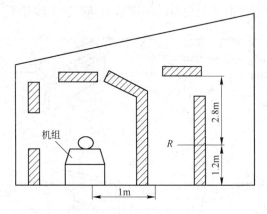

图 6-29　发电机组隔声屏布置

用在室外的隔声屏大多是为了阻挡公路、铁路上车辆交通噪声的，这些强烈噪声对沿线两侧的居民、医院、学校、机关及邮电系统的特定区域造成了严重危害。也有少数隔声屏建立在工厂高噪声车间外墙，以防止对邻近居民的干扰。

用于防止交通噪声的隔声屏，屏障表面也应加吸声材料，否则，噪声在道路两侧面对面的隔声屏表面多次反射，使隔声屏起不到应有的降噪效果。为此，要在隔声屏表面进行吸声处理，尤其对在面对道路的一侧及道路两侧设置面对面的隔声屏，是十分必要的。

7 隔振与减振技术

机械设备运转产生的噪声其传播方式有两种：一种是在空气中传播，称为空气声；另一种是声源激发固体构件振动，这种振动以弹性波的形式，通过基础、厂房地板、墙柱、机组表面等向外辐射噪声，称为固体声。固体声能传播到很远的地方，即随着距离的增加衰减很小。对于空气声的控制，第 6 章已经叙述过，可采取隔声和吸声措施；对于由基础向外传递振动的固体声可采取隔振方法加以控制，而对于机组表面振动向外辐射的噪声可以利用阻尼减振的办法加以控制。

7.1 振动基本知识与测量技术

7.1.1 振动的主要参数

描述振动特性的主要参数有：振动频率、振动位移、振动速度和振动加速度。人们常把振动的频率作为自变量，振动的位移、速度和加速度是频率的函数。位移在研究机械结构的强度、变形和旋转机件不平衡时有用；加速度由于它和作用力及负载成正比，一般在研究机械疲劳、冲击等方面被采用，现在也普遍用来评价振动对人体的影响；振动速度和噪声的大小有直接关系；频率主要用于频谱分析。

位移、速度、加速度及频率各量的关系见表 7-1。

表 7-1 位移、速度、加速度关系表

已 知 量	相 互 变 换		
	s	v	a
s		$v=\dfrac{\mathrm{d}s}{\mathrm{d}t}$	$a=\dfrac{\mathrm{d}^2 s}{\mathrm{d}t^2}$
$s=s_0\sin\omega t$		$v=s_0\omega\cos\omega t$	$a=-s_0\omega^2\sin\omega t$
v	$s=\int v\mathrm{d}t$		$a=\dfrac{\mathrm{d}v}{\mathrm{d}t}$
$v=v_0\sin\omega t$	$s=-\dfrac{v_0}{\omega}\cos\omega t$		$a=v_0\omega\cos\omega t$
a	$s=\int\left(\int a\mathrm{d}t\right)\mathrm{d}t$	$v=\int a\mathrm{d}t$	
$a=a_0\sin\omega t$	$s=-\dfrac{a_0}{\omega^2}\sin\omega t$	$v=-\dfrac{a_0}{\omega}\cos\omega t$	

由表 7-1 可看出，位移、速度和加速度存在着微分关系或积分关系，因此，在实际测量中，一般只需要测量一个量（如位移、速度或者加速度），就可通过微分或积分求得另两个量。例如，利用加速度计测量振动加速度，再利用合适的积分器进行一次积分求得振动速度，二次积分求得位移。

在国际单位制中，位移的单位是 m，速度的单位是 m/s，加速度的单位是 m/s²。位移、速度和加速度的大小可以用峰值、平均值或有效值（均方根）来表示，峰值是瞬时振动的最大值；平均值是瞬时振动的绝对值在一段时间间隔内的平均数；有效值是瞬时振动平方值在一般时间内的平均数的平方根。有效值直接与振动能量有关，因此使用得比较多。但有时也用峰值，以求最大幅度，尤其在冲击测量中应用更多。

衡量振动与衡量噪声强弱一样，反映振动的特性位移、速度、加速度等参数，也可用分贝（dB）来表述它们的相对大小，分别得到相应的级值。

振动位移级 L_s 为：

$$L_s = 20\lg\left(\frac{s}{s_0}\right) \tag{7-1}$$

式中　s——位移，m；

　　　s_0——位移基准值，$s_0 = 8 \times 10^{-12}$ m。

振动速度级 L_v 为：

$$L_v = 20\lg\left(\frac{v}{v_0}\right) \tag{7-2}$$

式中　v——振动速度，m/s；

　　　v_0——速度基准值，$v_0 = 5 \times 10^{-8}$ m/s。

振动加速度级 L_a 为：

$$L_a = 20\lg\left(\frac{a}{a_0}\right) \tag{7-3}$$

式中　a——振动加速度，m/s²；

　　　a_0——加速度基准值，$a_0 = 3 \times 10^{-4}$ m/s²。

在第 3.1 节，常用噪声测量仪器中介绍过声级计的基本任务是测量噪声。当把声级计上电容传声器换成振动传感器（如加速度计），再将声音计权网络换成振动计权网络，就成为振动基本测量系统。因此，一般用于噪声测量的仪器都可以用于振动测量。不过，对于振动，尤其是作为公害的地面振动其涉及的频率较低，一般在 20Hz 以下，因此，要根据振动频率的特点以及测量要求选择合适的仪器，如果仅测量声频范围的振动，用一般精密级声级计即可。但是对于引起公害的地面振动，则要求用截止频率不大于 2Hz 的测振仪器或者专门的公害振动测量仪来进行测量。常用测振仪器有加速度计、积分器和公害振动仪（包括振动计权网络）。

7.1.2 加速度计

7.1.2.1 加速度计的原理及特性

在振动分析中，传感器（拾振器）是把机械能转换成电能的器件，即传感器产生电信号，而这个电信号是机械振动的位移、速度、加速度的函数。电信号的输出与位移相对应的换能器称为位移传感器；电信号的输出与速度相对应的换能器称为速度传感器；电信号的输出与加速度相对应的换能器称为加速度传感器，通常称作加速度计。

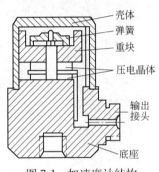

图 7-1　加速度计结构

在振动测量中常使用加速度计，在此仅作简单介绍。根据其加速度换能原理的不同，加速度计分为电磁式、压电式。目前，应用最多的是压电式加速度计。这种加速度计结构示意图如图 7-1 所示。该加速度计换能元件为 2 个压电片（陶瓷或石英晶体），压电片上放一质量块，该质量块借助于弹簧把压电片夹紧，整个结构放在具有坚固的厚底座的金属壳中。工作时，将传感器的底座固定在振动物体输出接头上。当传感器受到振动时，质量块对压电片施加与振动加速度成正比的交变作用力，即 $F = ma$。由于压电效应，在两片压电片上产生一交变电压，此电压与作用力成正比，亦正比于质量块的加速度。因此，传感器可输出与振动加速度成正比的电信号。这个信号被用来确定振动的幅度、波形和频率。这种加速度计具有良好的灵敏度特性和测量较宽的频率范围，体积小、重量轻、结构简单、使用方便。由于重量轻，当测定一特定点处的振动，一般不致振动结构加载。此外，加速度计可以很容易地与电子积分网络一起使用，得到与速度或位移成正比的电压。

加速度计主要性能指标之一是灵敏度，它是每单位加速度作用时的输出电压或输出电荷量。输出电压叫电压灵敏度；输出电荷量叫电荷灵敏度。试验研究证明，加速度计的电荷灵敏度仅取决于加速度计本身，而与电缆长度无关，但它必须与电荷放大器配合使用；电压灵敏度与电缆关系很大，电缆不同时，电压灵敏度不同，但只需用一般放大器进行放大和测量。在与声级计配合时，一般采用电压灵敏度。

另外，由于加速度受到自身谐振频率及安装谐振频率的限制，选择加速度计时，要考虑其工作频率，通常在靠近谐振频率 1/5 的频带内，灵敏度就会偏离±5%左右，在 1/3 的频带内，会偏离±10%左右；再者，由于压电元件的电压系数及其他压电特性都随温度变化，故加速度计的灵敏度易受温度影响，温度升高，灵敏度下降，并应特别注意不能恢复原状态的偏度极限。

加速度计除前述优点外，还有下列特点，尺寸小，仅 $\phi(15\times20\sim5\times7.5)$ mm；重量轻，约为 $0.03\sim2g$；坚固性好，加速度计的频率响应可达 $2\sim22000$ Hz；测量振动加速度范围为 $0\sim2000g$；温度范围为 $-150\sim+260℃$，甚至可达 $600℃$，用液体冷却时，有些可达冷冻温度；输出电平约为 $5\sim72$ mV/g。压电加速度计的缺点是低频性能差、阻抗高、噪声大，特别是二次积分后用它测量位移时，会使信号减弱，噪声和干扰的影响相当大。

加速度计的低频响应取决于所用的前置放大器。若使用电压前置放大器，其低频响应取决于其输入阻抗和加速度计、电缆和前置放大器输入电容；如果用电荷放大器，其低频响应取决于电荷放大器的低频响应。

表 7-2 为几种加速度计的性能参数，供使用时选择。

表 7-2　几种加速度计的性能参数

项　目	YD-1	YD-3-G	YD-4-G	YD-5	YD-8	YD-12
电压灵敏度/mV · g^{-1}	80~130	10~15	10~15	4~6	8~10	40~60
电荷灵敏度/pC · g^{-1}				2~3		
频率范围/Hz	2~10000	2~10000	2~10000	2~10000	2~18000	1~10000
电容/pF	700	1000~1300	1000~1300	500	390	1000
可测最大加速度/m · s^{-2}	200	200	200	30000	500	500
温度范围/℃	常温	<260	<260	-20~+40	常温	常温
质量/g	约40	约12	约12	约10	约3	约25
最大尺寸/mm	30×15	14×14	14×14	12×14	9×9	16×15
特点	灵敏度高	高温	高温	冲击	微型	中心压缩式

7.1.2.2　加速度计的安装

为了使振动测量较真实地反映振动物体的主要振动参数，要求被测物体与加速度计之间没有相对运动，因此，加速度计的固定是非常重要的，对保持高频振动测量可靠尤为重要。常用的加速度计固定方法有六种。

方法1：用钢制螺栓固定在被测物体上，如果表面不平整，可在接触面上涂硅蜡，不允许加速度计旋得过紧而使它带有应力，从而影响灵敏度。

方法2：先在表面垫绝缘云母垫圈，再用绝缘螺栓固定。这两种方法有较好的频率响应，对于测量 $2\sim3000$ Hz 以下的加速度，加速度计可直接固定在振动物体上。

方法3：用永久磁铁吸附在被测物体上，但环境温度不能太高，一般在 $150℃$ 以下，加速度的幅值也不能太大，一般小于 $50g$。

方法4：螺栓配合黏合剂，这种方法安装方便，但不容易取下。

方法5：在十分平整的表面用薄蜡层黏合。这种固定方法频响较好，但不能用于高温环境下。

方法6：探针接触。这种方法适宜深缝或者高温物体，但该方法谐振频率很低，在高于1000Hz的频率范围内不能应用。各种固定方法如图7-2所示。

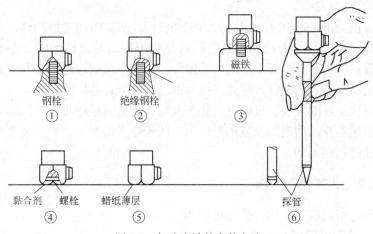

钢栓 ①　　　绝缘钢栓 ②　　　磁铁 ③

黏合剂 螺栓 ④　　蜡纸薄层 ⑤　　　探管 ⑥

图7-2　加速度计的安装方法

一般在测量2~3000Hz以上的振动时，必须注意加速度计的安装技术。

7.1.2.3　利用声级计测量振动

利用声级计测量振动是比较方便的，但它不是很理想，它仅适用声频范围振动的测量。欲测量振动的速度和位移，需配用积分器，积分器实际上是一组RC积分网络。测量加速度时，将声级计头部的传声器取下，换上积分器，利用电缆线将积分器的输入端与加速度计连接起来，加速度计安装固定在被测物体上，如图7-3所示。

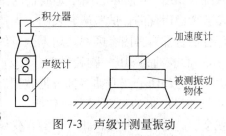

图7-3　声级计测量振动

当测量公害振动（公害振动的特点是振动强度小、频率低）时，可使用专用的公害测量仪器，它一般由拾振器（传感器）、放大器和衰减器、频率计权网络、频率限止电路、有效检波器、幅值或振级指示器组成。这里不做详细介绍，可参考有关书籍。

7.2　振动的危害与评价标准

7.2.1　振动对机械设备的危害

在工业生产中，机械设备运转发生的振动大多是有害的。振动使机械设备本身疲劳和磨损，从而缩短机械设备的使用寿命，甚至使机械设备中的构件发生刚度和强度破坏。对于机械加工机床，如振动过大，就会使加工精度降低；大楼会由于振动而坍塌；飞机机翼的颤振、机轮的摆振和发动机的异常振动，曾多次造成飞行事故。这些机械设备的振动，不但自身危害甚大，且振动辐射强烈的噪声会严重污染环境。

当然，振动不是都有害，也有可利用的一面。如矿山用的振动筛，工业用的振动抛光机，建材用的振动器等，它们均是利用振动原理设计的。在吸声结构中，薄板吸声结构、穿孔板吸声结构、微穿孔板吸声结构等也都是利用共振原理进行吸声的，随着人们的深入研究，振动的利用将会日益广泛。

随着现代工业的发展，机械设备趋于大型、高速，振动和噪声问题是不可避免的，从机械本身结构消除及减小振动由某些专业书籍专论，本书主要阐述在传播途径上如何控制振动。

7.2.2　振动对人体健康的影响

人体可近似看成弹性体，骨骼近似为一般固体，但比较脆弱；肌肉比较柔软，并有一定弹性。人体的骨骼和肌肉构成许多空腔和诸如心、肝、肺、胃、肠等弹性系统。经简化，人体近似为一个等效机械系统，如图 7-4 所示，图中是线性的集中参数考虑简化的。试验研究表明，人体各部分器官都有其固有频率。如人全身约是 6Hz，腹腔约为 8Hz，胸腔为 2~12Hz，头部为 17~25Hz。当身体各部分器官固有频率与外界传来的振动频率一致或接近时，就会引起器官的共振，此时，器官受到的影响和危害最大。人体系统对振动效应，

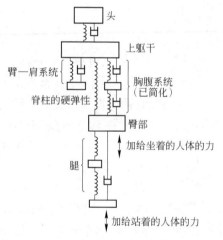

图 7-4　人体等效的机械系统

最主要的部分是胸腹系统，而胸腹系统对频率为 3~8Hz 的振动有明显的共振响应，其危害最大。对于头、颈、肩部分可引起共振的频率为 20~30Hz，眼球是 60~90Hz，下颚头盖骨是 100~200Hz。一般情况的低频振动（30Hz 以下），常引起头晕，手肘、肩关节发生异变；中频（30~100Hz）和高频（100Hz 以上）振动，常引起骨关节异变和血管痉挛。由此可看出，振动频率对人体的影响和危害起主导作用，此外，振动的幅度和加速度，振动作用于人体的时间以及振动环境中人的体位和姿势等都起作用。当振动频率较高时，对人体的危害主要是振幅起作用，如振动频率为 40~100Hz、振幅达到 0.05~1.3mm 后，就开始对全身有害，

引起末梢血管痉挛；当振动频率较低时，对人体的危害主要是振动的加速度起作用，如频率为 15~20Hz 的振动，加速度在 0.05g 以下，对人体不会造成有害影响，随着振动加速度的增大，会引起前庭装置反应和使内脏、血管产生位移。时间在 0.1s 内，人体直立向上能忍受的加速度为 16g，向下运动为 10g，横向运动则为 40g。如果超出这些数值，便不同程度地造成皮肉青肿、骨折、器官破裂和脑震荡等。人受振动的时间愈长，危害也愈大。同时，这种危害还与人的体姿有关。人在立位时，对垂直振动比较敏感；卧位时对水平振动比较敏感。人的神经组织和骨骼都是振动的良好导体。头部受振动能引起瞌睡。

在矿山、工厂、水电等许多行业，有相当数量的工人从事振动作业，在工作中需要紧握强烈振动的工具与设备，如凿岩机、风钻、风铲等风动工具；电钻、链锯等电动工具；砂轮机、抛光机、研磨机等高速转动工具。这些操作者及其他有关人员，由于长期工作，会患振动职业病。其病症状一般是手麻、手无力、关节痛、白指、白手，并有头晕、头痛、耳鸣、周身不适等，重症者手指变形、下肢冠状动脉和脑血管扩张，引起阵发性脑晕、半晕厥状态以及丧失劳动能力及生活自理能力（如手捏不紧筷子等）。除此之外，振动还能造成听力损害。当振动频率在 125~250Hz 内，长时间的振动能导致语言听力下降。

7.2.3 振动的评价标准

评价振动对人体的影响是比较复杂的，人们对振动的感觉比对噪声的感觉复杂得多，人对噪声的感觉一般是通过耳朵器官来感受的，而振动则由身体各部分感觉。对同样一种振动，人的体位不同（如站、坐、卧），感觉就不一样；同时，由不同器官接受（如手、脚等），感觉也不同。工业振动对听觉造成的损伤与噪声造成的听力损伤不同，噪声性损伤以高频 3000~4000Hz 段为主，振动性听力损伤是以低频 125~250Hz 为主。在工业实际中，振动与噪声常常是同时作用于人体。

根据振动强弱对人的影响，大致可分为四种情况。

（1）振动的"感觉阈"。人体刚能感觉到的振动信息，就是通常所说的"感觉阈"。人们对刚超过感觉阈的振动，一般并不觉得不舒适，也就是说大多数人对这种振动是可容忍的。

（2）振动的"不舒适阈"。振动的强度增大到一定程度，人就会感觉到不舒服，作出讨厌的反应，这就是不舒适阈。"不舒适"是一种心理反应，是大脑对振动信号的一种判断，并没有产生生理的影响。

（3）振动的"疲劳阈"。振动的强度进一步增加，达到某种程度，人们对振动的感觉就由"不舒适"进入到"疲劳阈"。对超过"疲劳阈"的振动不仅有心理反应，而且也出现生理反应。也就是说，振动的感觉器官和神经系统的功能，在振动的刺激下受到影响，并通过神经系统对人体的其他功能产生影响，如注意力转移、工作效率低等。当振动停止以后，这些生理影响是可消除的。

（4）振动的"危险阈"。当振动的强度继续增加，超过一定限度时，便对人不仅有心理影响，还会产生病理性的损伤，这就是"危险阈"，也称"极限阈"。超过危险阈后的振动将使感觉器官和神经系统产生永久性的病变，即使振动停止也不能复原。

上述谈了振动强弱对人体的影响，那么，如何来评价振动呢？

我们首先将国际标准化组织（ISO）推荐使用的评价标准的主要内容作一简略的介绍，如图 7-5 所示。图中诸线的参数是振动暴露的时间（一天内允许累计暴露的时间）。这个标准适用于人体垂直振动，包括站立或者坐在椅子上时，受到上下方向的振动，如果承受的是水平方向振动，那么各曲线都要降低其分贝值（可以把纵坐标的标度除以 $\sqrt{2}$）。图中的横坐标上下两个标度，下方标度的频率值（Hz）适用于单一频率振动，上方标度的倍频带中心频率（Hz）运用了无规则振动。

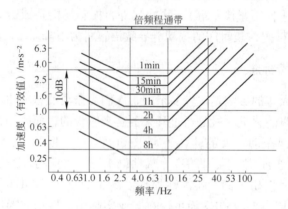

图 7-5　ISO 推荐的振动标准

图 7-5 所示标准适用于一般工业系统和与振动操作有关的环境。由图 7-5 中诸曲线值可以看出，当振动频率在 3～10Hz 范围内，危害最大；当振动频率低于 3Hz 或高于 10Hz，对人体危害就小了。上述标准适用的振动频率为 1～100Hz。

对于低于频率为 1Hz 的振动，主要产生晕动病，造成头昏，例如航空晕等。但每个人感觉不一样，往往差别很大。对于 100Hz 以上的振动，知觉作用主要在皮肤上，其感觉情况，很大程度上取决于人体接受振动的作用点及该点的振动阻尼层情况如何，如所穿的鞋、衣服等。因此，对于频率在 1～100Hz 范围以外的振动，欲给出通用的振动暴露曲线，实际上是不可能的，在一定意义上来说，图 7-5 给出的曲线对评价一般的振动是足够的。

综上所述，评价一种振动对人体的影响，除了与振动频率、振动加速度大小和暴露振动下的时间长短有关外，还与振动方向有关。例如垂直振动和水平振动，即使振动频率、加速度和作用时间都相同，但人体的感觉是不一样的。把人体对垂直和水平振动等感度曲线画在一幅图上，如图 7-6 所示，该图是国际标准化组织（ISO）推荐的人体全身对规则振动的等感度曲线。从两条曲线的比较看，对频率高于 8Hz 的振动，垂直振动比水平振动高 10dB。另外，从同一曲线上比较，20Hz 的振动和 8Hz 的振动相差 8dB，这就是说，从振动加速度来看，人体对频率低的振动比对频率高的振动更敏感。振动不仅对操作者有直接影响，还危害振动源附近的工人，而且通过地面传到很远处，造成对周围环境的干扰，成为一种公害。因此，有些国家还制定了环境方面的振动允许标准。中华人民共和国环保局和卫生部，根据我国的实际情况，于 1988 年和 1989 年先后制定实施了《城市区域环境振动标准》（GB 10070—88）、《作业场所局部振动卫生标准》（GB 10434—89）。在《城市区域环境振动标准》中，对城市各类区域铅垂方向振动允许标准作了规定，见表 7-3。

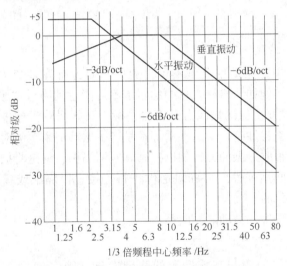

图 7-6 垂直和水平振动的等感度曲线（ISO）

表 7-3 我国城市区域振动允许标准

地 区 类 别	时 间	允许标准值，垂直振动/dB
特别住宅区	白天	65
	夜间	65
居民、文教区	白天	70
	夜间	67
混合区、商业中心区	白天	75
	夜间	72

地 区 类 别	时 间	允许标准值，垂直振动/dB
工业集中区	白天	75
	夜间	72
交通干线道路两侧	白天	75
	夜间	72
铁路干线两侧	白天	80
	夜间	80

注：1. 白天、夜间的时间是当地人民政府按当地习惯和季节变化划定；

2. "交通干线两侧"是指车流量每小时 100 辆以上的道路两侧；

3. "铁路干线两侧"是指距每日流量不少于 20 列的铁道外轨 30m 外两侧的住宅区；

4. 测量及评价方法按《城市区域环境振动测量方法》（GB 10071—88）执行。

7.3 隔振设计

7.3.1 隔振原理

在工程实际中，振动现象是不可避免的。因为有许多产生振源（激振力）的因素难以避免。例如，机械设备中的转子不可能达到绝对"平衡"（包括静平衡或动平衡），往复机械的惯性力更无法平衡，又如涡轮机械中气流对叶片的冲击，在机床上加工零件时产生的振动等都是产生振动的来源。对于这些不可避免的振动，人们需采取隔振的方法加以控制。所谓隔振，就是将振动源与地基或需要防振的物体之间用弹性元件和阻尼件进行连接，以隔绝或减弱振动能量的传递，达到降噪的目的。

隔振分主动隔振和被动隔振两种。

7.3.1.1 主动隔振

主动隔振是将振源与支承振源的基础隔离开来。如一电动机为振动源，它与基础之间是近似刚性连接，当电动机运转时产生的激振力 $Q(t) = H\sin\omega t$，这个激振力便百分之百地传给地基，并向地基周围传去，简化力学模型如图 7-7 所示。

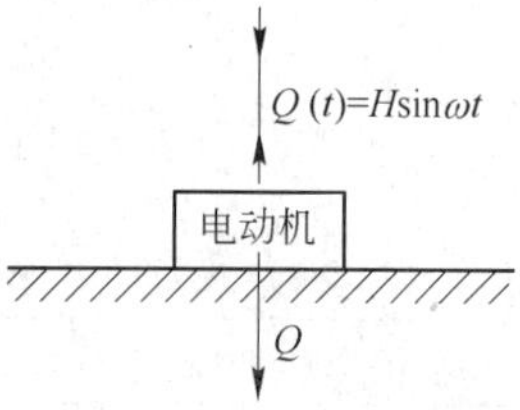

图 7-7 主动隔振的简化力学模型

当我们将电动机与地基之间用橡胶块隔离开来，就可以减少电动机传给地基上的激振力，减弱通过地基传给周围物体上去的振动与噪声，如图 7-8（a）所示。在将图 7-8（a）进行简化，即得主动隔振的力学模型，如图 7-8（b）所示。

由图 7-8（b）可以看出，当设备（电动机）运转产生的简谐激振力 $Q(t) =$

$H\sin\omega t$ 作用在质量为 m 的物体上，在物体 m 与地基之间用刚度为 k 的弹簧和阻尼系数为 c 的阻尼元件进行隔离后，机械设备（电动机等）产生的激振力不能全部传递给地基，只传递一部分或完全被隔绝，固体声被减弱，因而能收到隔振降噪效果。

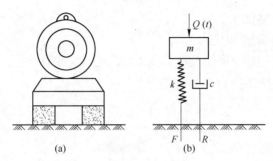

图 7-8　电动机隔振及力学模型（主动隔振）

对于图 7-8（b），由阻尼受迫振动系统的弹性恢复力 $F_x = -kx$，黏性阻尼力 $R_x = -cv = -c\dfrac{\mathrm{d}x}{\mathrm{d}t}$，激振力 $Q(t) = H\sin\omega t$，则该系统的微分方程为：

$$m\frac{\mathrm{d}^2 x}{\mathrm{d}t^2} + c\frac{\mathrm{d}x}{\mathrm{d}t} + kx = H\sin\omega t \tag{7-4}$$

将式（7-4）化为标准形式：

$$\frac{\mathrm{d}^2 x}{\mathrm{d}t^2} + 2n\frac{\mathrm{d}x}{\mathrm{d}t} + \omega_n^2 x = h\sin\omega t \tag{7-5}$$

式中　ω_n——$\omega_n^2 = \dfrac{k}{m}$，$k$ 为弹性系数；

　　　$2n$——$2n = \dfrac{c}{m}$，c 为阻尼系数；

　　　h——$h = \dfrac{H}{m}$，H 为激振力的幅值。

式（7-5）为二阶线性常系数非齐次微分方程，在小阻尼情况下，$n < \omega_n$，其式（7-5）的通解为：

$$x = A\mathrm{e}^{-nt}\sin\left(\sqrt{\omega_n^2 - n^2}\, t + \alpha\right) + B\sin(\omega t - \varepsilon) \tag{7-6}$$

式中　A，α——积分常数；

　　　ω——激振力的圆频率；

　　　ε——$\varepsilon = \tan\dfrac{2\xi\lambda}{1-\lambda^2}$，表示振动物体的位移与激振力之间的相位差；

　　　B——受迫振动的物体的振幅偏离平衡位置的最远距离：

$$B = \frac{B_0}{\sqrt{(1-\lambda^2)^2 + 4\xi^2\lambda^2}} \tag{7-7}$$

$$\lambda = \frac{\omega}{\omega_n} = \frac{\omega/2\pi}{\omega_0/2\pi} = \frac{f}{f_0} \tag{7-8}$$

λ——频率比;

f——振动源的激振频率;

f_0——振动源与隔振装置组成系统的固有频率;

ω_0——系统的固有圆频率:

$$\omega_0 = \sqrt{\frac{k}{m}} = 2\pi f_0 \tag{7-9}$$

B_0——在激振力的幅值 H 作用下的静态压缩量:

$$B_0 = \frac{H}{k} \tag{7-10}$$

$$H = kB_0 = kB\sqrt{(1-\lambda)^2 + 4\xi^2\lambda^2}$$

ξ——阻尼比,$\xi = \dfrac{n}{\omega_n} = \dfrac{c}{2\sqrt{mk}} = \dfrac{c}{c_0}$,$c_0$ 为临界阻尼系数。

式(7-6)右边的第一部分为有阻尼的自由振动,即衰减振动,它随时间增加将迅速减弱、消失;第二部分则为受迫振动,它会维持下去,形成振动的稳态过程,我们就是要研究振动的稳态过程,式(7-6)可化为:

$$x = B\sin(\omega t - \varepsilon) \tag{7-11}$$

由式(7-11)知,虽然有阻尼存在,受简谐激振力作用的受迫振动仍然是简谐振动,其振动频率 ω 等于激振力的频率,其振幅 B 见式(7-7),B_0 见式(7-10)。由此可知,振幅不仅与激振力的力幅有关,还与激振力的频率,以及振动系统的参数 m、k 和阻尼系数 c 有关。

在物体振动时,弹簧作用给基础的力:

$$F = kx = kB\sin(\omega t - \varepsilon)$$

通过阻尼作用于基础的力:

$$R = c\frac{\mathrm{d}x}{\mathrm{d}t} = cB\omega\cos(\omega t - \varepsilon)$$

力 F、R 的相位位差 $90°$ 频率相同,可合成一个合力 P,其最大值为:

$$P_{\max} = \sqrt{F_{\max}^2 + R_{\max}^2} = \sqrt{(kB)^2 + (cB\omega)^2} = kB\sqrt{1 + (2\xi\lambda)^2} \tag{7-12}$$

由式(7-7)和式(7-10)得到:

$$B = \frac{H}{k\sqrt{(1-\lambda^2)^2 + 4\xi^2\lambda^2}}$$

代入式（7-12）有：

$$P_{\max}=\frac{H\sqrt{1+4\xi^2\lambda^2}}{\sqrt{(1-\lambda^2)^2+4\xi^2\lambda^2}}$$

衡量主动隔振效果最常用的是力的传递系数，即：

$$T=\frac{P_{\max}}{H}=\frac{\sqrt{1+4\xi^2\lambda^2}}{\sqrt{(1-\lambda^2)^2+4\xi^2\lambda^2}} \tag{7-13}$$

传递系数 T 越小，表明通过隔振系统传过去的力就越小，隔振效果就越好。

如果基础与地板是刚性接触，则 $T=1$，即干扰力全部传给地板，说明没有隔振作用；如果基础与地板之间安装隔振装置，使 $T=0.2$，则说明传递过去的力只占干扰力（激振力）的20%，即干扰力的80%被隔绝了，亦即隔振效率：

$$\eta=(1-T)\times100\% \tag{7-14}$$

7.3.1.2　被动隔振

将需防振的物体单独与振源隔开称为被动隔振。例如，在精密仪器的底下垫上橡胶垫或泡沫塑料。图7-9所示为一被动隔振的力学模型。被隔振的物体质量为 m，弹簧的刚性系数为 k，阻尼元件的阻尼系数为 c。外界传来的振动就是地基的振动，设地基振动为简谐振动，即：

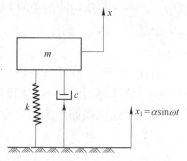

图7-9　被动隔振力学模型

$$x_1=a\sin\omega t$$

由于地基振动将引起搁置在其上物体的振动，这种激振称为位移激振（基础激振）。设物块的振动位移为 x，则作用在物块上的弹性力为 $-k(x-x_1)$，阻尼力为 $-c(x'-x'_1)$，那么，质点振动微分方程为：

$$m\frac{\mathrm{d}^2x}{\mathrm{d}t^2}=-k\ (x-x_1)\ -c\left(\frac{\mathrm{d}x}{\mathrm{d}t}-\frac{\mathrm{d}x_1}{\mathrm{d}t}\right) \tag{7-15}$$

整理得：

$$m\frac{\mathrm{d}^2x}{\mathrm{d}t^2}+c\frac{\mathrm{d}x}{\mathrm{d}t}+kx=kx_1+c\frac{\mathrm{d}x_1}{\mathrm{d}t}$$

将 x_1 代入得：

$$m\frac{\mathrm{d}^2x}{\mathrm{d}t^2}+c\frac{\mathrm{d}x}{\mathrm{d}t}+kx=ka\sin\omega t+c\omega a\cos\omega t$$

将上述方程右端两个同频率的谐振动合成为一项，得：

$$m\frac{\mathrm{d}^2x}{\mathrm{d}t^2}+c\frac{\mathrm{d}x}{\mathrm{d}t}+kx=H\sin(\omega t+\theta) \tag{7-16}$$

式中 H——$H = a\sqrt{k^2 + c^2\omega^2}$ ；

$\qquad\theta$——$\theta = \arctan\dfrac{c\omega}{k}$。

设上述方程的特解（稳态振动）为：

$$x = b\sin(\omega t - \varepsilon)$$

代入式（7-16）得：

$$b = a\sqrt{\frac{k^2 + c^2\omega^2}{(k - m\omega^2)^2 + c^2\omega^2}} \tag{7-17}$$

则有：

$$T' = \frac{b}{a} = \sqrt{\frac{1 + 4\xi^2\lambda^2}{(1 - \lambda^2)^2 + \xi^2\lambda^2}} \tag{7-18}$$

式中 T'——振动物体的位移与地基激振位移之比，称为位移传递系数。

由式（7-14），同样有：

$$\eta' = (1 - T') \times 100\%$$

由式（7-13）和式（7-18）可以看出，当振源是简谐振动时，主动隔振与被动隔振的原理是相同的，它们的传递系数均相同，但主动隔振传递的物理量是力的比值，而被动隔振传递的物理量是振幅的比值。

7.3.1.3　传递系数与频率比及阻尼比之间的关系

下面由图 7-10 分别讨论 T（T'）与 $\lambda\left(\dfrac{f}{f_0}\right)$、$\xi\left(\dfrac{c}{c_0}\right)$ 的关系。

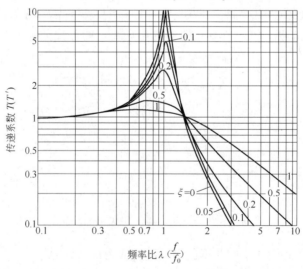

图 7-10　传递系数与频率比及阻尼比的关系

A　T（T'）与 $\lambda\left(\dfrac{f}{f_0}\right)$ 的关系

（1）当 $\dfrac{f}{f_0}\ll1$ 时，即干扰力的频率小于隔振装置系统的固有频率，这时 $T\approx1$，隔振装置不起隔振作用，激振干扰力全部传给地基础。

（2）当 $\dfrac{f}{f_0}\approx1$ 时，隔振系统发生共振，此时 $T>1$，即隔振系统不但不起隔振作用，而且还放大振动的影响。这是隔振装置设计应绝对避免的。系统一旦发生长时间的共振，将造成机械设备的破坏，甚至危及人的安全。但机械设备的启动和停止需经过共振区，为此，设计隔振装置应保证有足够的阻尼，以控制经过共振区出现的最大振幅。

（3）当 $1<\dfrac{f}{f_0}<\sqrt{2}$ 时，传递系数 $T>1$，这时，隔振装置也同样不但不起隔振效果，还将振动放大了。

（4）当 $\dfrac{f}{f_0}>\sqrt{2}$ 时，传递系数 $T<1$，隔振系统才真正起到隔振作用，常称为隔振区。随着 $\dfrac{f}{f_0}$ 的增加，传递系数越来越小，即隔振效果越来越好。在工程实际中，$\dfrac{f}{f_0}$ 宜取 2.5~5。

一般机械设备的激振频率（干扰频率）是一定的，若要提高 $\dfrac{f}{f_0}$ 的比值，就得减小 f_0；f_0 过低，不仅工艺上有困难，而且经济成本高。且取 $\dfrac{f}{f_0}$ 为 2.5~5 时，隔振效率已达 81%~96%，因此，实际应用中取 $\dfrac{f}{f_0}=2.5~5$ 足以满足工程要求。常见一些设备所需的传递系数以频率比 $\dfrac{f}{f_0}$ 表示（此时 $\dfrac{f}{f_0}$ 值是根据阻尼比 $\xi=0.05~0.1$ 考虑的），见表7-4。

表7-4　常见一些设备所需传递系数 T 的要求

设 备 种 类		地下室、工厂		两层以上的楼房	
		T	f/f_0	T	f/f_0
风机		0.30	2.2	0.10	3.5
泵	$N\leqslant3\mathrm{kW}$	0.30	2.2	0.10	3.5
	$N>3\mathrm{kW}$	0.20	2.8	0.05	5.5

设 备 种 类		地下室、工厂		两层以上的楼房	
		T	f/f_0	T	f/f_0
往复式冷冻机	$N < 10\mathrm{kW}$	0.30	2.2	0.15	3.0
	$N = 10 \sim 40\mathrm{kW}$	0.25	2.5	0.10	3.5
	$N = 40 \sim 110\mathrm{kW}$	0.20	2.8	0.05	5.5
离心式冷冻机		0.15	3.0	0.05	5.5
密封式冷设备		0.30	2.2	0.10	3.5
冷却塔		0.30	2.2	0.15 ~ 0.20	2.5 ~ 3.0
发电机		0.20	2.8	0.10	3.5
换气装置		0.30	2.2	0.20	2.8
管路系统		0.30	2.2	0.05 ~ 0.10	3.5 ~ 5.5

B　T 与 $\xi\left(\dfrac{c}{c_0}\right)$ 的关系

（1）在 $\dfrac{f}{f_0} < \sqrt{2}$ 的范围内，即不起隔振作用和发生共振的区域，阻尼比 $\dfrac{c}{c_0}$ 值越大，传递系数 T 越小，这就是说在此区域范围内，增大阻尼比，可减小振动的幅值，在共振区尤其明显。

（2）在 $\dfrac{f}{f_0} > \sqrt{2}$ 的范围内，阻尼比越大，振幅越大；增加阻尼比，会使隔振效果降低。这与前述增大阻尼比，对控制振动有利似乎相矛盾，那么，究竟怎样处理才合理呢？

这要综合考虑隔振区和共振区两方面的要求，为减小机械设备在启动和停止过程中发生共振的最大振幅，设计隔振装置应该有一定的阻尼，同时还要考虑保证隔振区内的隔振效果。

综上所述，要取得良好的隔振效果，必须满足 $\dfrac{f}{f_0} > \sqrt{2}$；如激振频率 f 过低，只有 $\dfrac{f}{f_0} < \sqrt{2}$，那么，只能采取增加阻尼来控制最大振幅。

一般隔振器的 $\dfrac{c}{c_0} = 2\% \sim 20\%$，钢制弹簧 $\dfrac{c}{c_0} < 1\%$，纤维衬垫 $\dfrac{c}{c_0} = 2\% \sim 5\%$，合成橡胶 $\dfrac{c}{c_0} > 20\%$。

另外，由图 7-10 还看出，当 $\dfrac{f}{f_0}=2$ 时，$\dfrac{c}{c_0}$ 值在 $0<\dfrac{c}{c_0}<0.2$ 范围内，T 值约为 0.33~0.40；当 $\dfrac{c}{c_0}$（ξ）= 0.5 时，T 值增大为 0.62；当 $\dfrac{c}{c_0}=1$ 时，T 值增大为 0.82。可见，在实际工程中，如果 $\dfrac{c}{c_0}$ 值较小（如 $\dfrac{c}{c_0}<0.1$），在计算传递系数时，阻尼的作用可以忽略，则式（7-13）可简化为：

$$T=\left|\frac{1}{1-\left(\dfrac{f}{f_0}\right)^2}\right| \tag{7-19}$$

为了帮助读者对隔振理论的理解，下面用例题进行分析。

例 7-1　某拖拉机在道路上行驶，空载时比满载振动大，试问是何原因呢？

解：由式（7-9）可知振动系统与隔振装置组成系统固有频率 $f_0=\dfrac{1}{2\pi}\sqrt{\dfrac{k}{m}}$；式中质量 m 应是按照拖拉机本身重量和有一定载荷设计的。当拖拉机空载时，整个拖拉机的质量要比设计的小，则固有频率要比设计的固有频率 f_0 大，所以，$\dfrac{f}{f_0}$ 的比值就比设计要求的小，那么，由前面的分析可知，传递系数 T 要比设计时（即有一定载荷）大，因此，拖拉机空载行驶要比装有一定载荷或满载振动得强烈。

例 7-2　人们可能有这样的感受，骑自行车快速行进比低速行进振动小一些，这又是什么原因呢？

解：假设自行车和人在行进中，从地面受到的激振频率 f 与自行车行进速度成正比，并且振幅保持不变。那么，当快速行进时，f 值增大，则 $\dfrac{f}{f_0}$ 值增大，由前面的分析知道，则自行车快速行进时传递系数 T 值变小，因此，自行车快速行进时，反而比低速行进时振动要小，大多数人都有这样的经历吧！

7.3.2　隔振设计

隔振装置的设计要根据振动源的干扰频率不同而进行设计。干扰频率一般分为高频振动，即 $f>100\text{Hz}$；中频振动，即 $6\text{Hz}<f<100\text{Hz}$；低频振动，即 $f<5\text{Hz}$。

工业上常见的振源干扰频率，属于中频干扰源，个别的振源（如高转速设备）是高频干扰源，中频干扰源的谐波也属于高频干扰（但干扰可能不大），而地壳的脉动、海潮和人的活动等都属于低频干扰源。

中频干扰源是工程上常见的，为此，我们着重讨论中频振动的隔振设计问题。

为了满足 $\dfrac{f}{f_0} > \sqrt{2}$，以便取得良好的隔振效果，需要计算机械设备的干扰频率 f 和系统的固有频率 f_0。常见机械设备振动干扰频率可由表 7-5 中得出。

表 7-5　一些常见机械设备振动干扰基频

设备种类	干扰基频/Hz	设备种类	干扰基频/Hz
风机	轴的转数；轴的转数×叶片数	轴承	轴转数×珠子数/2
电动机	轴的转数；轴的转数×极数	变压器	交流电频率×2
齿轮	轴转数×齿数	内燃机	轴的转数；轴的转数×缸数

隔振系统的固有频率 f_0，由试验研究知道，它与在机组重力作用下的弹性构件的静态压缩量 x 有下列近似关系。

对于金属弹簧：

$$f_0 = \frac{1}{2\pi}\sqrt{\frac{k}{m}} \approx \frac{5}{\sqrt{x}} \tag{7-20}$$

对于橡胶等弹性材料：

$$f_0 = \sqrt{\frac{E_\mathrm{d}}{E_\mathrm{s}}} \cdot \frac{5}{\sqrt{x}} \tag{7-21}$$

式中　k——系统的弹簧刚度，N/m；

　　　m——系统的质量，kg；

　　　x——在重力（机组的质量 m 用重量 W（N）表示，$m = \dfrac{W}{g}$）作用下弹性构件的静态压缩量，cm；

E_d，E_s——分别为材料的动态和静态弹性模量，对于丁腈橡胶 $\dfrac{E_\mathrm{d}}{E_\mathrm{s}} \approx 2.5$；玻璃纤维板 $\dfrac{E_\mathrm{d}}{E_\mathrm{s}} = 1.2 \sim 2.9$；矿渣棉 $\dfrac{E_\mathrm{d}}{E_\mathrm{s}} \approx 1.5$；软木 $\dfrac{E_\mathrm{d}}{E_\mathrm{s}} \approx 1.8$。

由于静态压缩量 x 可由试验直接求得，所以隔振系统固有频率就可以求得。

由前面的讨论得知，一个振动系统的固有频率越低，越有利于隔振。由式（7-20）可知，若要得到较低的固有频率 f_0，就需要有较大的静态压缩量 x。在保证机械平衡的前提下，加大设备基础的重量或选择柔软的弹性构件，可以得到较大的静态压缩量 x。这样，对于一定的干扰频率来说，由于 $\dfrac{f}{f_0}$ 增大，也就能获得较好的隔振效果。为此，人们可以通过两种途径获得较好的隔振效果，一是质量隔振，即设计一个较大的刚性基础，在基础上安装机械设备，以减少机械的振动；利用质量隔振，基础的重量需要比机械设备的重量大几倍。二是安装隔振的弹性装置，将基础的刚性连接改成弹性连接，这种方法在工程上常用。

隔振装置的设计，首先是由干扰频率 f 和系统的固有频率 f_0（或静态压缩量）计算传递系数 T；或者是根据需要的传递系数 T 和已知的干扰频率 f 求出 f_0 或 x。

为了工程设计方便，将式（7-19）绘制成图 7-11，图中表示 f_0、f 与 x 的关系，供隔振设计参考。

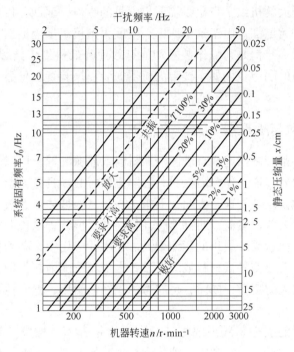

图 7-11　隔振设计图

例 7-3　某电动机转速为 1500r/min，安装在静态压缩量 $x=0.5$cm 的隔振机座上，试求：（1）传递系数 T 为多少？（2）若 $x=0.5$cm 不变，将电动机转速提高到 3000r/min，传递系数 T 又为多少？（3）若 T 取（1）的求得值，则此种情况（3000r/min）所需静态压缩量为多少？

解：（1）由图 7-11，n 与 x 的交点，查得：$T \approx 8\%$。

（2）若 x 不变，将 n 提高为 3000r/min，$T \approx 2\%$。

（3）若 T 取 8%，则由图 7-11 查得：$x \approx 0.12$cm。

由上述可见，在其他条件相同时，提高机器的转数或降低隔振系统的固有频率，对隔振十分有效。但必须注意到，降低系统的固有频率不能只考虑增大隔振材料的压缩量，若压缩量过大，会造成隔振装置晃动而丧失稳定性。

在采取隔振措施后，减低的噪声级可由下式近似计算：

$$\Delta L = 20 \lg \frac{1}{T} \qquad\qquad (7\text{-}22)$$

值得指出，在采用隔振措施来降低噪声时，人们常有一种误解，即认为机械设备安装在隔振装置上，会大大降低安装机械设备车间内的噪声。实际情况并非如此，如果机械设备体积小，则本身辐射的噪声不会大；如果它的振动传到较大的表面，则由于辐射条件得到改善，噪声就明显地加强。

由于振动面大的机组本身足以辐射出大量的噪声，因此，机座的振动实际上对机组的噪声并无增加。由于这个原因，安装大型机组于隔振器上，不会削弱车间本身内部的噪声。但是，隔振装置却能有效地降低机组传给邻近房间的噪声，也就改善了机组的隔声。例如，楼上的机器安装隔振装置，可显著地降低楼下房间内的噪声级。

7.4　隔振材料与隔振器

机械设备和基础之间选择合理的隔振材料或隔振装置，可以防止振动的能量以噪声的形式向外传递。作为隔振材料和隔振装置必须具备支承机械设备动力负载和良好的弹性恢复性能这两方面的要求。一般从降低传递系数这方面考虑，希望其静态压缩量大些。然而，对许多弹性材料与隔振装置来说，往往承受大负载的压缩量较小，而承受负载小的压缩量大。在实际应用中，必须根据工程设计要求适当地选择。若要使隔振材料或隔振装置在低频范围内起作用，则在允许负载内，可以得到较大的变形；同时，也应考虑到经久耐用、稳定性好、维护方便等实际因素。

工程上常用的隔振材料或隔振装置主要有钢弹簧、橡胶、软木、玻璃纤维板、毛毡类等，此外，空气弹簧、液体弹簧也开始应用。目前，使用最为广泛的是金属弹簧和剪切橡胶。但空气弹簧的隔振效率为最好，发展前景乐观。在工程实际中，也常将这些隔振材料互相组合使用，如钢弹簧-橡胶减振器就是常用的一种隔振装置。

现将常用的隔振材料与隔振装置介绍如下。

7.4.1　钢弹簧隔振器

钢弹簧是隔振中最常用的一种隔振器。常见的有圆柱螺旋弹簧、圆锥螺旋弹簧和板弹簧等，如图 7-12 所示，其中应用较多的是圆柱弹簧和板弹簧。如各类风机、空压机、球磨机、破碎机等大、中、小型的机械设备均使用螺旋弹簧减振器。只要设计或选用正确，就能获得良好的隔振效果。板弹簧是由几块钢板叠合制成的，利用钢板之间的摩擦可获得适宜的阻尼比，这种减振器只在一个方向上有隔振作用，一般用于火车、汽车的车体减振和只有垂直冲击的锻锤基础隔振。

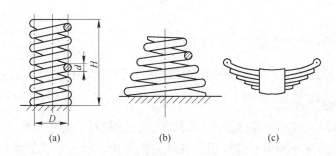

图 7-12　弹簧形式

(a) 圆柱形；(b) 圆锥形；(c) 板（叠板）形

　　钢弹簧有较大的静态压缩量，因此，能使隔振系统获得很低的固有频率，适宜低频隔振；有较大的承载能力，且性能稳；此外，钢弹簧还具有结实耐用、尺寸小、耐高温、耐腐蚀等优点。缺点是本身阻尼较低，一般 $c/c_0 = 0.005$，以致共振区传递系数较大，易于传递高频振动，因此，建议采用黏滞阻尼器或簧丝表面附加阻尼材料来弥补这一不足。

　　下面简略介绍圆柱螺旋钢弹簧的设计问题。

7.4.1.1　弹簧钢丝直径 d 的计算

　　螺旋弹簧丝的轴线是一条空间螺旋线，其应力和变形的精确分析比较复杂，但当螺旋角 α 很小时，例如 $\alpha < 5°$，便可忽略 α 的影响，近似的认为弹簧丝截面与弹簧丝轴线在同一平面内，如图 7-13 所示。当弹簧丝横截面的直径 d 远小于弹簧圈的平均直径 D 时，还可以略去弹簧丝曲率的影响，近似地用直杆公式计算。如当 $\dfrac{D}{d} \geqslant 10$ 时，弹簧钢丝

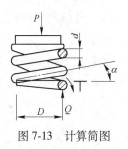

图 7-13　计算简图

主要承受扭转剪应力的作用，则钢丝直径 d 可由下式计算：

$$d = \sqrt[3]{\dfrac{8PD}{\pi\ [\tau]}} \tag{7-23}$$

式中　d——弹簧丝直径，m；

　　　　P——弹簧承受的载荷，N；

　　　　D——弹簧圈的平均直径，m，一般根据实际需要预先选定一个数值；

　　$[\tau]$——材料的许用剪应力，Pa，一般弹簧钢为 4.3×10^8 Pa。

7.4.1.2　弹簧工作圈数的计算

　　由弹簧的变形知识，弹簧的工作圈数可由下式计算：

$$n = \frac{Gd^4}{8D^3 k} \tag{7-24}$$

式中　G——剪切弹性模量，一般取 8×10^{10} Pa；

　　　k——弹簧刚度，N/m；弹簧的压缩量 x 可由图 7-11 查出，再按 $k = \dfrac{P}{x}$ 求出

　　　弹簧刚度。

由式（7-24）求出的是弹簧工作圈数（有效圈数），而弹簧的上下两面应保持平面状态，共有一圈半不起作用，仅供安装使用，所以弹簧的实际总圈数为：$n_1 = n + 1.5$。

7.4.1.3　弹簧丝的长度 L

$$L = \pi D n_1 \tag{7-25}$$

7.4.1.4　弹簧在自由状态下的高度 H

弹簧的自由高度 H 是指未受载荷的高度，应等于各圈钢丝直径总和加上静态压缩量：

$$H = d(n+1) + x \tag{7-26}$$

例 7-4　一台机械设备转速为 800r/min，安装在钢架上，系统总重量为 8000kg，试设计 4 个钢弹簧对角线布置，要求在振动干扰频率附近降低振动级 20dB。

解：（1）设计钢弹簧丝直径为 d，该隔振器采用 4 个圆柱弹簧，对角线布置，则每个弹簧承受载荷为：

$$P_1 = \frac{8000 \times 10}{4} = 20000 \text{（N）}$$

考虑动载安全系数，取 1.2，则应有：

$$P_1 = 1.2 \times 20000 = 24000 \text{（N）}$$

则弹簧丝直径 d 可由式（7-23）计算，根据结构要求，弹簧圈的平均直径取 8cm，$[\tau] = 4.3 \times 10^8$ Pa，则有：

$$d = \sqrt[3]{\frac{8PD}{\pi[\tau]}} = \sqrt[3]{\frac{8 \times 24 \times 10^3 \times 8 \times 10^{-2}}{3.14 \times 4.3 \times 10^8}} = 2.249 \text{（cm）}$$

取 $d = 2.25$cm。

（2）弹簧工作圈数的计算：

由干扰频率 $f = \dfrac{n}{60} = \dfrac{800}{60} = 13.3$Hz，并要求振动级降低 20dB，则由 $\Delta L = 20\lg\dfrac{1}{T}$

得 $T = 0.1$。

由图 7-11 查得 $x \approx 2$cm，则每个弹簧的刚度为：

$$k_1 = \frac{P_1}{x_1} = \frac{24000}{2} = 12000 \ (\text{N/cm})$$

并知 $D = 8\text{cm}$，$G = 8 \times 10^{10}\text{Pa}$。

由式（7-24）计算 n：

$$n = \frac{Gd^4}{8D^3 k_1} = \frac{8 \times 10^{10} \times (2.25 \times 10^{-2})^4}{8 \times (8 \times 10^{-2})^3 \times 12000/10^{-2}} = 4.17 \ (\text{圈})$$

（3）弹簧的总圈数：

$$n_1 = n + 1.5 = 4.17 + 1.5 = 5.67 \ (\text{圈})$$

取 $n_1 = 5.7$（圈）。

（4）弹簧丝的总长度：

$$L = \pi D n_1 = \pi \times 8 \times 5.7 = 143.2 \ (\text{cm})$$

（5）弹簧圈的自由状态下的高度：

$$\begin{aligned} H &= d(n+1) + x \\ &= 2.25 \times (4.17 + 1) + 2 \\ &= 13.63 \ (\text{cm}) \end{aligned}$$

在弹簧设计中，为保证其稳定性，弹簧应尽量设计得短粗些，一般要求承受压缩载荷的弹簧其自由高度不应大于弹簧圈平均直径的 2 倍，本例自由高度为 13.63cm，平均直径为 8cm，即符合这样的要求。

为了减弱机械设备在启动或停止时，通过共振区产生共振现象，这种弹簧隔振器增设了橡胶垫，用以增加减振器的阻尼，这种减振器多用于通风机的基础隔振上，其主要性能可参考其他文献。

7.4.2　橡胶隔振器

橡胶隔振器也是工程上广泛应用的另一种隔振装置，它具有以下特点：

（1）具有良好的阻尼特性。在共振区时不致造成过大的振动，甚至接近共振点还能安全使用。

（2）固有频率低，隔振缓冲和隔声性能好，对吸收机械高频振动的能量较突出。

（3）根据工程实际需要，橡胶隔振器可设计成各种形状和不同刚度。

（4）橡胶隔振器的缺点是不耐油，易腐蚀，不耐高温，易老化。在高温下使用性能不好；在低温下使用弹性系数也会改变。天然橡胶制成的隔振器使用温度为$-30 \sim 60℃$。

橡胶隔振器主要是由橡胶制的，橡胶的配料和制造工艺不同，橡胶的性能差别就很大，因此，橡胶隔振器的性能参数变化也大。橡胶承受的载荷应力宜控制

在 $1×10^5 \sim 7×10^5$ Pa 范围内，较软的橡胶容许承受较低的应力值；较硬的橡胶容许承受较高的应力值；对于中等硬度的橡胶容许承受 $3×10^5 \sim 7×10^5$ Pa。软橡胶内阻尼较小，阻尼比大多在 2% 以下，而硬橡胶内阻尼相当高，阻尼比可达 15% 以上。

橡胶隔振器是由硬度合适的橡胶材料制成的，其形状、面积和高度均根据受力情况进行设计。橡胶隔声器适宜压缩、剪切或切压状态，不宜用于拉伸的情况，受剪切的隔振效果一般比受压缩的隔振效果好。

橡胶隔振器根据实际需要可制成不同形状，如平板形、碗形、圆筒形、圆柱形、锥形等。根据受力情况，可分为压缩型、剪切型、压缩-剪切复合型。隔振器的性能不仅与配料有关，还与其形状、受力方式有关。因此，在隔振器的实际设计中，要根据具体受力情况，选择合适的橡胶，组成一定形状、面积和高度等。一般设计步骤是根据所需的最大静态压缩量计算出橡胶材料的厚度和所需的面积，其计算式为：

$$h = X \frac{E_d}{[\sigma]} \tag{7-27}$$

式中 h——材料厚度，m；

　　　　X——所需最大静态压缩量，m；

　　　E_d——橡胶的动态弹性模量，Pa（N/m^2）；

　　$[\sigma]$——橡胶的许用应力，Pa。

$$S = \frac{P}{[\sigma]} \tag{7-28}$$

　式中 S——橡胶支承面积，m^2；

　　　　P——机组重力，N。

E_d 和 $[\sigma]$ 是橡胶隔振材料的重要参数，一般由实验测得，见表 7-6。

表 7-6   几种橡胶的参数

名　　称	$[\sigma]$ /N·m^{-2}	E_d/N·m^{-2}	E_d/ $[\sigma]$
软橡胶	$1×10^5 \sim 2×10^5$	$5×10^6$	$25 \sim 50$
较硬橡胶	$3×10^5 \sim 4×10^5$	$2×10^7 \sim 2.5×10^7$	$50 \sim 83$
有槽缝或圆孔橡胶	$2×10^5 \sim 2.5×10^5$	$4×10^6 \sim 5×10^6$	$18 \sim 25$
海绵状橡胶	$3×10^4$	$3×10^6$	100

例 7-5 某机组设备重为 8000N，转速为 $n = 2000$ r/min，安装在 1.5m×2.5m×0.1m 的钢筋混凝土底板，试设计设备的隔振装置，并要求振动级降低 20dB。

解：（1）求静态压缩量：

由图 7-11，查 $n = 2000\text{r/min}$ 时，干扰频率为 $f = 33\text{Hz}$，所需振动级降低量 20dB 时，由 $\Delta L = 20\lg\dfrac{1}{T}$，得 $T = 0.1$，则查得所需静态压缩量 $x = 0.25\text{cm}$，固有频率可控制在 10Hz 附近。

（2）确定隔振材料，计算所需压缩量：

选用带圆孔的丁腈橡胶板作隔振垫块，由式（7-21）计算所需的压缩量，并取 $E_d/E_s = 2.25$，

则有

$$x = \frac{5^2}{f_0^2} \cdot \frac{E_d}{E_s} = \frac{25}{10^2} \times 2.25 \approx 0.56 \quad (\text{cm})$$

（3）计算垫层的总厚度：

由表 7-6，取 $E_d/[\sigma] = 20$，由式（7-27）有

$$h = x \frac{E_d}{[\sigma]} = 0.56 \times 20 = 11.2 \quad (\text{cm})$$

（4）确定所需面积：

由式（7-28）计算所需面积。总载荷为机组重量与混凝土底板重量的和，混凝土底板重量为：

$$P_2 = 20000 \times (1.5 \times 2.5 \times 0.1) = 7500 \quad (\text{N})$$

机组重 $P_1 = 8000\text{N}$

总载荷 $P = P_1 + P_2 = 15500\text{N}$；并有 $[\sigma] = 2 \times 10^5\text{Pa}$，则

$$S = \frac{P}{[\sigma]} = \frac{15500}{2 \times 10^5} = 0.0775 \quad (\text{m}^2) = 775 \quad (\text{cm}^2)$$

根据构造要求，宜分成 6 个垫块，每个垫块的面积为：

$$S_1 = \frac{S}{6} = \frac{775}{6} \approx 129.2 \quad (\text{cm}^2)$$

根据上述计算，橡胶隔振垫层的尺寸取厚度为 11cm，面积为 11.5cm× 11.5cm。固定地脚螺栓与机架时，最好在机壳底部和螺栓下垫橡皮垫，并在螺栓上套橡皮管。

根据工程实际需要，目前国内已有系列化的隔振器产品。在各类橡胶隔振器中，国产 JG 型隔振器是目前应用较广泛而且效果较好的一种。这种隔振器是采用丁腈合成橡胶，在一定温度和压力下硫化，并牢固黏结于金属附件上压制而成的，它具有较高的承载能力、较低的刚度和较大的阻尼、较低的固有频率（可达 5Hz），是较理想的隔振元件。此外，这种隔振器安装方便，稳定性较好。如用在通风机、水泵、冷冻机、空压机等动力机械设备，具有良好的隔振效果。具体结构技术参数可见其他文献。

7.4.3 橡胶隔振垫

橡胶隔振垫是近几年发展起来的隔振材料，常见的有肋状垫、开孔的镂孔垫、凸台橡胶垫及 WJ 型橡胶垫等，如图 7-14 所示。

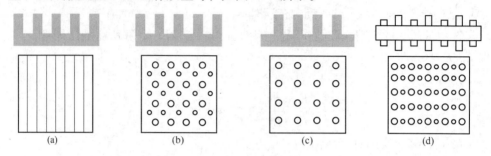

图 7-14　橡胶隔振垫常见形式

（a）肋状垫；（b）镂孔垫；（c）钉子垫；（d）WJ 型

WJ 型橡胶垫是一种新型橡胶垫，它在橡胶垫的两面有 4 个不同直径和不同高度的圆台，分别交叉配置。当 WJ 型隔振垫在载荷作用下，较高的凸圆台受压变形，较低的圆台尚未受压时，其中间部分受载而弯成波浪形，振动能量通过交叉突台和中间弯曲波来传递，能较好地分散并吸收任意方向的振动。由于圆凸面斜向地被压缩，便起到制动作用，在使用中无须紧固措施即可防止机器滑动，承载越大，越不易滑移。橡胶隔振垫的刚度是由橡胶的弹性模量和几何形状决定。由于表面是凸台及肋状等形，故能增加隔振垫的压缩量，使固有频率降低。突台（或其他形体）的疏松直接影响隔振垫的技术性能。

国产橡胶隔振垫有 XD 型和 WJ 型，有 40~90 四种硬度，一般可在 −15~40℃ 的温度环境下使用，其主要技术参数见其他参考文献。

常用的其他隔振垫有软木、毛毡、玻璃纤维等。这类隔振垫的优点是价格低廉、安装方便，可根据需要切成任何形状和大小，并可重叠放置，可获得良好的隔振效果。

常用的其他隔振装置有软管隔振，如帆布软接管、橡胶软接管、不锈钢螺纹软接管等。值得注意，软管隔振对降低机房本身的噪声作用较小，但对降低相邻房间的噪声作用较明显，一般可取得 4~7dB 的减噪效果。

在工程中，复合隔振器是兼顾钢弹簧和橡胶等隔振材料的优点而设计的，实践证明，复合隔振器具有良好的隔振效果。

空气弹簧是由橡胶袋充气而成的气垫隔振器，这种隔振器的隔振效率高、固有频率低（在 1Hz 以下），而且具有黏性阻尼，因此，也能隔绝高频振动。空气弹簧多用于火车、汽车和一些消极隔振的场合。

防振沟是在振动传播的路径上挖沟，以隔绝振动的传播，这对于以地面传播表面波为主的振动来说，是很有效的。防振沟越深隔振效果越好，而沟的宽度对隔振效果几乎没有影响。防振沟中以不填材料为佳，如果填些松散的锯末、膨胀珍珠岩等也是可以的。

7.5　阻尼减振与阻尼材料

在工程中常见的一些动力机械的外罩、管道、船体、车体等，它们大多是由金属薄板制成的，这些薄板受到激振后能辐射出强烈的噪声。

控制结构噪声一般有两种方法：第一种，在尽量减少噪声辐射面、去掉不必要的金属板面的基础上，利用材料阻尼，即在金属结构上涂喷一层阻尼材料，抑制结构振动，减小噪声。这种措施称为阻尼减振。第二种则是非材料阻尼，如固体摩擦阻尼器、液体摩擦器、电磁阻尼器及吸振器等。

值得注意的是，阻尼减振与隔振在性质上是不同的，减振是在振动源上采取措施，直接减弱振动源；而隔振措施并不一定要求减弱振动源本身的振动，而只是把振动加以隔离，使振动不易传递到需要控制的部位。减振和隔振可同时应用，也可单独应用。

7.5.1　阻尼减振原理

对于一般的金属材料，如钢、铝等，它们的固有阻尼都不大。阻尼减振降噪的原理，一是增加材料自身的阻尼内耗，将机械振动的能量转化为分子无规则运动的热能，以减少噪声的辐射；其二是，当仅靠材料自身的内耗，阻尼效果不够理想时，就采用外加阻尼层的办法。

前述金属薄板结构的振动，往往存在一系列的峰值，相应的噪声也具有与结构振动一样的频率谱，即噪声也有一系列峰值，每个峰值频率对应一个结构共振频率。当在薄板涂上阻尼材料后，共振结构峰值明显减弱，如图 7-15 所示。

图 7-15 中结构共振具有 4 个共振频率，传导率出现峰值。涂上阻尼材料后，传导率不再出现峰值。传导率为结构的振动振幅与激振力的比值。

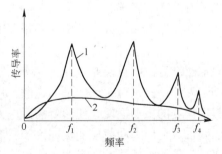

图 7-15　阻尼降低结构共振
1—无阻尼结构；2—有阻尼结构

阻尼材料之所以能够减弱振动、降低噪声的辐射，主要是利用材料内损耗的原理。当涂上阻尼材料的金属板面做弯曲振动时，阻尼层也随之振动、拉压交替变化，材料内部分子相互挤压、相互摩擦、相对位移和错动，使振动能量转化为热能而耗散掉。同时，加阻尼材料可缩短被激振的时间，从而降低金属板辐射噪声的能量，达到减振降噪的目的。

7.5.2　损耗因子

衡量材料阻尼大小，用材料损耗因子 η 来表征，它不仅作为对材料内部阻尼的量度，而且也是涂层与金属薄板复合系统的阻尼特性的量度。同时，η 与薄板的固有振动、在单位时间内转变为热能而散失的部分振动能量成正比。η 值越大，则单位时间内损耗振动的能量越多，减振阻尼效果就越好。

不同的材料具有不同的内阻尼。大多数材料在常温下，在噪声干扰的主要频率 $30\sim500$ Hz 范围内，η 近似为常数。大多数金属 η 介于 $10^{-5}\sim10^{-4}$ 之间，木材为 $10^{-3}\sim10^{-2}$，软橡胶为 $10^{-2}\sim10^{-1}$。对于阻尼因子 η 较大的金属又常称为减振合金。如片状石墨铸铁、Al-Zn 合金、Fe-Cr-Al 合金、Fe-Mo 合金、Mg-Zr 合金、Mn-Cu-Al 合金等，它们的机械性能、使用温度范围不同，在使用中应考虑其综合特点，以取得最佳减振效果。

7.5.3　阻尼材料

根据不同的用途，可配制不同性能的阻尼材料。阻尼材料是由基料、配料、溶解剂三部分制成的。

基料是阻尼材料的主要成分。它的作用是使组成阻尼材料的各种成分进行黏合，并黏合金属板，基料的好坏对阻尼效果起着决定性的作用。常用基料有沥青、氯丁橡胶、丁腈、丁基胶、烯酸酯等。填料的作用是增加高阻尼材料的内损耗能力和减少基料的用量，降低经济成本。常用的填料有石棉粉、膨胀蛭石、石棉棉绒、生石膏等。

在减振降噪工程结构中还采用了阻尼层结构、复合阻尼层结构，它是用薄黏弹性材料将几层金属板黏结在一起的具有高阻尼特性，并保持金属板强度的约束阻尼层结构。阻尼层厚度约为 0.1mm，在常温和高温（$80\sim100$℃）下具有良好的阻尼特性；它对振动能量的耗散，从一般普通弹性形变做功的损耗，提高为高弹性形变的做功损耗，使形变滞后应力的程度增加。阻尼结构，在受激振时，其层间形成剪应力和剪应变损耗因子一般在 0.3 以上，最大峰值可达 0.85，并且具有宽频带控制特性，在很大的频率范围内可起到抑制峰值的作用。

在金属薄板结构上涂喷阻尼材料所获得的阻尼结构，不仅能有效地抑制金属薄板结构在固有频率上的振动，而且能明显地降低其结构噪声，具体结构技术性能参数可参见其他文献。

8 典型噪声控制设备——消声器

消声器是一种让气流通过使噪声衰减的装置，安装在气流通过的管道中或进排气口上，可有效地降低空气动力性噪声。

8.1 消声器的种类及性能要求

消声器的种类很多，按消声原理大致分为阻性消声器、抗性消声器、阻抗复合式消声器、微穿孔板消声器、耗散型及特殊型消声器。

一般对所设计的消声器有三方面的要求：

（1）要求有较大的消声量，并具有较好的消声频率特性。

（2）消声器对气流的阻力损失或功能损耗要小。

（3）消声器要坚固耐用、体积小、重量轻、结构简单、易于加工。

上述是对消声器的最基本要求，这些要求互相联系，互相制约，根据具体用途可以有所侧重。

设计消声器，首先要测定噪声源的频谱，分析某些频率范围内所需要的消声量；计算消声器所应达到的消声量，对不同频率要分别计算，综合考虑，确定消声器的结构形式，有效地消减噪声。

8.2 阻性消声器

阻性消声器是一种吸收型消声器，它利用声波在多孔而且串通的吸收材料中，因摩擦和黏滞阻力，将声能转化为热能耗散掉，从而达到消声的目的。

阻性消声器结构简单，充分利用对中、高频吸声特性较好的吸声材料，具有良好的中、高频消声效果，所以这种消声器被广泛应用。

阻性消声器一般分为直管式、片式、折板式、蜂窝式、声流式、迷宫式和弯头式等几种。

8.2.1 阻性消声器消声量的计算

阻性消声器的消声量与消声器的结构形式、长度、通道横截面积、吸声材料性能、密度、厚度以及穿孔板的穿孔率等因素有关。消声量可用下式近似计算：

$$\Delta L = \phi(\alpha_0) \frac{P}{S} L \tag{8-1}$$

式中　ΔL —— 消声量，单位，dB；

$\quad$ $\phi(\alpha_0)$ —— 与材料吸声系数 α_0 有关的消声系数，dB，见表 8-1；

$\quad$ P —— 通道截面的周长，m；

$\quad$ S —— 通道横截面面积，m^2；

$\quad$ L —— 消声器的有效长度，m。

表 8-1　$\phi(\alpha_0)$ 与 α_0 的关系

α_0	0.10	0.20	0.30	0.40	0.50	0.6~1.0
$\phi(\alpha_0)$	0.11	0.24	0.39	0.55	0.75	1.0~1.5

由式（8-1）可看出，阻性消声器的消声量与消声系数有关，即材料的吸声性能越好，消声值越高；其次，消声量与长度、周长成正比，与横截面面积成反比。因此，设计消声器时，选择吸声材料要挑选有较高吸声系数的材料，准确计算通道各部分的尺寸。

8.2.2　不同形式的阻性消声器的特点及消声量计算

式（8-1）是阻性消声器消声量计算的通式，但对不同结构形式的阻性消声器，其消声量计算稍有差异，我们将分别加以说明。

8.2.2.1　直管式阻性消声器

单通道直管式阻性消声器是最基本、最常用的消声器，它结构简单、气流直接通过、阻力损失小，适用流量小的管道及设备的进排气口消声。图 8-1 所示为直管式阻性消声器示意图。该阻性消声器的消声量由式（8-1）计算。

图 8-1　直管式阻性消声器

8.2.2.2　片式消声器

对气流流量较大的管或设备的进排气口，则需要通道截面积大的消声器。为防止高频失效，通常将直管式阻性消声器的通道分成若干个小通道，设计成片式消声器，如图 8-2 所示。它的消声量仍用式（8-1）计算：

$$\Delta L = L \frac{P}{S} \phi(\alpha_0) \approx \phi(\alpha_0) \frac{n \cdot 2hL}{n \cdot h \cdot b} = \phi(\alpha_0) \frac{2L}{b} \tag{8-2}$$

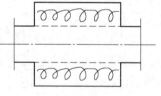

图 8-2　片式消声器

式中　h——气流通道高度，m；

　　　n——气流通道的个数；

　　　L——消声器的有效长度，m；

　$\phi(\alpha_0)$——消声系数，dB；

　　　b——气流通道的宽度，m。

　　一般设计片式消声器，每个小通道的尺寸应该相同，使每个通道的消声频率特性一样。这样，其中一个通道的消声频率特性（消声量）就是整个消声器的消声频率特性（消声量）。

　　片式消声器的消声量与每个通道宽度 b 有关，通道宽度 b 越窄，消声量 ΔL 越大。当气流通道宽度一定时，通道的个数和其高度将影响消声器的空气动力性能。当气流流量增大时，可适当增加通道的个数。中间消声片的厚度为边缘消声片厚度的 2 倍。一般片式消声器，通道宽度为 100~200mm，片厚取 60~150mm。

8.2.2.3　折板式消声器

　　折板式消声器是由片式消声器演变而来的，如图 8-3 所示。为了改善中、高频的消声性能，把直板改成折板，这样，可以增加声波在消声器通道内的反射次数，即增加声波与吸声材料的接触机会，改善程度取决于板的折角大小，θ 以不大于 20°为宜，如 θ 过大，流体阻力增大，破坏消声器的空气动力性能。

8.2.2.4　声流式消声器

　　声流式消声器是由折板式消声器改进的，如图 8-4 所示。它是把吸声片制成正弦波或流线型。当声波通过厚度连续变化的吸声片（层）时，改善低、中频消声性能。它使气流通过流畅、阻力较小，消声量比相同尺寸的片式要高一些，适用其断面流通的管道。该消声器的缺点是结构复杂，制造工艺难度大，造价较高。

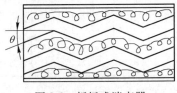

图 8-3　折板式消声器

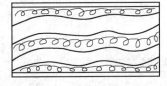

图 8-4　声流式消声器

8.2.2.5　蜂窝式消声器

　　蜂窝式消声器是由几个直管式消声器并联组成的，如图 8-5 所示。因每个小管消声器是互相并联的，每个小管的消声量就代表整个消声器的消声量，其消声量仍可用式（8-1）计算。每个小管通道，对于圆管，直径以不大于 200mm 为宜；方管不要超过 200mm×200mm。这种消声器，高频消声效果好，但阻力损失比较大、构造相对复杂。

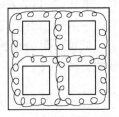

图 8-5　蜂窝式消声器

一般适用于风量较大，低流速的场合。

8.2.2.6 迷宫式消声器

迷宫式消声器也称室式消声器或箱式消声器，如图 8-6 所示。这种消声器由吸声砖砌成，在空调通风的管道中常见。其消声量可由下式估算：

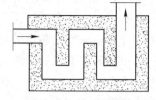

$$\Delta L = 10\lg \frac{\alpha \cdot S}{S_e(1 - \alpha)} \qquad (8-3)$$

式中　α——内衬吸声材料的吸声系数；

图 8-6　迷宫式消声器

S——内衬吸声材料的表面积，m^2；

S_e——消声器进（出）口的截面积，m^2。

这种消声器使声波多次来回反射，消声量较大，但阻力损失大，气流速度不宜过大，应控制在 5m/s 以内。

8.2.2.7 弯头式消声器

弯头式消声器是在管道内衬贴吸声材料构成的。弯头消声器在低频段消声效果差，在高频段消声效果好。在 $d/\lambda \geq 0.5$（d 为弯头的通道宽度，λ 为波长）的相应频率上，消声效果迅速增加。表 8-2 为衬贴吸声材料直角弯头消声量的估算值。

表 8-2　直角弯头消声值的估算值

衬贴吸声材料的直角弯头	d/λ	0.1	0.2	0.3	0.4	0.5	0.6	0.8	1.0	1.5	2	3	4	5	6	8	10
（图）	无规则入射/dB	0	0.5	3.5	7.0	9.5	10.5	10.5	10.5	10	10	10	10	10	10	10	10
	平面波入射/dB	0	0.5	3.5	7.0	9.5	10.5	11.5	12	13	13	14	16	18	19	19	20

由表 8-2 可以看出，在高频范围内消声效果较好。弯头上衬贴吸声材料与不衬吸声材料，消声效果一般相差 10dB 左右。弯头上衬贴的吸声材料的长度，一般取相当于管道截面尺寸的 2~4 倍为好。为了降低管道阻力损失，可以设计成内侧具有弯曲形状的直角弯头，如图 8-7 所示。

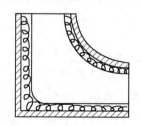

图 8-7　弯曲形状直角弯头

8.2.3 高频失效问题

消声器的消声量大小还与噪声的频率有关。对于单通道直管的消声器，它的通道截面不宜过大。这是因为通道截面过大，当声波频率高到某一频率之后，声波会以窄束状从通道穿过，不与或很少与吸声材料作用，因而造成高频消声效果显著下降。我们把消声量开始下降的频率称为高频失效频率，其经验计算式为：

$$f_失 = 1.85 \frac{c}{\overline{D}} \tag{8-4}$$

式中　c——声波速度，m/s；

　　　$\overline{D}$——消声器通道的当量直径（通道截面边长的平均值），对于圆截面通道即为直径，m。

当频率高于失效频率 $f_失$ 以后，每增加一个倍频带，其消声量约下降 1/3，这个高于失效频率的某一频率的消声量可用下式估算：

$$\Delta L' = \frac{3 - n}{3} \Delta L \tag{8-5}$$

式中　$\Delta L'$——高于失效频率的某一倍频带的消声量，dB；

　　　n——高于失效频率的倍频程带数；

　　　ΔL——失效频率处的消声量，dB，由式（8-1）求得。

由于高频失效，在设计消声器时，对于小风量的细管道，其消声器可以设计成单通道直管式，而对风量较大的粗管道，就必须采用多通道形式。在设计中，通常采取在消声器通道中，加装吸声片和其他结构形式。当消声器通道管径小于300mm 时，可设计成直管式单通道；当管径介于 300~500mm 时，可在通道中加一片吸声层；当管径大于 500mm 时，消声器可设计成片式、蜂窝式、折板式、声流式和迷宫式等。

在采用吸声片、片式、蜂窝式、折板式、声流式和迷宫式等形式的消声器时，它们可显著地提高高频消声效果，但对低频消声效果不大，同时增加阻力损失，影响消声器的空气动力性能。因此，要依据现场的使用情况确定。

8.2.4　气流对阻性消声器声学性能的影响

前面介绍的消声量计算公式均未考虑气流的影响。在具体考虑消声器的实际消声效果时，还须考虑气流对消声性能的影响。

气流对消声器声学性能的影响主要表现为：一是气流会引起声传播和衰减规律的变化；二是气流在消声器内产生"气流再生噪声"。这两点是同时存在的，但"气流再生噪声"相对严重。

分析气流再生噪声主要有两点：一是气流经过消声器时，因结构复杂造成局部阻力和摩擦阻力而产生一系列湍流，相应地辐射一些噪声；二是气流激励消声器构件振动而辐射噪声。

气流噪声在很大程度上取决于气流流动速度。流速越大，气流再生噪声也越大，从而影响消声器的声学性能，致使消声器达不到其消声目的。因此，应尽量降低流速，并使气流流动稳定。

根据实验研究和经验证实，气流再生噪声可由下式估算：

$$L_{OA} = (18 \pm 2) + 60 \lg v \qquad (8-6)$$

式中 L_{OA}——气流再生噪声，dB（A）；

         v——消声器通道内的流速，m/s。

气流再生噪声通常是低频性噪声，实验表明，随着频率的增高，声级逐渐下降，每增加一个倍频程声功率大约下降 6dB，表 8-3 是由实验得到的，在不同流速下各频带的再生噪声数值，可供设计时参考。

表 8-3   不同流速下各频带气流再生噪声数值   （dB）

$v/\text{m} \cdot \text{s}^{-1}$	250Hz	500Hz	1×10^3Hz	2×10^3Hz	4×10^3Hz	8×10^3Hz	A
5	62	58	51	47	40	31	60
10	80	76	69	65	58	49	78
15	91	87	80	75	65	59	88
20	98	95	87	83	76	67	96
25	104	101	93	89	82	72	101
30	109	105	98	93	86	77	106
35	113	109	102	97	90	81	110
40		113	105	101	94	85	114

由表 8-3 可以看出，消声器空气动力性能的好坏，很大程度上取决于消声器内的气流速度。一般认为，对空调系统的消声器流速不应超过 5~10m/s；对空压机和鼓风机的消声器流速不应超过 15~30m/s；对于凿岩机、内燃机上的消声器流速可选在 30~50m/s；对于大流量设备，排气的消声器流速可选为 50~80m/s。

8.2.5   阻性消声器的设计要点及实例

8.2.5.1   合理选择消声器的结构形式

阻性消声器宜消除中、高频噪声。为防止高频失效，按前述的消声器通道截面直径小于300mm 时，采用单管直通道；对于通道截面直径大于 300mm 时，在管中间设置吸声片、吸声芯，如图 8-8 所示。通道截面直径大于 500mm 时，可采用片式、蜂窝式及其他形式。

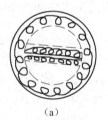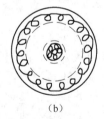

    （a）   （b）

图 8-8   单管通道消声器
（a）加吸声片；（b）加吸声芯

8.2.5.2   合理确定消声器的长度

增加消声器的有效长度，可以提高消声量。这要根据噪声源声级的大小和现场减噪的要求。一般风机、电动机的消声器长度为 1~3m，特殊情况时为 4~6m。

8.2.5.3 合理使用吸声材料

阻性消声器是由吸声材料制成的，吸声材料的性能决定消声器的消声频率特性和消声量。关于吸声材料的选择可参阅第 5.1 节和第 5.2 节；除考虑吸声性能外，还要考虑在特殊环境下，如高温、潮湿和腐蚀等方面的问题。

8.2.5.4 合理选择吸声材料的护面结构

阻性消声器的吸声材料是在气流流动下工作的，所以吸声材料要用牢固的护面结构固定，如用玻璃布、穿孔板或铁丝网等，如果护面结构不合理，吸声材料会被气流吹跑或者使护面结构产生振动，导致消声器性能的下降。护面结构的形式，取决于消声器通道内的气流速度，图 8-9 所示为不同流速下的合理护面结构。图中"平行"表示吸声材料与气流方向平行；"垂直"表示吸声材料与气流方向垂直。

气流流速/m·s⁻¹		护面结构形式
平行	垂直	
10 以下	7 以下	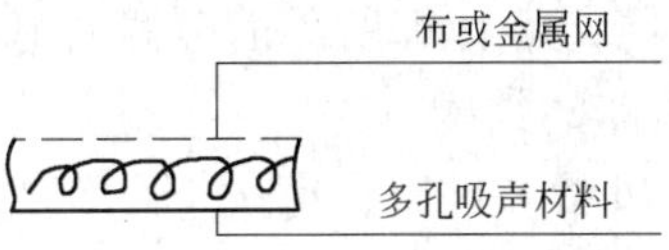 布或金属网 / 多孔吸声材料
10~23	7~15	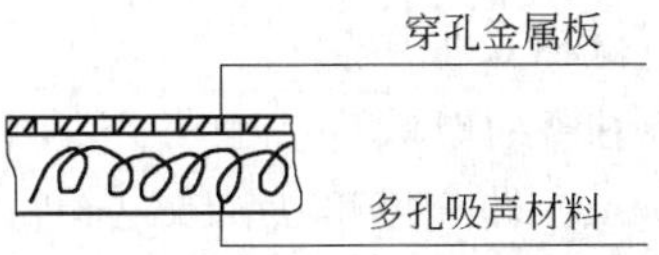 穿孔金属板 / 多孔吸声材料
23~45	15~38	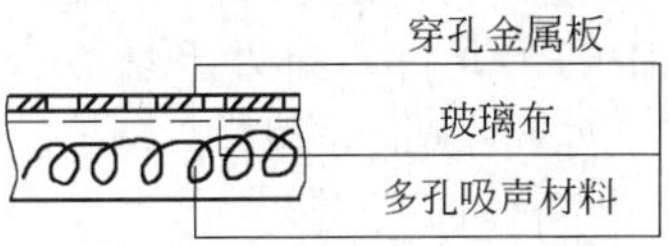 穿孔金属板 / 玻璃布 / 多孔吸声材料
45~120		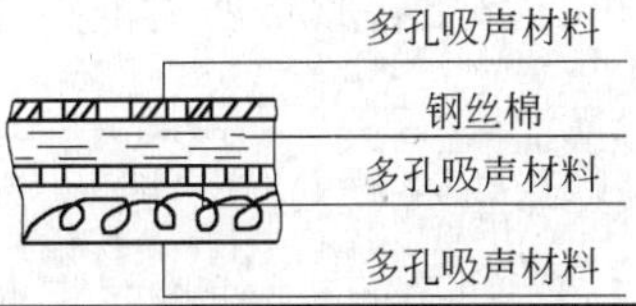 多孔吸声材料 / 钢丝棉 / 多孔吸声材料 / 多孔吸声材料

图 8-9 不同流速下吸声材料的护面结构

8.2.5.5 考虑高频失效和气流再生噪声的影响

应对消声器进行消声效果验算。下面介绍一个阻性消声器的设计实例。

例 8-1 某铸造厂冲天炉使用的鼓风机型号为 LGA-60/5000，风量为 60m³/min，风机进口直径为 φ250mm，在进口 1.5m 处测得的噪声倍频程声压级见表 8-4，试设计一个阻性消声器，消除进风口的噪声。

表 8-4　LGA-60/5000 型鼓风机进气口消声器设计表

序号	内　　容	63Hz	125Hz	250Hz	500Hz	1000Hz	2000Hz	4000Hz	8000Hz	A
1	倍频程声压级/dB	108	112	110	116	108	106	100	92	117
2	$NR85$/dB	103	97	92	87	84	82	81	79	90
3	消声器应有的消声量/dB	5	15	18	29	24	24	19	13	27
4	消声器周长与截面之比 P/S	16	16	16	16	16	16	16	16	
5	材料吸声系数 α_0	0.30	0.50	0.80	0.85	0.85	0.86	0.80	0.78	
6	消声系数 ϕ (α_0)	0.4	0.7	1.2	1.3	1.3	1.3	1.2	1.1	
7	消声器所需长度/m	0.78	1.34	0.93	1.39	1.15	1.15	0.98	0.74	
8	气流再生噪声 L_{OA}									83

解：（1）确定消声器的消声量：

根据 LGA-60/5000 型进气口测得噪声倍频程声压级，如表 8-4 中第 1 行，安装消声器后，在进气口 1.5m 处噪声应控制在 $NR85$ 曲线内，其倍频程声压级列于表 8-4 中的第 2 行，经计算所需消声器的消声量列于表 8-4 中的第 3 行。

（2）确定消声器的结构：

根据该风机的风量和进口，可选定直管式阻性消声器，消声器截面周长与截面积之比，列于表 8-4 中第 4 行。

（3）选择吸声材料及吸声层：

吸声材料可选用超细玻璃棉。由噪声的倍频程声压级看，低频段噪声较强。吸声层厚度取 150mm，填充密度为 20kg/m³。根据气流速度，吸声层护面采用一层玻璃布加一层穿孔板，板厚 2mm，孔径 6mm，孔间距为 11mm。这种结构的吸声系数列表于 8-4 中的第 5 行，由吸声系数查表 8-1 得消声系数 ϕ (α_0) 值，见表 8-4 中第 6 行。

（4）消声器长度的设计：

由式（8-1），可计算出各频带所需消声器的长度。如 63Hz，125Hz，则有：

$$L_{63} = \frac{\Delta L}{\phi(\alpha_0)} \cdot \frac{S}{P} = \frac{5}{0.4} \times \frac{1}{16} = 0.78 \, (\text{m})$$

$$L_{125} = \frac{15}{0.7} \times \frac{1}{16} = 1.339 \, (\text{m})$$

依次求出各频带所需要的长度，列于表 8-4 中的第 7 行。为了满足各频带降噪量的要求，消声器的设计长度取最大值。该消声器取 $L = 1.4$m。

根据上述分析与计算，消声器的设计方案如图 8-10 所示。

（5）计算高频失效的影响：

由式（8-4），$f_{失} = 1.85 \frac{c}{D} = 1.85 \times \frac{340}{0.25} = 2516$（Hz），在中心频率 4000Hz 的

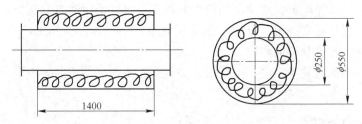

图 8-10　风机进口直管式阻性消声器（单位：mm）

倍频带内，其消声器对于高于 2516Hz 的频率段，消声量将降低，上面设计的消声器长度为 1.4m，在 8000Hz 的消声量为 24.64dB，但由于高频失效，按式（8-5）计算，在中心频率 8000Hz 的倍频带内的消声量为：

$$\Delta L' = \frac{3 - n}{3} \Delta L$$

$$\approx \frac{3 - 1}{3} \times 24.6$$

$$= 16.4 \text{（dB）}$$

该计算中，取 8000Hz 近似为倍频带内，消声量为 16.4dB，由表 8-4 中第 3 行可以看出，8000Hz 所需的消声量为 13dB，所以，即使高频失效导致消声量下降，本设计的消声器的消声量满足要求。

（6）验算气流再生噪声：

消声器内流速：

$$v = \frac{Q}{S} = \frac{60}{60} \times \frac{4}{\pi \times 0.25^2} = 20.4 \text{（m/s）}$$

由式（8-5）有：$L_{OA} = (18 \pm 2) + 60\lg v = (18 \pm 2) + 60\lg 20.4 = (18 \pm 2) + 78$

$$= (96 \pm 2) \text{（dB（A））}$$

气流再生噪声近似接点声源，由自由场传播式（1-22）折合离进口 1.5m 处的噪声级：

$$L_A = L_{OA} - 20\lg r - 11 = 98 - 20\lg 1.5 - 11 = 83 \text{（dB（A））}$$

计算得气流再生噪声级为 83dB（A），与降噪标准的表 8-4 中第 2 行比较，噪声级控制在 90dB（A）以内，可以看出，气流再生噪声对消声器性能影响可忽略。

8.3　抗性消声器

抗性消声器与阻性消声器的消声原理不同，它不直接吸收声能，而是利用管道上突变的界面或旁接共振腔，使沿管道传播的某些频率声波，在突变的界面处发生反射、干涉等现象，从而达到消声的目的。抗性消声器具有良好的中、低频消声特性，而且能在高温、高速、脉动气流条件下工作。适用于汽车、拖拉机、空压机等进排气口管道的消声。

抗性消声器的种类很多，常见的主要有扩张室消声器、共振腔消声器和干涉消声器等。

8.3.1　扩张室消声器

扩张室消声器又称膨胀室消声器，它是由管和室组成的。它是利用管道截面的扩张、收缩引起声反射和干涉消声的。

8.3.1.1　扩张室消声器的消声性能

图 8-11 所示为单节扩张室消声器的示意图。它的消声量主要取决扩张比 m 和扩张室的长度 l。单节消声器其消声量可由下式计算：

$$\Delta L = 10\lg\left[1 + \frac{1}{4}\left(m - \frac{1}{m}\right)^2 \sin^2(kl)\right] \tag{8-7}$$

式中　ΔL——消声量，dB；

$\quad m$——扩张比，$m = \dfrac{S_2}{S_1}$；

$\quad k$——波数，由声波频率决定，$k = \dfrac{2\pi}{\lambda} = \dfrac{2\pi f}{c}$，$\mathrm{m}^{-1}$；

$\quad l$——扩张室的长度，m。

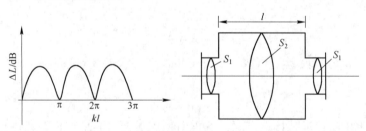

图 8-11　单节扩张室消声器及消声性能曲线

从式（8-6）中可以看出，当正弦函数 $\sin^2(kl) = 1$ 时，消声量最大，此时 kl 等于 $\pi/2$ 的奇数倍，即 $kl = (2n+1)\dfrac{\pi}{2}$（$n = 0$，1，2，$\cdots$）；由 $k = \dfrac{2\pi}{\lambda}$，则有 $l = \dfrac{2n+1}{4}\lambda$，即当 l 等于 1/4 波长或其奇数倍时，消声量最大。当 $\sin^2(kl) = 0$ 时，消声量等于零，此时 kl 等于 $\pi/2$ 的偶数倍时，即 $kl = 2 \cdot n \cdot \dfrac{\pi}{2}$（$n = 0$，1，2，

…）；由 $k = \dfrac{2\pi}{\lambda}$，则有 $l = \dfrac{n\lambda}{2}$，即当 $l = \dfrac{\lambda}{2}$ 或其整数倍时，消声量等于零。$\sin(kl)$ 是周期函数，所以 ΔL 和 kl，即与频率 f 的关系也是周期性，如图 8-11 所示。具有最大消声量的频率 $f_{\max}$ 为：

$$f_{\max} = \frac{2n + 1}{4} \cdot \frac{c}{l} \qquad (8\text{-}8)$$

式中　n—— $n = 0，1，2，3，\cdots$。

消声量等于零的频率为：

$$f_{\min} = \frac{n}{2} \cdot \frac{c}{l} \qquad (8\text{-}9)$$

式中　$f_{\min}$——不起消声作用的频率，Hz；

　　　n—— $n = 0，1，2，3，\cdots$。

这就是单节扩张消声器的缺点。

单节扩张室最大消声量为：

$$\Delta L_{\mathrm{m}} = 10\lg\left[1 + \frac{1}{4}\left(m - \frac{1}{m}\right)^2\right] \qquad (8\text{-}10)$$

由式（8-10）可以看出，消声量的大小取决于扩张比 m，通常 $m > 1$，当 $m > 5$ 时，最大消声量可由下式近似计算：

$$\Delta L_m = 20\lg\frac{m}{2} = 20\lg m - 6 \qquad (8\text{-}11)$$

表 8-5 列出最大消声量与扩张比的关系，供读者参考。

表 8-5　最大消声量与扩张比的关系

m	1	2	3	4	5	6	7	8	9	10
$\Delta L_{\max}$/dB	0	1.9	4.4	6.5	8.5	9.8	11.1	12.2	13.2	14.1
m	11	12	13	14	15	16	17	18	19	20
$\Delta L_{\max}$/dB	15.6	15.6	16.2	16.9	17.5	18.1	18.6	19.1	19.5	20.0

由式（8-11）或表 8-5 可以看出，这种消声器消声量是由扩张比 m 决定的。在实际工程中，一般取 $9 < m < 16$，最大不超过 20，最小不低于 5。

扩张室消声器的消声量随着 m 的增大而增加，但对某些频率的声波，当 m 增大到一定数值时，声波从扩张室中央通过，与阻性消声器一样，扩张室消声器同样存在着高频失效，致使消声量明显下降。扩张室消声器有效消声的上限频率 $f_{\text{上}}$ 常用下式计算：

$$f_{\text{上}} = 1.22\frac{c}{D} \qquad (8\text{-}12)$$

式中　c——声速，m/s；

$\overline{D}$——通道截面（扩张部分）的当量直径，m，当通道为圆形截面，$\overline{D}$ 为直径；对方形截面，$\overline{D}$ 为边长；对矩形截面，$\overline{D}$ 为截面积的平方根。

由式（8-12）可知，扩张室截面越大，有效消声的上限频率 $f_上$ 就越小，消声频率就越窄。

在低频范围内，当声波的波长远大于扩张室的尺寸时，扩张室本身相当于一个低通滤波器，因而影响扩张室有效的低频消声范围，扩张室存在一个下限失效频率 $f_下$：

$$f_下 = \frac{\sqrt{2}\,c}{2\pi}\sqrt{\frac{S_1}{Vl}} \qquad (8-13)$$

式中 c——声速，m/s；

S_1——气流通道截面积，m²；

V——扩张室的容积，m³；

l——扩张室的长度，m。

8.3.1.2 改善扩张室消声器的消声频率范围

前述单节扩张室消声器存在对许多频率消声量为零的情况，要改变这一不良特性，一是采取在扩张室内插入内接管的方法；二是采用多节扩张室串联。可在扩张室进口和出口分别插入长度为 $l/2$ 和 $l/4$ 两根管，如图 8-12（a）所示，由理论分析知道，当插入管长度为 $l/2$ 时，可消除 1/2 波长的奇数倍通过频率；当插入管长度为 $l/4$ 时，可消除 1/2 波长的偶数倍通过频率。如果二者综合，使整个消声器在理论上没有通过频率，其消声性能曲线如图 8-12（b）所示。

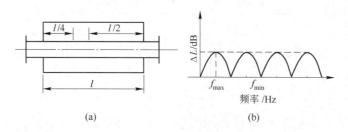

(a)　　　　　　　　　(b)

图 8-12　带插入管的扩张室消声器及消声频率特性曲线
（a）带插入管扩张室消声器；（b）带插入管扩张室消声曲线

在工程实际中，为提高消声效果，一般将几节带插入管的、互不等长的扩张室串联起来，使它们具有较宽的消声频率范围。如图 8-13（a）所示，第一节长度 l_1 比第二节长度 l_2 大一定的数值，使它们的消声特性曲线互相弥补。两节带插入管扩张室消声器消声特性曲线如图 8-13（b）所示。这种多节串联式扩张室消声器的总消声量，仍近似地按各节单独使用的消声量简单相加计算。

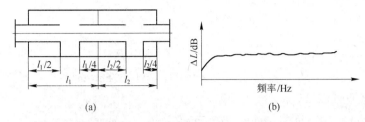

图 8-13　双节带插入管的扩张室消声器及消声频率特性曲线

（a）带插入管的双节扩张室消声器；（b）带插入管双节扩张室总的消声特殊性曲线

因扩张室消声器通道截面急剧变化，致使局部阻力损失较大。为改善空气动力性的性能，可用穿孔率大于 25% 的穿孔管把两根内插管连接起来，如图 8-14 所示。这种改进方法，对消声性能几乎没有多大影响，其阻力损失较前者要小得多。

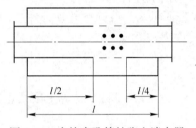

图 8-14　内接穿孔管扩张室消声器

8.3.1.3　扩张室消声器设计及应用实例

扩张室消声器具有结构简单、消声量大等优点，缺点是局部阻力损失较大。它主要用于消除中、低频噪声。控制内燃机、柴油机、空压机等进出口噪声。

设计扩张室消声器要注意下列几点：

（1）首先根据所需要的消声频率特性，确定最大的消声频率，合理确定各节扩张室的长度及插入管长度。

（2）根据所需的消声量，尽可能选取较小的扩张比，设计扩张室各部分尺寸。

（3）检验所设计的扩张室消声器，上下截止频率内是否存在所需要的消声频率区域，如果不在上下截止频率范围内，需进行修改。

扩张室消声器设计例题。

例 8-2　某空压机的进气管直径为 200mm，进气噪声在 125Hz 有一峰值，现拟设计一个扩张室消声器装在空压机进气口上，要求消声器在 125Hz 有 15dB 的消声量。

解：（1）扩张室消声器长度的确定：

主要消声频率分布在 125Hz，由式（8-8），当 $n=0$ 时，

$$l = \frac{c}{4f_{max}} = \frac{340}{4 \times 125} = 0.68 \text{（m）}$$

（2）确定扩张比及扩张室直径：

根据要求的消声量，由表 8-5 查得 $m=12$，并知进气口直径为 ϕ200mm，相应的截面积：

$$S_1 = \frac{\pi d_1^2}{4} \approx 0.0314 \,(\mathrm{m}^2)$$

扩张室的截面积：

$$S_2 = m \cdot S_1 = 12 \times 0.0314 = 0.3768 \,(\mathrm{m}^2)$$

扩张室直径：

$$D = \sqrt{\frac{4S_2}{\pi}} = \sqrt{\frac{4 \times 0.3768}{\pi}} = 0.693\,(\mathrm{m}) = 693\,(\mathrm{mm})$$

由上述计算的有关数值，确定插入管长度为680/4、680/2，设计方案如图8-15所示。为改善空气动力性能，减小阻力损失，内插管的680/4一段穿孔，穿孔率 $P > 30\%$。

（3）验算扩张室消声器上下截止频率：

由式（8-12），计算上限截止频率：

$$f_{上} = 1.22\frac{c}{D} = 1.22 \times \frac{340}{0.693} = 598.6\,(\mathrm{Hz})$$

由式（8-13）计算下限截止频率：

由上述计算知，$S_1 = 0.0314$（m^2）；

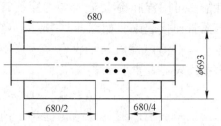

图 8-15　扩张室消声器设计方案

扩张室容积为：

$$V = (S_2 - S_1) \times L = (0.3768 - 0.0314) \times 0.680 = 0.235\,(\mathrm{m}^3)$$

故

$$f_{下} = \frac{\sqrt{2}c}{2\pi}\sqrt{\frac{S_1}{Vl}} = \frac{\sqrt{2} \times 340}{2\pi}\sqrt{\frac{0.0314}{0.235 \times 0.680}} \approx 34\,(\mathrm{Hz})$$

因所需消声频率 125Hz 介于 $f_{上}$ 与 $f_{下}$ 之间，所以，该设计方案是合理的。

8.3.2　共振腔消声器

8.3.2.1　共振腔消声器的消声原理和消声量计算

共振腔消声器，从本质上看，也是一种抗性消声器。它是在气流通道的管壁上开有若干个小孔，与管外一个密闭的空腔共同组成，如图8-16所示为旁支型和同轴型。

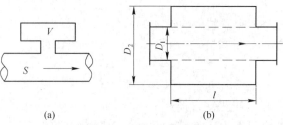

(a)　　　　　　　　(b)

图 8-16　共振腔消声器

（a）旁支型；（b）同轴型

该消声器的消声原理是，小孔和空腔组成一个弹性振动系统，管壁的孔颈中空气柱类似活塞，它具有一定的质量。当声波传至颈口时，在声压作用下，空气柱做往复运动，便与孔壁产生摩擦，使声能转变成热能而消耗掉。当外来的声波频率与消声器弹性系统的固有频率相同时，便发生共振。在共振频率及其附近，空气振动速度达到最大值。同时，消耗的声能量多，消声量最大。

当声波的波长大于共振腔的长、宽、高（或深度）最大尺寸的3倍时，共振腔消声器的固有频率可由下式计算：

$$f_0 = \frac{c}{2\pi}\sqrt{\frac{S_0}{Vl_k}} \tag{8-14}$$

式中　f_0——共振腔消声器的固有频率，Hz；

c——声速，m/s；

V——共振腔的容积，m³；

S_0——穿孔截面积，m²；

l_k——孔颈的有效长度，$l_k = t + t_k$（l_k为孔颈长，如果是穿孔板，t为板厚，t_k为修正系数，对于直径为d的圆孔，$t_k = 0.8d$），m。

一般式（8-14）中，$\frac{S_0}{L_k}$称为传导率。传导率是一个具有长度量纲的物理量，它可由此式表示：

$$G = \frac{n\pi(\frac{d}{2})^2}{t + 0.8d} = \frac{n\pi d^2}{4(t + 0.8d)} \tag{8-15}$$

式中　n——开孔个数，孔心距大于孔颈直径5倍以上。

G值与孔径d、板厚t的关系如图8-17所示。共振腔消声器的消声量，在忽略声阻的情况下，可由下式计算：

$$\Delta L = 10\lg\left[1 + \frac{k^2}{(\frac{f}{f_0} - \frac{f_0}{f})^2}\right] = 10\lg\left[1 + \left(\frac{\sqrt{GV}/2S}{\frac{f}{f_0} - \frac{f_0}{f}}\right)^2\right] \tag{8-16}$$

式中　ΔL——消声量，dB；

S——气流通道横截面积，m²；

G——传导率，m；

V——空腔容积，m³；

f——外来声波的频率，Hz；

f_0——共振腔消声器的固有频率，Hz。

$\frac{f}{f_0}$与$k = \frac{\sqrt{GV}}{2S}$的关系如图8-18所示。式（8-16）是计算单个频率的消声量。

在工程实际中，噪声的频谱是很宽的，所以，人们常需要知道倍频程与 1/3 倍频程上某个频率的消声量。

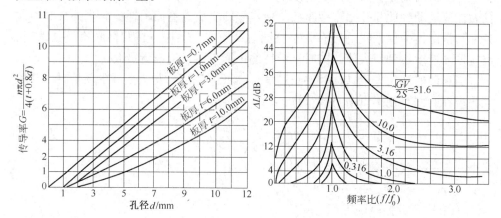

图 8-17　共振腔消声器 G、t、d 之间的关系　　　图 8-18　共振腔消声器消声特性曲线

倍频程消声量可由下式计算：

$$\Delta L = 10\lg(1 + 2k^2) \tag{8-17}$$

1/3 倍频程消声量由下式计算：

$$\Delta L = 10\lg(1 + 20k^2) \tag{8-18}$$

为了计算方便，不同频带的消声量与 k 值的关系列于表 8-6 中。

表 8-6　不同频带的消声量 ΔL 与 k 值的关系

频带类别 k	0.2	0.4	0.6	0.8	1.0	1.5	2	3	4	5	6	8	10	15
倍频程/dB	1.1	1.2	2.4	3.6	4.8	7.5	9.5	12.8	15.2	17	18.6	20	23	27
1/3 倍频程/dB	2.5	6.2	9.0	11.2	13.0	16.4	19	22.6	25.1	27	28.5	31	33	36.5

　　共振腔消声频率较窄，要克服这一缺点，工程上常把具有不同共振频率的几节共振消声器串联。这样，可以在较宽的频带范围内获得较大的消声量，多节共振腔消声器串联，总的消声量可近似等于各个共振器消声量的和。图 8-19 所示为多节共振腔消声器结构图。

8.3.2.2　共振腔消声器的设计及实例

　　共振腔消声器的最大缺点就是仅在共振频率附近才有较大的消声量，而当偏离共振频率时，消声量急剧下降。

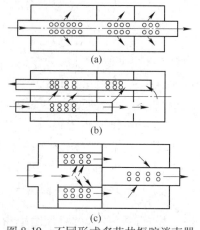

图 8-19　不同形式多节共振腔消声器

克服此缺点的办法是：选定较大的 $\dfrac{\sqrt{GV}}{2S}$ 值；增加共振腔消声器的摩擦阻尼，即在封闭腔中填充一些吸声材料，以增加共振腔消声器的摩擦阻尼，从而使消声频带变宽；采用多节共振腔串联（见图 8-19）。

共振腔消声器设计步骤如下：

（1）首先确定共振频率及频带所需的消声量。由表 8-6 查得 k 值。

（2）k 值确定以后，求 V 和 G。由 $k = \dfrac{\sqrt{GV}}{2S}$，$G = \dfrac{S_0}{L_k}$ 和 $f_0 = \dfrac{c}{2\pi}\sqrt{\dfrac{S_0}{VL_k}}$，得：

$$k = \frac{2\pi f_0}{c} \cdot \frac{V}{2S}$$

共振腔消声器空腔容积为：

$$V = \frac{c}{2\pi f_0} \cdot 2kS \tag{8-19}$$

传导率：

$$G = \left(\frac{2\pi f_0}{c}\right)^2 \cdot V \tag{8-20}$$

气流通道截面 S 是由管道中的气体流量和气流速度决定的。在条件允许的情况下，应尽可能缩小通道的面积。一般通道截面直径不应超过 $\phi250\text{mm}$。如果气流通道较大，可采用多通道共振腔并联，如图 8-20 所示。图中大通道被分成多个共振腔消声器并联。

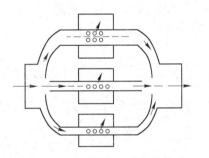

图 8-20　多个共振腔消声器并联

（3）共振腔消声器确定 V 和 G 后，便可设计具体尺寸。G 的影响因素很多，对于穿孔管来说，当穿孔率与共振腔空气层厚度都比较小时，板厚一般取 $1\sim5\text{mm}$，孔径取 $3\sim15\text{mm}$，G 仍可由式（8-15）计算，$G = \dfrac{n\pi d^2}{4(t + 0.8d)}$。实际上，通常根据现场条件，首先确定一些量，如板厚、孔径、腔深等，然后，再设计其他参数。

为确保共振腔消声器的理论设计与实际消声性能接近，要注意以下几点：

（1）共振腔消声器的长、宽、高（或腔深）都应小于共振频率 f_0 的波长的 1/3。

（2）穿孔位置应集中在共振腔消声器的中部，穿孔范围应小于共振频率 f_0 波长的 1/12；穿孔不能过密，一般孔心距大于孔径的 5 倍。

（3）共振腔消声器也存在高频失效问题，它的上限截止频率仍可用 $f_{上} = 1.22\dfrac{c}{D}$ 来近似计算。

下面是共振腔消声器的一个设计实例。

例 8-3 某气流通道直径为 150mm，试设计一只共振腔消声器，使其在 125Hz 的倍频带上有 15dB 的消声量。

解：（1）倍频带消声量为 15dB，由式

$$\Delta L = 10\lg(1 + 2k^2)$$
$$15 = 10\lg(1 + 2k^2)$$

由表 8-6 查得：$k = 3.913 \approx 4$。

（2）由式（8-19），$V = \dfrac{c}{2\pi f_0} \cdot 2kS$ 有：

$$S = \frac{\pi}{4} \times 15^2 = 176.7\text{cm}^2 = 176.7 \times 10^{-4}(\text{m}^2)$$

则：

$$V = \frac{34000}{2\pi \times 125} \times 2 \times 4 \times 176.7 = 6.1 \times 10^4(\text{cm}^3) = 6.1 \times 10^{-2}(\text{m}^3)$$

（3）设计一个与管道同心圆形的共振腔消声器，其内径为 150mm，外径为 500mm，共振腔所需长度为：

$$l = \frac{V}{\frac{\pi}{4}(d_2^2 - d_1^2)} = \frac{61000}{\frac{\pi}{4}(50^2 - 15^2)} = 34.2\,(\text{cm})$$

取 $l = 34.5$cm。由式（8-20）得：

$$G = \left(\frac{2\pi f_0}{c}\right)^2 \cdot V = \left(\frac{2\pi \times 125}{34000}\right)^2 \times 61000 = 32.5\,(\text{cm}) = 32.5 \times 10^{-2}\,(\text{m})$$

选用管壁厚度 $t = 0.2$cm，孔径 $d = 0.6$cm，则由公式 $G = \dfrac{nS_0}{t + 0.8d}$，求得开孔数：

$$n = \frac{G(t + 0.8d)}{S_0} = \frac{32.5 \times (0.2 + 0.8 \times 0.5)}{\frac{\pi}{4} \times 0.6^2} = 69\,(\text{个})$$

由上述计算结果，可设计共振腔消声器长为 345mm，外腔直径为 500mm，腔的内径为 150mm，管壁厚 2mm，在气流通道的共振腔中部均匀排列开 69 个孔，孔径为 6mm。

（4）验算共振腔消声器有关声学特性：

$$f_0 = \frac{c}{2\pi}\sqrt{\frac{G}{V}} = \frac{34000}{2\pi}\sqrt{\frac{32.5}{61000}} = 125\,(\text{Hz})$$

$$f_{上} = 1.22\frac{c}{D} = 1.22 \times \frac{34000}{50} = 829.6\,(\text{Hz})$$

由题意，中心频率为 125Hz 的倍频带包括 90~180Hz，在 829.6Hz 以下，即在所需消声的频率范围内，不会出现高频失效问题。

共振频率的波长：

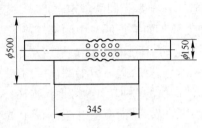

$$\lambda_0 = \frac{c}{f_0} = \frac{34000}{125} = 272\,(\text{cm})$$

$$\frac{\lambda_0}{3} = \frac{272}{3} \approx 91\,(\text{cm})$$

上述设计的共振腔的长、宽、腔深尺寸都小于共振频率的波长的 1/3，故该设计方案可用，如图 8-21 所示。

图 8-21 共振腔消声器

8.4 阻抗复合式消声器

前述阻性消声器对中、高频范围内有较好的消声效果，抗性消声器对低、中频有良好的消声效果。但在工程实际中，人们经常遇见同时具有高、中、低宽频带的噪声源。为在较宽频带范围内取得较好的消声效果，可把阻性消声器与抗性消声器结合起来，构成阻抗复合式消声器。

阻抗复合式消声器根据其构成形式的不同，可分为扩张室-阻性复合式消声器、共振腔-阻性复合式消声器、阻抗-共复合式消声器，如图 8-22 所示。

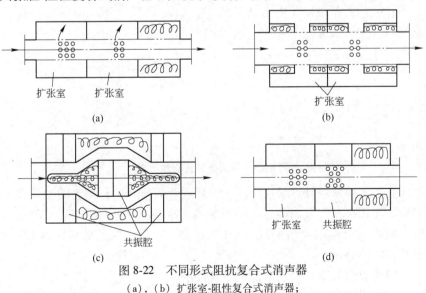

图 8-22 不同形式阻抗复合式消声器

（a），（b）扩张室-阻性复合式消声器；
（c）共振腔-阻性复合式消声器；（d）阻抗-共复合式消声器

图 8-22（a）所示的复合式消声器适合气流通道直径不大于 250mm，且消除中、高频噪声源。图 8-22（b）所示的复合式消声器也是以消除中、高频噪声为主，适合气流通道直径大于 250mm，单位长度上具有较高的消声值。当通道直径大于 250mm，小于 500mm 时，且仍以消除中、高频噪声为主，则可采用与图 8-22（b）基本相同的消声器形式，仅在消声器的气流通道内加装吸声片，防止高频失效。如果是低、中频都较高的宽带噪声，且又需要较大的消声量，可采用图 8-22（c）所示的复合式消声器。

阻抗复合式消声器的消声值，一般可以近似地认为是阻性与抗性在同一频带的消声值的叠加。但由于声波在传播过程中具有反射、绕射、折射、干涉等特性，所以，其消声值并不是简单的叠加关系。对波长较长的声波，通过以阻抗-复合形式结合在一起时，存在着声的耦合作用，因此，阻-抗段的消声值及特性互有影响。

8.5　微穿孔板消声器

微穿孔板消声器具有阻性和共振消声器的特点，它在很宽的频率范围内都有良好的消声效果。

微穿孔板消声器的消声原理，主要是利用减少共振结构的孔径，使其成为小于或等于 1mm 的微孔孔径。由于孔径大大减少，声阻显著提高，从而达到拉宽频带消声的目的。同时，利用空腔的大小来控制吸收峰的共振频率，空腔愈大，共振频率愈低，这样，消声器可以在较宽的频率范围内获得良好的消声效果。

微穿孔板消声器最简单的形式是管式，如图 8-23 所示。图中微穿孔板的厚度取 0.7mm，穿孔孔径为 0.8mm，穿孔率为 2.4%。

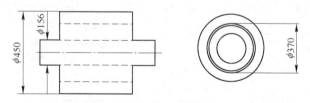

图 8-23　管式微穿孔板消声器

微穿孔板消声量的计算是这样的，当用它吸收低频声，声波的波长大于共振腔尺寸时，可用共振腔式消声器的消声量式（8-16）计算；当用它消除中、高频噪声时，则可用阻性消声器的式（8-1）计算。不过，对高频的实际消声性能，比理论计算得要好。

下面简单介绍微穿孔板消声器的设计问题。

（1）微穿孔板厚度一般取 0.5~1mm 之间，穿孔的孔径应控制在 0.5~1mm 的范围，穿孔率以 1%~3% 为好；穿孔板可用不锈钢板、铝板、普通钢板电镀或喷漆、塑料板等。

（2）为提高消声频带宽度，获得良好的消声性能，建议选用双层和多层微穿孔板结构。如要求阻力损失小些，一般可设计为直管形式；如果允许有些阻力损失，可采用声流式等，如图 8-24 和图 8-25 所示。

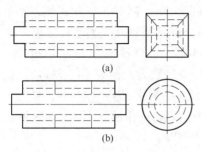

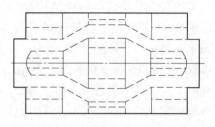

图 8-24　直管式微穿孔板消声器　　　　图 8-25　声流式微穿孔板消声器

（a）矩形式；（b）圆形式

在设计多层穿孔板消声器时，空腔的总厚度按照吸收频带的不同，前后腔厚度可以相同，也可以不同。当不一样厚时，两层的空腔厚度的比例不大于 1∶3。空腔厚度选择可参考表 8-7，双层微穿孔板消声器常用结构可参考表 8-8。

表 8-7　空腔厚度选择

频率范围/Hz	低频 125~250	中频 500~1000	高频 2000~4000
空腔厚度（深度）/mm	150~200	80~120	30~50

表 8-8　微穿孔板消声器常用结构

板厚 t/mm	孔径 d/mm	穿孔率/%		腔深/mm		吸声系数 α				
		前腔 p_1	后腔 p_2	前腔 D_1	后腔 D_2	125Hz	250Hz	500Hz	1000Hz	2000Hz
0.5	1	2.4	2.4	107	37	0.21	0.65	0.71	0.93	0.98
0.5	0.5	2.7	2.7	100	40	0.55	0.81	0.86	0.82	0.75
0.8	0.8	2	1	80	120	0.48	0.97	0.93	0.64	0.15
0.8	0.8	2.5	1.5	50	50	0.18	0.69	0.97	0.99	0.24

（3）当气流通道中气流速度较大（50~100m/s）时，应在消声器入口端加一节变径管接头，以降低入口流速。对于低于 5m/s 的流速，可以提高进入消声器内的流速，减小消声器尺寸。另外，为防止空腔内沿管长方向声波的传播，可加装横向隔板，隔板距离约 0.5m 左右。这样，可以提高消声量。

（4）微穿孔板的加工，如果消声器结构中采用微穿孔板的数量不大，可以钻孔或用冲头冲孔。如果使用量大时，可以设计多工位冲模具或用滚挤压模具加工。试验研究表明，挤压法加上的微穿孔板，可能会引起突起的圆窝，但这些圆窝不会影响消声器的吸声特性及消声效果。

微穿孔板消声器有许多优点，其阻力损失小，再生噪声低，适合高速气流（最大可达 80m/s），不需要玻璃棉之类的吸声材料，没有粉尘和纤维污染，适合要求干净的食品、医药行业使用；微穿孔板采用不锈钢板、铝板或普通电镀钢板制成，所以，它耐高温，甚至可以经受有短暂的火焰。同时，还耐腐蚀，不怕潮湿、不怕粉尘与油污等；它结构简单，造价低。缺点是穿孔工艺条件要求较高。

例 8-4 某空调系统使用矩形微穿孔板消声器，消声器长为 2m，通道尺寸为 250mm ×700mm，如图 8-26 所示。穿孔板的有关参数为：前腔 $D_1 = 80mm$，板厚 $t = 0.8mm$，孔径 $\phi = 0.8mm$，穿孔率 $p_1 = 2.5\%$；后腔 $D_2 = 120mm$，板厚 $t = 0.8mm$，孔径 $\phi = 0.8mm$，穿孔率 $p_2 = 1\%$。当消声器中流速为 $10 \sim 15m/s$ 时，其消声量的实测数值见表 8-9，其阻力损失小于 9.8Pa。

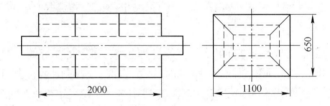

图 8-26　矩形微穿孔板消声器

表 8-9　矩形微穿孔板消声器消声特性

频率/Hz	63	125	250	500	1000	2000	4000	8000
消声量/dB	15	17	23	27	20	20	27	24

8.6　排气喷射消声器

气体从喷嘴喷射出来高速气流，产生强烈的噪声。这类噪声在工业生产中普遍存在，如电厂的高压蒸汽锅炉的排气，化工厂的特殊高压容器的排气放空，空压机及各种风动工具的排气，喷气式飞机及火箭制造行业发动机的试车排气放空等。这种强烈噪声声功率级高、频带宽、覆盖面积大，严重污染周围环境。

下面介绍几种控制喷注噪声较有效的消声器。

8.6.1　小孔喷注消声器

小孔喷注消声器用于消除小口径高速喷流噪声，其消声原理是，将一个大的喷口改用许多小喷口来代替，从发生机理上干扰噪声减少，如图 8-27 所示。理论研究与试验已证实，喷注噪声的峰值频率与喷口直径成反比。如果喷口直径变小，峰值频率变高，喷口噪声能量将从低频移向高频，于是低频噪声被降低，高频噪声反而增高。如果喷口直径小到一定值，喷注噪声的能量将移到人耳不敏感的频率范围去。因此，在保证相同排气量的条件下，将一个大喷口改用许多小孔来代替，可以达到降低可听声的目的。

8.6.1.1 小孔喷注消声器的消声量计算

小孔喷注消声器消声量可用下式计算：

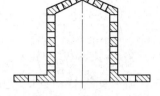

图 8-27 小孔喷注消声器

$$\Delta L = - 10\lg\left[\frac{2}{\pi}\left(\tan^{-1}x_A - \frac{x_A}{1 + x_A^2}\right)\right] \quad (8\text{-}21)$$

式中 Δl——消声量，dB（A）。

$x_A = 0.165d/d_0$（指阻塞情况，d 为喷口直径，mm；$d_0 = 1\text{mm}$）：

$$\tan^{-1}x_A = \frac{x_A}{1 + x_A^2}\left[1 + \frac{2}{3}\left(\frac{x_A^2}{1 + x_A^2}\right) + \frac{2}{3}\times\frac{4}{5}\left(\frac{x_A^2}{1 + x_A^2}\right) + \cdots\right]$$

当 $d \leqslant 1\text{mm}$，$x_A \ll 1$，

$$\tan^{-1}x_A = \frac{x_A}{1 + x_A^2} + \frac{2}{3}\left(\frac{x_A^2}{1 + x_A^2}\right)\cdot\left(\frac{x_A}{1 + x_A^2}\right)$$

则式（8-21）可化简为：

$$\Delta l = - 10\lg\left(\frac{4}{3\pi}\cdot x_A^3\right) \approx 27.5 - 30\lg d \qquad (8\text{-}22)$$

为设计方便，图 8-28 列出小孔喷注消声器噪声降低与孔径的关系。

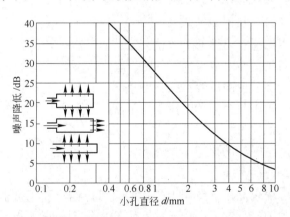

图 8-28 小孔喷注消声器噪声降低与孔径的关系

由式（8-22）知，在小孔范围内，孔径减半，可使消声量提高 9dB（A），但从实用角度考虑，孔径不能选得太小，因为孔径太小，不仅难加工，而且还容易堵塞，影响排气量，增加气流阻力。

工程上采用的小孔径 $\phi 1\text{mm}$ 的喷注消声器，理论消声量可达 20～26dB（A）；采用 $\phi 2\text{mm}$ 的小孔喷注消声器的消声量可达 16～21dB（A）。如果考虑小

孔喷注作用，将冲击噪声的频率推到超高频，以降低对人起干扰作用的 A 声级，对于小孔径 ϕ 1mm 的消声器总的降噪量可达 40dB（A）（消除湍流噪声和冲击噪声的总和）。

8.6.1.2　小孔喷注消声器的设计要点

A　小孔径的确定

由式（8-22）已知，小孔喷注消声器的消声量与小孔径有关，小孔的直径越小，消声量越大，但孔径愈小，加工就愈困难。所以，在工程实际应用中，孔径一般取 1~3mm。

B　小孔中心距的确定

从小孔射出的喷注相互混合产生低频噪声，因此，设计小孔喷注消声器时，孔间距离应满足：

$$b \geq d + 6\sqrt{d} \tag{8-23}$$

式中　　b——小孔中心距，mm；

　　　　d——小孔孔径，mm。

如果孔心距较近，气流经过小孔形成多个小喷注后，还合成大喷注，又会辐射噪声，降低了消声效果。

孔心距的大小取决于小孔喷注前压力的大小。压力越高，所需孔心距越大。在实际设计中，孔心距应在小孔径的 5~10 倍范围内选取。

C　小孔喷注消声器泄放量的确定

小孔喷注消声器应有足够的泄放量。这类消声器一般安装在高压容器或高压管道的喷口上，若消声器对放空气流的阻力过大，不能满足在单位时间内气体排放的质量流量，便会造成高压容器或管道及消声器内的压力增大，超过容器或管道及消声器的压力极限，会损坏容器或消声器，甚至会发生爆炸事故，因此，要特别注意消声器的泄放量。根据试验研究与理论分析可知，消声器的气体通流面积，选择以原来放空喷口面积的 1.5~2 倍为宜。

D　小孔消声器的外罩

在某些场合，要求高压气体向上排放时，可以给小孔消声器制作一个外罩，外罩为一端开口的圆筒，气流经小孔进入外罩汇合后由开口端喷出。为使外罩不影响噪声降低，可以将外罩设计成阻性消声器。这样，可提高消声量。

E　小孔消声器的结构强度设计

小孔喷注消声器及将要介绍的节流降压型、多孔扩散型和引射掺冷型消声器等，它们均用来控制高速、高压气体排放的噪声。因此，这类消声器除了应有足够的消声量、泄放量外，消声器结构和消声器与放空管连接处应有足够的机械强度要求。

（1）小孔喷注消声器一般由法兰盘、圆管和端头三部分焊接而成，圆管和端头表面布满小孔，因此，应选择焊接性能好，并对小孔局部应力集中不敏感的金属材料来制造消声器。

（2）当排放气体压力较高时，端头应取球面形状，同时，端头中心部分也应钻一定数目的小孔。压力较低，并且直径较大时，可采用拱形端头。

（3）设计小孔的孔心距与排列方式时，除考虑声学因素外，应保证小孔均匀对称分布于消声器壁上，以防止小孔喷注气流对消声器反作用的不对称，引起消声器的附加振动。

（4）小孔消声器实质是一个器壁钻有小孔的内部承压气室，因此，可以把消声器近似看成内部承压的薄壁容器，并考虑小孔应力集中的影响进行强度校核。

消声器的周向应力和轴向应力由下式计算：

$$\begin{cases} \sigma_\theta = \dfrac{PD}{2t} \\ \sigma_t = \dfrac{PD}{4t} \end{cases} \tag{8-24}$$

式中　　σ_θ——消声器的周向应力，Pa（N/m^2）；

　　　　σ_t——消声器的轴向应力，Pa（N/m^2）；

　　　　P——消声器内气流压力，Pa（N/m^2），为了安全及计算方便，可取驻压（排气管中驻压）；

　　　　D——消声器管中面直径，m；

　　　　t——消声器壁厚，m。

由式（8-24）可知，消声器的周向应力和轴向应力均随直径增大而增大。因此，当排气量不大、小孔的数目不太多、设计的消声器长度不太长时，特别是排气压力很高时，应尽量采用不膨胀小孔消声器；反之，可考虑采用膨胀的小孔消声器。图 8-29 为不膨胀与膨胀小孔消声器的示意图。

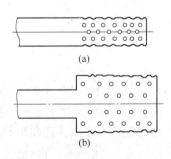

图 8-29　不膨胀与膨胀小孔消声器
(a) 不膨胀小孔消声器；
(b) 膨胀小孔消声器

小孔附近局部最大正应力应小于许用应力，由式（8-23）知，$\sigma_\theta > \sigma_t$，则最大正应力可用下式计算，且建立强度条件：

$$\sigma_{\max} = \sigma_\theta \cdot K \leqslant [\sigma] \tag{8-25}$$

式中　　K——应力集中影响系数，当小孔消声器的几何参数满足 $\dfrac{d}{D} \leqslant \sqrt{\dfrac{2t}{D}}$ 及

$b > 3d$ 时，$K = 2.5 \times (1 + 1.15d^2/Dt)$；

[σ] ——材料的许用正应力，Pa。

上面对小孔喷注消声器的设计要点进行了较详细地阐述，这些理论分析和经验已被试验所证实。在设计高速、高压气流的小孔喷注消声器时，尤其要注意其强度问题。

在工程实际中，如果技术资料不全，对小孔消声器进行精确计算可能存在一定困难，人们可以综合考虑上述各方面因素，根据实践经验设计小孔喷注消声器。

下面介绍工程上实用的小孔喷注消声器设计实例。

例8-5 某钢厂加热炉冷却系统气包长 10m，直径 1m，气包压力为 58.8×10⁴Pa，蒸汽通过排气口 φ159×7 自动排空，放空噪声高达 123dB（A），要求设计小孔喷注消声器。

解：（1）选择材料：

为防止消声器腐蚀，造成堵塞，选用 4mm 厚不锈钢板。

（2）小孔喷注消声器的设计参数：

原排汽口的内径为：$D = 159 - 2 \times 7 = 145$（mm）；

排气口的截面面积：$S = \dfrac{\pi D^2}{4} = 16513$（mm^2）。

小孔直径取 $d = 2$mm，小孔总截面积 $\sum S'$ 与排气口截面积 S 之比取 1.9（符合理论分析与试验研究的取值范围 1.5~2.0），即 $\dfrac{\sum S'}{S} = 1.9$，

则小孔数：$n = \dfrac{\dfrac{\pi}{4}D^2}{\dfrac{\pi}{4}d^2} \times 1.9 = \dfrac{145^2}{2^2} \times 1.9 = 9988$

孔心距：$b = d + 6\sqrt{d} = 2 + 6\sqrt{2} = 10.45$（mm）

孔心距实际取 $b = 16$mm，这样，可充分保证小孔喷注消声器的降噪效果。

小孔排列方式取正三角形排列；消声器直径 φ 和高度 H：一般情况下高度和直径比例为 3∶1 左右，因此，取 φ500mm（内径），H 为 1550mm，考虑压力不太高，消声器顶头采用拱形。

在壁面上纵行为 112 行，行距约 13.8mm，每行约 93 个小孔，实际钻孔总数为 10416 个。

另外，小孔消声器的强度问题，因该排气压力不高，强度足够，验算从略。

（3）降噪效果测试：

该排气口高出屋顶 1.7m，水平距离 1.5m，高出屋顶 1.5m 处测得噪声级为

123dB（A），安装小孔喷注消声器后，在原位置测量噪声级为88dB（A），约降噪35dB（A）。

在工程应用中，为提高小孔喷注消声器的消声量，一般将小孔喷注降低噪声与节流降压结构结合起来。

8.6.2　节流降压消声器

节流降压消声器是利用节流降压原理设计的。首先，根据排气量的大小，合理设计通流面积，使高压气体通过节流孔板时，压力被降低。如果使用多级节流孔板串联，就可以把原来的高压气体直接排空，一次性降压，分散成许多小的压降。排气噪声功率与压力降的高次方成正比，把压力突变改为压力渐变排空，便可得到消声效果。这种消声器通常有15~20dB（A）的消声量。

节流降压消声器的各级压力是按几何级数下降的，即：

$$P_n = P_s \cdot q^n \tag{8-26}$$

式中　P_n——第 n 级节流孔板后的压力；

　　　P_s——节流孔板前的压力；

　　　n——节流孔板级数；

　　　q——压强比，即节流孔板后的压力 P_2 与该级节流孔板前的压力 P_1 之比。

各级压强比 q 通常取相等的数值，即 $q = \dfrac{P_2}{P_1} = \dfrac{P_3}{P_2} = \cdots = \dfrac{P_n}{P_{n-1}}$，$q$ 是不大于1的数值，对于高压排气的节流降压装置，通常按临界状态设计，即对空气 $q = 0.528$；对过热水蒸气 $q = 0.546$；对饱和蒸汽 $q = 0.577$。

对于节流装置的通流截面的确定，首先根据气态方程、连续性方程和临界流速公式，然后通过简化并换算为工程上常用单位，表示为：

$$S_1 = K\mu G \sqrt{\frac{V_1}{P_1}} \tag{8-27}$$

式中　S_1——节流装置通道截面积，cm^2；

　　　K——排放不同介质的修正系数，对于空气 $K = 13$；过热蒸汽，$K = 13.4$；饱和蒸汽，$K = 14$；

　　　μ——保证排气量的截面修正系数，通常取 1.2~2.0；

　　　G——排放气体的重量流量，t/h；

　　　V_1——节流前的气体比容，m^3/kg；

　　　P_1——节流前的气体压力，Pa。

在计算出第一级节流孔板通道截面积 S_1 后，可按与比容成正比的关系近似确定其他各级通道截面积。计算出节流面积，确定了小孔径和孔心距，就可以算出节流降压消声器所需开的孔数和孔的分布了。

在工程实用设计中，当确定了第一节流级的通流面积 S_1 后，其他各级的通流面积还可以简化为：$S_n = S_1/q^{n-1}$，它与式（8-27）计算法相比，误差约为 3%~5%，对实用没有多大影响。

按临界、降压设计的节流降压消声器的消声量可由下式计算：

$$\Delta L = 10\alpha \lg \frac{3.7 \times (P_1 - P_0)^3}{nP_1 P_0^2} \qquad (8-28)$$

式中　P_1——消声器入口压力，Pa；

　　　P_0——环境压力，Pa；

　　　n——节流降压层数；

　　　α——修正系数，其试验值为 0.9±0.2（当压力较高时，α 取偏低的数值，可取 0.7；当压力较低时，α 取偏高值，取 1.1）。

图 8-30 所示为高压排气中采用的一种节流降压消声器，其消声量约为 23dB。

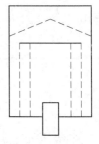

图 8-30　节流降压消声器

8.6.3　多孔扩散消声器

多孔扩散消声器是利用粉末冶金、烧结塑料、多层金属网、多孔陶瓷等材料替代小孔喷注，其消声原理与小孔喷注消声器的消声原理基本相同。小孔喷注消声器的孔心距与孔径之比较大，从理论上说，它把每个喷射束流看成是独立的，可以忽略混合后的噪声；而多孔扩散消声器孔心距与孔径之比较小，使排放的气流被滤成无数小气流，不能忽略混合后产生的噪声。这是上述两种消声器的不同点。另外，多孔扩散消声器因由多孔材料制成，还有阻性材料起吸声作用，本身可吸收一部分声能。

设计这种消声器与小孔喷注消声器相似，它的有效通流面积，一定要大于排气管道的横截面积，如果扩散的面积设计得足够大，降噪效果可达 30~50dB（A）。由此可见，在条件允许的情况下，应尽量加大扩散面积，以期获得较高的降噪量。

小孔直径一般选用 1~2mm，孔心距为 3~5mm；可选金属网或纱网（16~20目，约 0.833~0.991mm）、多孔陶瓷（微孔直径为 60~100μm）。这种消声器加工简单，适用于降低小口径高压气体放空。在实际使用中，要适时清洗，以防堵塞气流通道，增大气流阻力，造成消声器损坏事故。图 8-31 给出几种多孔扩散消声器的示意图。

还有喷雾、引射掺冷等类型消声器，可参考其他文献。

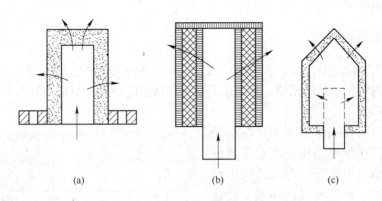

(a)　　　　　　　　(b)　　　　　　　　(c)

图 8-31　多孔扩散消声器

（a）粉末冶金型；（b）小孔丝网组合型；（c）陶瓷型

8.7　干涉式消声器

干涉消声器主要是利用相干波的相互抵消作用达到消声的目的。干涉消声器分两类：一是无源的被动式；二是有源的主动式。

8.7.1　无源干涉式消声器

如图 8-32 所示，在长度为 l_2 的通道上，装一旁通管，把一部分声能分岔到旁管里面去，该管的长度 l_1 比主通道管的长度 l_2 大一个值，这个值应等于被消除声波波长的一半，或半个波长的奇数倍，这样声波沿通道和旁通管在终点汇合，由于相位相反，声波叠加后相互抵消，声能通过微观的涡旋运动转化为热能，从而达到声衰减的目的。

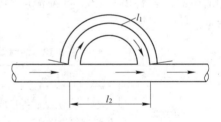

图 8-32　无源干涉式消声器

干涉消声器的消声频率范围很窄。当频率偏离抵消频率时，消声量急剧下降。因此，只适用于音调显著的消声效果。

干涉消声器的消声频率可由下式计算：

$$f_n = \frac{c}{2(l_1 - l_2)} \tag{8-29}$$

式中　c——声速，m/s；

　　l_1—— $l_1 = l_2 + \frac{\lambda}{2}(2n + 1)$ ；

　　n——1，2，3，…，自然数。

由式（8-29）可知，对于频率为 f_n 的声波，不能通过这种分支管传播出去，故称为抵消频率。

8.7.2 有源消声器

对一个待消除的声波，人为地产生一个幅值相同而相位相反的声波，使它们在某区域内相互干涉而抵消，从而达到在该区域消除噪声的目的，这种装置叫有源消声器。

电子消声器就是根据上述基本原理设计的，在噪声场中，用电子器件和电子设备，产生一个与原来噪声声压大小相等、相位相反的声波，使在某一区域内与原噪声相抵消。电子消声器的原理如图 8-33 所示，它的工作过程是由传声器接受噪声源传来的噪

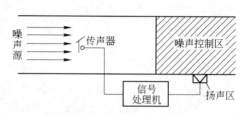

图 8-33　电子消声器工作原理

声，经过微处理机分析、移相和放大，调整系统的频率响应和相位，利用反馈系统产生一种与原声压大小相等、相位相反的干涉声源，来达到消除某些频率的目的。关于有源噪声控制可参考其他文献。

前几节介绍了各种消声器，在工程实际中，可根据声源类型的不同，合理设计消声器，表 8-10 列出了各种消声器的适用范围，供读者设计和选择消声器时参考。

表 8-10　消声器的种类与适用范围

种　类	形　式	消声频率特征	备　注
阻性消声器	直管式、片式、折板声流式、蜂窝式、弯头式	具有中、高频消声性能	适用清除风机、燃气轮机噪声等
抗性消声器	扩张室式、共振腔式、无源干涉式	具有中、低频率消声性能	适用消除空压机、内燃机、汽车、摩托车等排气噪声
微穿孔板消声器	单层微穿孔板消声器、双层微穿孔板消声器	具有宽频带消声性能	用于高温、潮湿、油雾粉尘的环境；并特别适用医药、食品、空调等清洁卫生场合
排气喷射消声器	小孔喷注型、节流降压型、多孔扩散型、喷雾型、引射掺冷型	具有宽频带消声性能	前三种形式主要消除锅炉、高炉、化工设备等排放高压、高温气体的噪声；后两种形式主要消减高温蒸汽放空噪声
电子消声器（有源）		具有低频消声特性	用于低频消声，有待于进一步开发、研究

8.8 消声器的声学性能与空气动力性能

评价一个消声器好与坏，有两项重要指标，其一是消声器的消声量；其二是消声器的空气动力性能。

8.8.1 消声器的消声量

消声器的消声性能用消声量来表示，它包括计权声级和各频带声压级的消声量。消声量愈大，消声器的消声特性愈好。消声器的消声量一般用下列方法测定。

8.8.1.1 传递损失 TL

在消声器的试验研究中，评价消声器性能的方法，最常用的是采用传递损失动态测量，如图 8-34 所示，计算式为：

$$TL = 10\lg \frac{W_1}{W_2} = L_{W_1} - L_{W_2} \tag{8-30}$$

式中　TL——消声器的传递损失，dB；

　　　W_1——消声器进口的声功率，W；

　　　W_2——消声器出口的声功率，W；

　　　L_{W_1}——消声器进口的声功率级，dB；

　　　L_{W_2}——消声器出口的声功率级，dB。

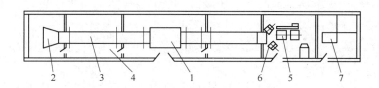

图 8-34　消声器传递损失动态测量示意图

1—消声器；2—末端消声器；3—管道；4—混响室；5—风机（动态）；6—扬声器；7—可控硅

因为功率不能直接测得，一般是通过测量消声器前后截面的平均声压级再按下式求得：

$$\begin{cases} L_{W_1} = \overline{L}_{P_1} + 10\lg S_1 \\ L_{W_2} = \overline{L}_{P_2} + 10\lg S_2 \end{cases} \tag{8-31}$$

式中　$\overline{L}_{P_1}$——消声器进口处的平均声压级，dB；

　　　$\overline{L}_{P_2}$——消声器出口处的平均声压级，dB；

　　　S_1——消声器进口处截面面积，m²；

　　　S_2——消声器出口处截面面积，m²。

8.8.1.2　插入损失 IL

在声源（风机）加装消声器，在空间某一个固定位置测得加装消声器前后声压级的差值，近似算出消声器的插入损失，测试示意如图8-35所示。

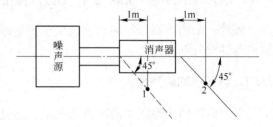

插入损失表达式为：

$$IL = L_1 - L_2 \qquad (8\text{-}32)$$

式中　L_1，L_2——加装消声器前后的声压级（通常用 A 声级）。

图 8-35　插入损失测量示意图
1—未装消声器前测点；2—装消声器后测点

在选择测点时，要选在要求降低噪声的部位，所以插入损失 IL 是评价消声器的实际减噪效果，其缺点是受环境噪声的干扰，在环境噪声过高及不稳定的情况下，不宜用 IL 测量消声器的减噪效果。

8.8.1.3　声压级差法

在实验室内，在消声器两端管道横断面相同的条件下，也可用 A 声级来评价消声器的性能，其计算式为：

$$\Delta L = L_1 - L_2 \qquad (8\text{-}33)$$

式中　ΔL——消声器的消声量，dB（A）；

　　　L_1——消声器进口端面声压级，dB（A）；

　　　L_2——消声器出口端面声压级，dB（A）。

该方法仅适用于实验室对消声器性能测量的分析，不宜在现场使用（环境影响会产生较大误差）。

上述消声器的传递损失（TL）是属于消声器本身的特性，它受声源与环境影响较少；而插入损失（IL）和声压级差法（ΔL）不是消声器本身特性的单值关系，它们受声源端头反射和声学环境的影响较大，在给定消声器的消声效果时，应注明所用的测量方法。

8.8.2　消声器的空气动力特性

消声器的空气动力性能是指消声器对气流阻力的大小。通常用阻力系数或阻力损失来表示，阻力系数是消声器安装前后的全压差与全压之比，对于一个确定的消声器来说，它的阻力系数是一个定值，因此，可以全面地反映消声器的空气动力性能。阻力损失是指气流通过消声器，在消声器进口端与出口端之间气体的全压有一定程度的降低。当进口端与出口端的端面面积相同、气流的平均速度相同时，阻力损失就等于消声器进口端与出口端之间气体静压的降低量。

消声器内的气流阻力损失与流速的平方正成比，根据阻力损失的机理不同，可把阻力损失分成两大类：一是摩擦阻力损失；二是局部阻力损失。

8.8.2.1　摩擦阻力损失

摩擦阻力损失是由消声器内壁与气流之间的摩擦产生的，它可由下式计算：

$$\Delta P_\lambda = \lambda \cdot \frac{l}{d_e} \cdot \frac{\rho v^2}{2} \tag{8-34}$$

式中　ΔP_λ ——摩擦阻力损失，Pa；

λ ——摩擦阻力系数，见表 8-11；

l ——消声器的长度，m；

d_e ——消声器的通道截面等效直径，m；

ρ ——气体密度，kg/m³；

v ——气流速度，m/s；

g ——重力加速度，取 $g = 9.8\text{m/s}^2$；

$\dfrac{\rho v^2}{2}$ ——工程上称为速度头，Pa。

通常情况下，消声器内的雷诺数 Re 均为 10^5 以上（ $Re = \dfrac{v \cdot d_e}{\nu}$ ，其中 ν 为流体运动黏滞系数，对于 20℃的空气，$\nu = 1.53 \times 10^{-5}\text{m}^2/\text{s}$ ），这时摩擦阻力系数 λ 仅取决于壁面粗糙度，见表 8-11。表中 ε 为消声器通道壁面的绝对粗糙度，d_e 为通道截面等效直径。

表 8-11　摩擦阻力系数 λ 与相对粗糙度的关系（$Re>10^5$）

相对粗糙度 $\left(\dfrac{\varepsilon}{d_e}\right)/\%$	0.2	0.4	0.5	0.8	1.0	1.5	2	3	4	5
摩擦阻力系数 λ	0.024	0.028	0.032	0.036	0.039	0.044	0.049	0.057	0.065	0.072

对于穿孔板护面结构消声器，粗糙峰高度与穿孔板厚度或穿孔直径可相比拟，在通常情况下，相对粗糙度在百分之几的范围内，λ 值变化范围不大，约为 0.04~0.06，粗略地可取 0.05。对于刚性管道，粗糙峰高度在十分之几毫米以下，相对粗糙度在千分之几的范围，λ 值约为 0.02~0.03。

8.8.2.2　局部阻力损失

局部阻力损失是指气流通过消声器或管道时，由于消声器或管道结构的变化，使气流的机械能不断损耗，从而产生阻力（压力）损失大，阻力损失可用下式计算：

$$\Delta P_\xi = \xi \frac{\rho v^2}{2} \tag{8-35}$$

式中　ΔP_{ξ}——局部阻力损失，Pa；

　　　　ξ——局部损失系数。

对于消声器或管道，通常采用的局部结构与相应的局部阻力损失系数见表8-12，供参考。

表 8-12　消声器（管道）局部阻力损失系数

名　称		结构简图	局部阻力损失系数 ξ				
渐扩管			$$\xi = k\left(1 - \frac{S_1}{S_2}\right)^2$$				
			$\theta/$（°）	7.5	10	15	20	30
			k	0.14	0.16	0.27	0.43	0.81
渐缩管			0.06				
叉管分支流			1.0				
汇合流			1.50				
等径三通	直流		0.1				
	分支流		1.3				
	汇合流		3.0				
	转弯流		1.3				
45° 三通			（1）0.05；（2）0.15				
			（1）0.5；（2）1.0				
			3.0				

消声器或者管道的总的阻力损失等于摩擦阻力损失与局部阻力损失之和。一般来说，阻性消声器以阻力损失为主，抗性消声器以局部阻力损失为主。不论阻力损失还是局部阻力损失，它们都与速度头 $\dfrac{\rho v^2}{2}$ 成正比，气流速度愈大，阻力损失也愈大，致使消声器空气动力性能变坏，因此，设计消声器时，在条件许可的情况下应尽量采用低流速。

9 消声器的优化设计分析

9.1 消声器的优化设计概述

前一章已经介绍过各类消声器及其应用范围，对不同的噪声源、不同的影响对象、不同的噪声频率，应采用的噪声控制措施也不同。假设某噪声源的噪声需要安装消声器来降噪，要做的第一项工作就是对噪声源进行测试，测得各频率的声压级、A声级等，且进行频谱分析，根据国家有关标准及部颁标准，结合企业的现实情况，合理确定降噪量。

有了噪声频谱以后，即可根据频率特性选择消声器形式。

如果需消声的频率呈中、高频，则可选择阻性消声器；如消声器所使用的场合为高温、潮湿、油污等，则可选用微穿孔板消声器。

如果所需的消声频率呈低、中频，则可选用抗性消声器中的扩张室式消声器；又若消声频率内的某个频率处有较高的峰值，则除了采用扩张室式消声器来消除整个低、中频噪声外，还应设一个共振腔式消声器来消除峰值频率的噪声。

如果所需消声频率呈低、中、高频的宽带谱，则应选择阻抗复合型消声器或微穿孔板复合型消声器。

一般情况下，在第二项工作中，大致确定了消声器的类型，但消声器的具体结构和尺寸没有确定。比如，选择阻性消声器，究竟应采用圆管式、片式，还是折板式等。因为这些具体结构问题需多方面考虑，归纳起来，一个好的消声器在结构上应满足三方面要求：

一是降噪量大；二是阻力损失小；三是重量轻、体积小。第三方面要求是以满足前两方面要求为前提的，一、二则是在规定的范围内的。

第三项工作就是具体设计消声器，充分满足上述两方面的要求，那么，怎样设计才能较理想呢？这就是以最优化设计为设计原则，以计算机及计算程序为设计手段，采用最优化的数学方法来设计消声器，使其在一定的条件下满足上述要求。

9.2 消声器优化设计理论基础

所谓优化设计，就是在一定的条件（或各种设计因素）约束下，寻找最优值。拥有最优值的方案，就是最佳方案。值得注意的是，这里的最优值是一个相对的概念。它与数学上的极值不同，但在很多情况下可用最大值或最小值来表示。

寻找最优值工作包含两部分内容：

（1）将设计问题的物理模型转化为数学模型。建立数学模型时，要选取设计变量，确定目标函数，给出约束条件。

（2）采用适当的优化方法，求解数学模型。即在给定的条件下，求解目标函数的极值或最优值问题。

9.2.1　设计变量

在设计过程中进行选择并最终必须确定的各项独立参数，称为设计变量，在选择过程中它们是变量，但这些变量一旦确定以后，则设计对象就完全确定。在机械设计中常用的独立参数有结构的总体布置尺寸、元件的几何尺寸和材料的力学和物理特性等。在这些参数中，凡是可以根据设计要求事先给定的，就不是设计变量，而是设计常量；还有一些可以由别的参数间接求出的，也不是设计变量，而是导出量；只有那些在设计中需要优选的独立参数，才可看成是最优化设计过程中的设计变量，如杆元件长度、横截面积、抗弯元件的惯性矩、板元件的厚度等。

设计变量的数目称为最优化设计的维数，如有 n（$n = 1$、2、3、$\cdots$）一个设计变量，则称为 n 维设计问题，只有两个设计变量的二维设计问题，可用平面直角坐标表示，如图 9-1（a）所示；有三个设计变量的三维设计问题可用空间直角坐标系表示，如图 9-1（b）所示。在图 9-1（a）中，当 x_1、x_2 分别取不同值时，则可得到平面坐标系上不同的对应点，每个点表示一种设计方案。如用向量表示这个点，即为二维向量：

$$\boldsymbol{x} = \begin{bmatrix} x_1 \\ x_2 \end{bmatrix} = \begin{bmatrix} x_1, & x_2 \end{bmatrix}^{\mathrm{T}}$$

对于 n 个设计变量的 n 维向量可表示为：

$$\boldsymbol{x} = \begin{bmatrix} x_1 \\ x_2 \\ \vdots \\ x_n \end{bmatrix} = \begin{bmatrix} x_1, & x_2, & \cdots, & x_n \end{bmatrix}^{\mathrm{T}}$$

这种以 n 个独立变量为坐标轴组成的 n 维向量空间是一个 n 维实空间，用 R^n 表示，则当 $\boldsymbol{x} = \begin{bmatrix} x_1, & x_2, & \cdots, & x_n \end{bmatrix}^{\mathrm{T}}$ 是 R^n 中的一点时，可写成 $\boldsymbol{x} \in R^n$（$\boldsymbol{x}$ 属于 R^n）。

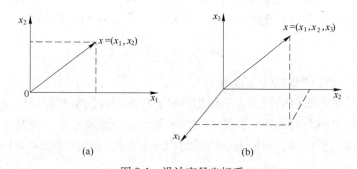

图 9-1 设计变量坐标系

（a）二维设计的平面问题；（b）三维设计的空间问题

9.2.2 目标函数

在研制噪声控制设备，如消声器时，我们希望它消声量大，消声性能好，体积小，重量轻，这都是设计中所追求的目标，而且它是设计变量的函数，称为目标函数。当给定一组设计变量时，就可计算出相应的目标函数值。因此，在优化设计中，就是用目标函数值的大小来衡量设计方案的好坏，故目标函数也称作评价函数，目标函数的一般表达式为：

$$f(\boldsymbol{x}) = f(x_1,\ x_2,\ \cdots,\ x_n) \tag{9-1}$$

式中　$x_1,\ x_2,\ \cdots,\ x_n$ ——设计变量。

在工程设计中，设计追求的目标是多种多样的，较常见的是以重量为目标函数，因为重量是对价值最易于定量的尺度，虽然费用有更大的实际重要性，但通常要有足够的资料方能以费用作为目标函数。

由于设计的问题不同，目标函数的数目和形式也不同。当只有一个目标函数的优化问题时，叫单目标函数优化，如式（9-1）所示。当一个设计问题要提出多个目标函数的优化问题时，叫多目标函数优化。对于多目标函数，可以独立地列出其函数表达式：

$$\begin{cases} f_1(\boldsymbol{x}) = f_1(x_1,\ x_2,\ \cdots,\ x_n) \\ f_2(\boldsymbol{x}) = f_2(x_1,\ x_2,\ \cdots,\ x_n) \\ \ \vdots \qquad\qquad\quad \vdots \\ f_g(\boldsymbol{x}) = f_g(x_1,\ x_2,\ \cdots,\ x_n) \end{cases} \tag{9-2}$$

也可以把 n 个目标函数综合到一起，建立一个综合的目标函数表达式：

$$f(\boldsymbol{x}) = \sum_{j=1}^{q} f_j(\boldsymbol{x}) \tag{9-3}$$

式中　q ——目标函数的个数；

　　　n ——设计变量的个数。

为了弥补各目标函数综合到一起时的量级不同和互相之间的矛盾，常采用加权因子的方法来把多目标变成单目标，加权后，式（9-3）可写为

$$f(\boldsymbol{x}) = \sum_{j=1}^{q} w_j \cdot f_j(\boldsymbol{x}) \tag{9-3(a)}$$

式中　w_j——第 j 项指标的加权因子。

加权因子是个非负的数，它的作用是标志该项指标的重要程度以及平衡各项指标在量纲和量级上的差别。具体加权因子数值由设计者给定，经验丰富的设计者才有把握使其更合理，如果该项指标的相对重要性一般，则取 $w = 1$。

9.2.3　约束条件

前述，目标函数取决于设计变量。但在很多实际问题中，设计变量的取值范围是有限制的或必须满足一定条件的，在最优化设计中，这种对设计变量取值时的限制条件，称为约束条件，简称约束。约束的形式可能是某个或某组设计变量的直接限制（如一个代表杆件横截面积的变量只能取正值）。这样的约束叫显约束。还有一种约束叫隐约束。如在结构中要求应力小于许用应力，而应力则是某些设计变量的函数。因此，应力小于许用应力就等价于函数式小于许用应力，这个约束对于函数式中的设计变量来说就是隐约束。它们都可以写成等式的形式，也可以写成不等式的形式，如

$$h_v(\boldsymbol{x}) = 0 \qquad (v = 1, 2, \cdots, k)$$

和　　　　$g_u(\boldsymbol{x}) \leqslant 0$ 或 $g_u(\boldsymbol{x}) \geqslant 0$ 　　$(u = 1, 2, \cdots, m)$ 　　(9-4)

式中　$\boldsymbol{x}$——设计变量；

　　　m——不等式约束个数；

　　　k——等式的约束个数。

确定了设计变量、约束函数和目标函数，则最优化设计就是在设计变量允许的范围内，找出一组最优参数，即目标函数 $f(x)$ 达到最优值 $f(x^*)$。

9.2.4　数学模型

任何一个设计问题都有它自己的设计变量、目标函数和约束条件。反过来，任一组设计变量、目标函数和约束条件都对应着一个实际设计问题。设计变量、目标函数和约束条件是实际问题的数学表达式。在优化设计中，就把设计变量、目标函数和约束条件的总和叫做对应的实际问题的数学模型，数学模型的数学表达式为：

n 个实际变量 $\boldsymbol{x} = [x_1, \quad x_2, \quad \cdots, \quad x_n]^T \quad (\boldsymbol{x} \in R^n)$

满足　　　$g_u(\boldsymbol{x}) = g_u(x_1, \quad x_2, \quad \cdots, \quad x_n) \leqslant 0 \quad (u = 1, 2, \cdots, m)$

和　　　　$h_v(\boldsymbol{x}) = h_v(x_1, \quad x_2, \quad \cdots, \quad x_n) = 0 \quad (v = 1, 2, \cdots, k, k < n)$

条件下，使目标函数

$$F(\boldsymbol{x}) = f(\boldsymbol{x}_1, \quad x_2, \quad \cdots, \quad x_n) \to \min(\text{or } \max) \qquad \boldsymbol{x} \in R^n$$

9.3 消声器优化设计例题分析

例9-1 矿山井下用的JBT-52轴流风机的噪声级达108dB（A）左右，图9-2所示为该风机的噪声频谱，根据现行工业企业国家标准，在风机的进出口轴线1m处，噪声应在85dB（A）以下。但因该风机是老产品，因此，允许噪声可在90dB（A）以下。故在频谱图上画出了 *NR*85 曲线，从而得出各频率下的消声值，如图9-2所示，由

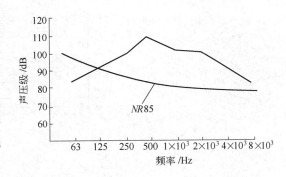

图 9-2　JBT-52（11kW）风机噪声频谱

图可看出需要消减高频段。因此，决定采用阻性消声器，为了设计优良的消声器，保证消声量，采用计算机优化的方法。

（1）数学模型的建立。

1）确定目标函数。

消声器的主要设计参数为消声量、压力损失和重量，它们既互相有关又互相制约。

当噪声源一定时，所需的降噪量和所限制的压力损失都相应地确定，只有消声器的重量没有确定。因此，对消声器的优化，以选择消声器重量最轻为目标函数，其他为约束条件。

图9-3所示为该风机阻性消声器的结构图，其目标函数：

$$F(\boldsymbol{x}) = w_1 r_1 + (w_2 + w_3) r_2$$

$$= r_1 \pi d_1 \delta t + \left[\pi d l t + \frac{\pi D t}{2} \sqrt{l^2 + \frac{D^2}{4}} + \frac{3}{2} B l (2d - D) \right] r_2$$

$$\to \min$$

式中　δ——圆筒钢板的厚度，m；

　　　t——吸声材料的优选厚度，$t = 0.04\text{m}$；

　　　l——消声器长度，m；

　　　r_1——钢的容重，$r_1 = 7800\text{kg/m}^3$；

　　　w_1——圆筒的体积，m^3；

　　　r_2——吸声材料的容重，$r_2 = 20\text{kg/m}^3$；

w_2——芯筒的体积，m^3；

w_3——辐的体积，m^3。

D，d_1 和 d 如图 9-3 所示，B 为辐宽。

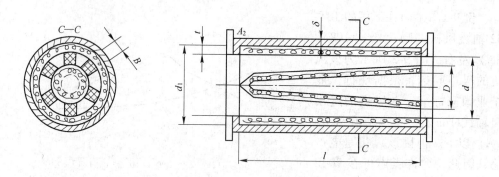

图 9-3　阻性消声器的结构图

2）设计变量。

如图 9-3 所示，消声器的外形尺寸是非常重要的，可作为导出量。而 D 是与风机有关的量，因此可定为常量，与目标函数和约束函数有关的量为 l、d、B。故此，得设计变量为 $\boldsymbol{x} = (l, d, B)^{T} = (x_1, x_2, x_3)^{T}$，所以，目标函数可写为：

$$F(\boldsymbol{x}) = r_1 \pi d_1 \delta x_1 + \left[\pi t x_1 x_2 + \frac{\pi D t}{2} \sqrt{x_1^2 + \frac{D^2}{4}} + \frac{3}{2}(2x_2 - D) x_1 x_3 \right] r_2$$

其中，$d_1 = x_2 + 2t$。

3）约束条件。

根据局部通风扇风机噪声频谱图得该消声器各倍频带的消声量必须满足：

$$\phi_{500}(\alpha) \cdot \frac{Pl}{S} - 30 \geq 0$$

$$\phi_{1000}(\alpha) \cdot \frac{Pl}{S} - 22 \geq 0$$

$$\phi_{2000}(\alpha) \cdot \frac{Pl}{S} - 24 \geq 0$$

$$\phi_{4000}(\alpha) \cdot \frac{Pl}{S} - 18 \geq 0$$

$$\phi_{8000}(\alpha) \cdot \frac{Pl}{S} - 8.5 \geq 0$$

p式中　P——饰面周长，m；

S——饰面的横截面积，m；

l——饰面长，m；

$\phi(\alpha)$——消声系数。

当选用吸声材料为超细玻璃棉时，则不同频率下的吸声系数为：

$$\alpha_{500} = 0.85, \quad \alpha_{1000} = 0.85, \quad \alpha_{2000} = 0.86, \quad \alpha_{4000} = 0.86, \quad \cdots$$

利用插入法，用 α 与 $\phi(\alpha)$ 的关系表得

$$\phi_{500}(\alpha) = 1.22; \phi_{1000}(\alpha) = 1.22; \phi_{2000}(\alpha) = 1.23; \phi_{4000}(\alpha) = 1.23; \phi_{8000}(\alpha)$$
$$= 1.23;$$

由于从 $500 \sim 8000\text{Hz}$，$\phi(\alpha)$ 基本相近。因此，上述 5 个约束只要第一个满足，其他也相应满足。因此取第一个为目标函数的约束条件，于是便得到一个性能约束条件。

$$g_1(\boldsymbol{x}) = 1.22 \times \frac{Pl}{S} - 30 \geqslant 0$$

此外，根据风机的大小和消声器重量的限制，对其尺寸给予如下的限制：

$$g_2(\boldsymbol{x}) = 0.85 - x_1 \geqslant 0$$

$$g_3(\boldsymbol{x}) = 0.70 - x_2 \geqslant 0$$

另外，本设计除了保证消声值大于 30dB 以外，还要保证压力损失不超过 6%。因此又提出一个性能约束条件。

根据 JBT-52 型风机的技术数据表，查得全风压为 2349Pa。风量 $Q = 12.42\text{m}^3/\text{s}$。

该风机前后各安装一台消声器，因此两个消声器的最大允许阻损为：

$$2\Delta P = 0.06 \times 2349.6 = 140.98 \ (\text{Pa})$$

则一个消声器的最大允许阻损为 70.5Pa，根据流体力学知识：

$$\Delta P = \xi_1 \cdot \frac{\rho V_1^2}{2} + \xi_2 \cdot \frac{\rho V_2^2}{2}$$

$$= \left(\frac{\xi_1}{A_1^2} + \frac{\xi_2}{A_2^2} \right) \times \frac{\rho Q^2}{2}$$

式中　　ΔP——压力损失，Pa；

A_1——入口通流面积，m^2，$A_1 = \frac{\pi}{4}(x_2^2 - D^2)$；

A_2——出口通流面积，m^2，$A_2 = \frac{\pi}{4}x_2^2 - 3x_3x_2 + 2x_3^2/\cos30° + \frac{1}{4}x_3^2/\cos30°$；

ρ——气体容重，kg/m^3；

Q——风机流量，m^3/s；

V——气流速度，m/s。

A_2 的计算如图 9-4 所示，e 为平行四边形的边长，B 是平行四边形的高。

在 A_1 断面上，辐板的端头形式为尖劈形，因此，阻力损失按渐变型考虑。A_1 以后，由于 6 个辐板的产生，将出现分流损失，因此，综合考虑，取 $\xi_1 = 0.2$。

在 A_2 断面上，因 A_2 大于 A，因此，从 A_1 到 A_2 按渐扩管计算，出口损失与原风机相同，取 $\xi_2 = 0.2$。

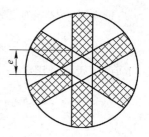

图 9-4　A_2 计算结构示意图

则有 $g_4(x) = 70.5 - \left(\dfrac{0.2}{A_1^2} + \dfrac{0.1}{A_2^2} \right) \times \dfrac{\rho Q^2}{2} \geq 0$

另外，该消声频谱是中高频，因此设计消声器通道时，要考虑高频失效问题，则有

$$f_{失} = 1.85 \frac{c}{d}，$$取失效频率为 4000Hz，则得第五个约束条件为：

$$g_5(x) = \frac{1.85c}{4000} - \frac{x_2}{2} \geq 0$$

于是得到有 5 个约束条件，3 个设计变量的小型非线性极小化问题。其数学模型为：

$$\min F(x) = F(x_1^*, \quad x_2^*, \quad x_3^*)，\quad x \in R^3$$

$$F(x) = \pi \cdot r_1 \cdot \delta(x_2 + 2t) \cdot x_1 + \left[\pi \cdot t \cdot x_1 \cdot x_2 + \frac{D\pi t}{2} \times \right.$$

$$\left. \sqrt{x_1^2 + \frac{D^2}{4}} + \frac{3}{2}(2x_2 - D) \cdot x_1 \cdot x_2 \right] \cdot r_2$$

$x = (l, \quad d, \quad B)^T = (x_1, \quad x_2, \quad x_3)^T$，$R^3$ 意为三维空间，满足 $g_i(x) \geq 0$，$i = 1$，2，3，4，5 的极小值。

（2）消声器优化方法的选择。

虽然目前使用的一些较新的方法，如 SUMT 调用 DFP 法，SUMT 调用鲍威尔法等优化方法具有精度高和效率高、速度快等优点，已得到广泛应用，但对于消声器优化设计这个具体问题，由于目标函数的高次非线性和目标函数、约束函数中的非凸性的存在，优化起来不理想，得不到最佳结果，因此只能采用其他方法进行计算。由于计算精度要求不高，且只有 3 个变量，所以优化起来还是比较方便的。本例采用随机试验法，其最后优化结果为：$L = 0$，$x_1^* = 777$mm，$x_2^* = 531$mm，$x_3^* = 86$mm，$F(x) = 32.8$kg。

通过计算机优化设计，得到消声量不小于 30dB，重量为 32.8kg 的消声器，这在使用现场是很受欢迎的。

10 消声器的有限元模态分析

10.1 消声器有限元模态分析方法的提出

根据优化理论设计出的消声器是否理想，只要把加工好的消声器安装在机器上就可以进行测量了。但是消声器是否耐用，是否会因噪声的干扰而引起共振，导致消声性能不佳，这就要求在安装消声器前对消声器的特性，也就是消声器的一些参数进行计算。

在实际工程中，人们常常需要在产品生产之前对其性能进行一些预测和计算，特别是动力学分析。为了预测总体结构的动态特性，往往要对部件进行模态分析。因为根据设计条件设计出的结构在很多情况下并不一定满足要求，需要修改结构，但是人工计算常因为传统的计算方法和人为的局限性，造成极大的不便甚至错误，参考价值有限。有限元动力学分析就是基于这种需要而产生的。

10.2 消声器有限元模态分析的理论基础

模态分析就是通过一定的方法来得到结构的一些特性，主要是结构的固有频率和振型，它的实质就是一种坐标变换；其目的在于把原在物理坐标系中描述的响应向量，放在所谓模态坐标系中来描述。

模态分析一般分为理论模态分析和实验模态分析。模态分析的关键在于得到振动系统的特征向量；主要是求一个结构的固有频率和振型。固有频率和振型是承受动态载荷结构设计中的重要参数。

弹性力学有限元法是把连续体离散化，利用计算机发展起来的有效数值方法。有限元法是假想把连续体分割成数目有限的单元，彼此之间只在数目有限的节点处相互连接，组成一个单元的集合体，以代替原来的连续体；又在节点上引进等效力以代替实际作用于单元上的外力。对于每个单元分块的近似思想，选择一简单的函数来近似地表示其位移分量的分布规律，按变分原理建立单元节点力和位移之间关系，而后把所有单元这种特性关系集合起来，就得到一组以节点位移为未知量的代数方程组。由这方程组就可以求出物体上有限离散节点上的位移分量。

有限单元法实质上就是把无限个自由度的连续体理想化为只有有限个自由度

的单元集合体，使问题简化为适合于数值解法的结构问题。

在分析弹性体的振动时，对于动态结构，外力和位移都是时间 t 的函数，在考虑单元特性时，物体所受的载荷还要考虑单元的惯性力和阻尼等因素。

一般来说，阻尼系数与频率有关。常用的阻尼是黏性比例阻尼，此时

$$[C] = \alpha[M] + \beta[K]$$

式中　α，β——分别为与系统外内阻尼有关的常数。

整个结构的运动方程为：

$$[M]\{\ddot{x}\} + [C]\{\dot{x}\} + [K]\{x\} = \{f\} \tag{10-1}$$

式中　$[K]$——结构刚度矩阵；

　　　$[M]$——结构质量矩阵；

　　　$[C]$——结构阻尼矩阵。

如果不考虑阻尼力，将式（10-1）看作是无阻尼系统，有 $[C] = 0$；当 $\{f\} = 0$ 时，得自由振动时的无阻尼动力方程

$$[M]\{\ddot{x}\} + [K]\{x\} = 0 \tag{10-2}$$

设特解：　　　　　　　$\{x\} = \{\varphi\}e^{j\omega t} \tag{10-3}$

式中　$\{\varphi\}$——自由响应的幅值列阵，N 阶。将式（10-3）代入式（10-2），得：

$$([K] - \omega^2[M])\{\varphi\} = 0 \tag{10-4}$$

当 $\{\varphi\}$ 非零时，ω^2 为特征值，$\{\varphi\}$ 为特征矢量。该方程有非零解的充要条件是其系数矩阵行列式为零，即

$$|[K] - \omega^2[M]| = 0 \tag{10-5}$$

式（10-5）是关于 ω^2 的 N 次代数方程。设无重根，解此方程得 ω 的 N 个互异正根 ω_{0i}（$i = 1, 2, 3, \cdots, n$），通常按升序排列：

$$0 < \omega_{01} < \omega_{02} < \cdots < \omega_{0n}$$

ω_{0i} 为振动系统的第 i 阶主频率（模态频率），此时对应无阻尼振动系统，主频率即固有频率。

将每一个 ω_{0i}（$i = 1, 2, 3, \cdots, n$）代入式（10-2），得到关于 $\{\varphi_i\}$ 中元素的具有 $N-1$ 个独立方程的代数方程组。共解得 N 个线性无关的非零矢量的比例解，通常选择一定方法进行归一化，称为主振型即模态振型，因对应无阻尼振动系统，故为固有振型。此时为实矢量

$$[\varphi_i] = [\varphi_{1i}\ \varphi_{2i}\ \cdots\ \varphi_{ni}]^T \quad (i = 1, 2, 3, \cdots, n) \tag{10-6}$$

将 N 个特征矢量按列排成一个 $n \times n$ 阶矩阵

$$[\varphi_i] = [\{\varphi_1\}\ \{\varphi_2\}\ \cdots\ \{\varphi_n\}] \tag{10-7}$$

称为系统的特征矢量矩阵，此时特征矢量即为模态矢量。

有限元动力学分析中的模态分析就是通过计算软件运用计算机，用理论的方法求解系统的固有频率和模态矢量。

10.3 消声器有限元模态分析例题

例 10-1 空压机消声器的动态优化与模态分析

（1）空压机噪声源概述。

WW-3.0/1.0 型无油空压机噪声源主要是空气动力性噪声，在进气口处噪声级达 90dB（A），进气口处倍频程声压级见表 10-1；并进行频谱分析，精确分析噪声能量的分布情况，空压机明显呈中、低频特性。表中列出 NR65 对应值及所需消声量。

表 10-1　倍频程声压级

倍频程	进口测点	NR65 曲线	需消声量
31.5	74	93	—
63	79.5	86.9	-7.4
125	87.5	78.6	8.9
250	95	72.5	22.5
500	83.2	68.1	15.1
1000	72.5	65	7.5
2000	69	62.5	6.5
4000	64	60.5	3.5
8000	64	59	5
16000	62.5	58	4.5
A	90	70	20

（2）噪声控制方案及消声器结构设计。

综合考虑 WW-3.0/1.0 型无油空压机噪声源控制的技术及经济因素，确定在进气口处安装消声器。根据噪声源特点，消声器设计成两级扩张室式，扩张室中采用带孔的内插管。消声的类型确定以后，其具体尺寸通过优化设计的方法来达到。

（3）消声器的优化设计：

1）目标函数的选择：

优化设计中一般把质量作为目标函数，这样可以节约材料，降低成本。由于抗性消声器是薄的壳体，因此以体积作为目标函数更为合理。空压机进气口的直径 $d_1 = 76$mm。根据理论分析，抗性消声器第二室应比第一室长 1/3，有利于噪声的消除。

$$V = \frac{\pi}{4} d_1^2 m \left(l + \frac{4l}{3} \right) = \frac{7\pi}{12} d_1^2 ml$$

$$X = \begin{bmatrix} x_1 \\ x_2 \end{bmatrix} = \begin{bmatrix} m \\ l \end{bmatrix}$$

式中　　m ——扩张比；

　　　　l ——长度。

2）约束函数的建立：

①各频带的消声量限制。从表 10-1 可看出，频率为 250Hz 时，所需量最大，从消声量的公式来看，它与扩张比、长度有关，因此，如下式满足要求，各频带的消声量皆成立。

$$g_1(x) = 10\lg\left[1 + \frac{1}{4}\left(x_1 - \frac{1}{x_1}\right)^2 \sin^2\left(\frac{2\pi}{c} \cdot 250x_2\right)\right] +$$

$$10\lg\left[1 + \frac{1}{4}\left(x_1 - \frac{1}{x_1}\right)^2 \sin^2\left(\frac{2\pi}{c} \cdot 250 \cdot \frac{4x_2}{3}\right)\right]$$

$$\geqslant 0$$

②上限、下限频率的限制。根据扩张室有效消声的上限频率 f_u 和噪声频谱特性，应满足 $f_u \geqslant 1000$，因而约束条件为：

$$g_2(x) = 1.22 \times \frac{340 \times 10^3}{76\sqrt{x_1}} - 1000 \geqslant 0$$

扩张室相当于一个低通滤波器，存在一个下限频率 $f_1 < 125$，根据频谱特性要求，下限频率约束条件为：

$$g_3(x) = 125 - \frac{\sqrt{2} \times 340 \times 10^3}{2\pi}\sqrt{\frac{1}{(x_1 - 1)\,x_2^2}} \geqslant 0$$

③压力损失的约束。一般压力损失不超过 6%，根据 WW-3.0/1.0 型空压机技术参数，其排气压力为 106Pa，容积流量为 3.0m³/min。它的最大允许阻力损失，经计算为 60000Pa，则压力损失的约束为：

$$g_4(X) = 60000 - 1.29 \times (5.51)^2 \times \left[\left(1 - \frac{1}{x_1}\right)^2 + \frac{1}{2}\left(1 - \frac{1}{x_1}\right)\right] \geqslant 0$$

3）优化方法的选择：

按照内点惩罚函数法，输入约束函数和目标函数，迭代终止条件，运行程序，输出最优的结果：

$$x_1 = 11\text{mm}, \quad x_2 = 210\text{mm}$$

（4）消声器的有限元动态分析。

消声器是一个消声装置，但如果设计不合理，非但达不到消声的效果，还有可能作为一个发声体。特别是当噪声频率与消声器的某一固有频率相近时，可能引起共振，达不到所希望的消声效果，因此需要对其进行模态分析。

1）消声器模型的建立：

该消声器类型为带内插管的 2 个扩张室式抗性消声器，消声器的材料采用薄的钢板，所以消声器用壳体单元，采用 ANSYS 软件处理系统，单元类型

She1193，采用自由划分网格的形式。She1193特别适合模型为弯曲的壳体，每个节点有6个自由度，即 X、Y、Z 方向的位移和绕 X、Y、Z 轴旋转。整个模型共划分为2394个单元、7116个节点。

消声器与空压机相连，看作一端固定，一端自由。采用Q235牌号钢，厚度为2mm，弹性模量 $E=206\mathrm{GPa}$，泊松比 $\mu=0.25$，密度 $\rho=7.8\times10^3\mathrm{kg/m^3}$。

2）模态分析：

有限元模型建立以后，对其进行模态分析，即求解结构的固有频率及其对应的振型。前10阶的固有频率见表10-2，部分振型图如图10-1和图10-2所示。

表10-2   10阶固有频率

阶 数	频率/Hz	阶 数	频率/Hz
1	7.0675	6	32.367
2	17.512	7	32.587
3	17.512	8	37.752
4	32.178	9	37.981
5	32.178	10	37.991

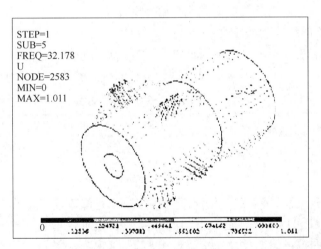

图10-1   第5阶振型图

3）固有频率和振型分析：

空压机的转速为645r/min，本台空压机为W型，根据下式：

$$f_i = \frac{nz}{60}i$$

式中 z——气缸数目，$z=3$；

n——压缩机的转速，r/min；

i——谐波序号，$i=1$，2，3。

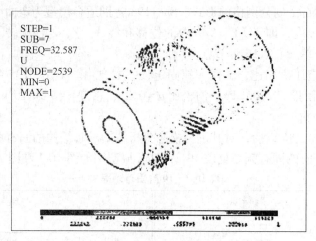

STEP=1
SUB=7
FREQ=32.587
U
NODE=2539
MIN=0
MAX=1

图 10-2　第 7 阶振型图

活塞往复运动的基频为 32.25Hz；二次谐波频率为 64.5Hz，其中 96Hz、129Hz 是它的高次谐波。消声器的 4 至 7 阶固有频率与基频 32.25Hz 非常接近，且从振型图 10-1、图 10-2 可以看出，振型为鼓胀式，这种振型会加强噪声的辐射，将与进排气噪声引起共振，严重影响降噪效果。

4）消声器的结构动力修改：

通过动态分析，振动特性不满足要求。需要动力修改，通过优化，消声器的尺寸不做修改，增加壁厚 1mm，重新进行模态分析。前几阶固有频率见表 10-3。

表 10-3　结构动力修改后固有频率

阶　数	频率/Hz	阶　数	频率/Hz
1	17.764	4	37.364
2	17.765	5	42.760
3	37.315	6	42.840

从表 10-3 中可以看出，消声器的固有频率成功地避开了进排气噪声的各次谐波区域。按照消声器的设计尺寸，对其进行加工和实验测试，消声器达到预期降噪效果。

11　消声器的实验模态分析

11.1　消声器实验模态分析概述

理论模态分析（固有频率、振型）是解决结构动态设计的重要手段，而通过实验及数据处理来识别实际结构的动力学模型，是近四十年来结构动力学特性研究的重要发展。实验模态分析是用实验的方法来寻求模态频率、振型及描述响应向量的各个坐标值。直接通过实验求得特征值（固有频率）和特征向量（振型）。模态分析法可以不必求出所有特征值和特征向量，而只是求出人们所需要的较低几阶，包括模态质量、模态刚度和模态阻尼等，运用这些参数建立响应计算模型。

前一章，对消声器进行了有限元动力学分析及建模和计算，得到了消声器的固有频率和振型，为消声器的制造提供了理论依据。但是，由于制造工艺和材料的局限性，消声器制造出来后很可能不能满足理想状态，计算出的固有频率和振型与实际的消声器可能有一定的误差，所以对消声器试件进行实验模态分析是十分必要的。

实验模态分析是综合运用线性振动理论、动态测量技术、数字信号处理和参数识别等手段进行系统识别的过程。

对消声器（其他结构也一样）进行实验模态分析，首先要建立消声器的振动结构。

一般的振动问题由激励（输入）、振动结构（系统）和响应（输出）三部分组成。根据研究目的的不同，可将振动问题分为以下三个基本类型：

（1）已知激励和振动结构，求系统响应；

（2）已知振动结构和响应，求系统的参数；

（3）已知系统和响应，求对系统的激励。

模态分析就是第二种情况。用一定的力去激励系统，测出系统的响应，经过一定的方法和步骤，求出系统的参数（这里是系统的固有模态和振型）。这是振动问题的反问题，也叫做系统识别或系统辨识。

一般地，我们经常把一个系统（振动结构）模型分为三种：（1）物理参数模型，即以质量、刚度、阻尼为特征参数的数学模型；（2）模态参数模型，即以模态频率、模态振型和衰减系数为特征参数的模型和以模态质量、模态刚度、模态阻尼、模态矢量（留数）组成的另一类模态参数模型，这两类模态参数都可以完整地描述一个振动系统；（3）非参数模型，频响函数或传递函数、脉冲响应函数是两种反映振动系统特性的非参数模型。

模态分析的实质是一种坐标变换。其目的是把原在物理坐标系统中描述的响应向量，放在所谓"模态坐标系统"中来描述。这一坐标系统的每一个基向量恰是振动系统的一个特征向量。运用这一坐标的好处是：利用各特征向量之间的正交特性，可描述响应向量的各个坐标，互相独立而无耦合。

因此，模态分析的关键在于得到振动系统的特征向量（或称特征振型、模态振型）。实验模态分析便是用实验的方法来寻求固有频率和模态振型及描述响应向量的各个坐标，即模态坐标。

实验模态分析的主要步骤是：

（1）用实验的手段测得激励信号和响应的时间历程；

（2）运用数字信号处理技术求得频响函数（传递函数）或脉冲响应函数，得到函数的非参数模型；

（3）运用参数识别方法，求得系统模态参数。

11.2 消声器实验模态分析的理论基础

系统的模态分析分为实模态分析和复模态分析两种。

对于无阻尼和比例阻尼系统，表示系统主振型的模态矢量是实模态矢量，称为实模态系统，相应的模态分析过程叫做实模态分析。而结构阻尼和一般黏性阻尼系统属于复模态系统，相应的分析就叫做复模态分析。

绝大多数振动结构可离散为有限个自由度的多自由度系统。本章消声器就是这么一个结构，在实验中把消声器离散为有限个自由度，作近似计算。对于一个有 N 个自由度的振动系统，在线性范围内，物理坐标系中的自由振动响应为 N 个主振动的线性叠加，每个主振动都有一种特定形态的自由振动，振动频率即系统的主频率，振动形态即系统的主振型，对应每个阻尼系统的主振动有相应的模态阻尼。一般地，N 个自由度系统有 N 个主频率和 N 个主振型以及 N 个模态阻尼。

消声器结构的阻尼可以忽略不计，所以可以把消声器结构看作是无阻尼或比例阻尼系统，即结构的模态分析为实模态分析。

具有 N 个自由度的无阻尼系统的振动微分方程为

$$[M]\{\ddot{x}\} + [K]\{x\} = \{f(t)\} \tag{11-1}$$

式中 $\{x\}$，$\{\ddot{x}\}$——分别为用物理坐标描述的位移列阵和加速度列阵，N 阶；

   $\{f(t)\}$——外部激励列阵，N 阶；

  $[M]$，$[K]$——分别为系统的质量矩阵和刚度矩阵，$N \times N$ 阶，均是实对称矩阵。

设无阻尼振动系统受简谐激励：

$$\{f(t)\} = \{F\}e^{jwt} \tag{11-2}$$

式中　$\{F\}$——激励幅值列阵，N 阶。

则系统稳态位移响应：

$$\{x\} = \{X\}e^{jwt} \tag{11-3}$$

式中　$\{X\}$——稳态位移响应幅值列阵，N 阶。

将式（11-2）、式（11-3）代入式（11-1）得：

$$([K] - \omega^2[M])\{X\} = \{F\} \tag{11-4(a)}$$

或　　　　　　　　$$\{X\} = [H(\omega)]\{F\} \tag{11-4(b)}$$

其中 $[H(\omega)] = [K] - \omega^2[M]$ 称为无阻尼振动系统的频响函数矩阵，$N \times N$ 阶，是实对称矩阵。

设物理坐标系中矢量 $\{x\}$ 在模态坐标系中的模态坐标为 y_i，则：

$$\{x\} = \sum_{i=1}^{n}\{\varphi_i\}y_i = [\varphi]\{y\} \tag{11-5}$$

将式（11-5）代入式（11-1），左乘 $\{\varphi\}^{T}$，并注意正交性：

$$[\varphi]^{T}[M][\varphi] = \text{diag}[m_i]$$

$$[\varphi]^{T}[K][\varphi] = \text{diag}[k_i]$$

$$\Lambda = \text{diag}[\omega_{oi}^2]$$

得模态坐标下的强迫振动方程：

$$\text{diag}[m_i]\{\ddot{y}\} + \text{diag}[k_i]\{y\} = [\varphi]^{T}\{f(t)\} \tag{11-6}$$

设稳态位移响应为

$$\{y\} = \{Y\}e^{jwt} \tag{11-7}$$

代入式（11-6），并考虑式（11-2），得：

$$\text{diag}[k_i - \omega^2 m_i]\{Y\} = [\varphi]^{T}\{F\} \tag{11-8}$$

则：

$$\{Y\} = \text{diag}\left[\frac{1}{k_i - \omega^2 m_i}\right][\varphi]^{T}\{F\} \tag{11-9}$$

将式（11-3）、式（11-7）代入式（11-5）并注意式（11-9），有：

$$\{X\} = [\varphi]\{Y\} = [\varphi]\text{diag}\left[\frac{1}{k_i - \omega^2 m_i}\right][\varphi]^{T}\{F\} = \sum_{i=1}^{n}\frac{[\varphi_i][\varphi_i]^{T}}{k_i - \omega^2 m_i}\{F\}$$

$$\tag{11-10}$$

设 $[H] = \dfrac{\{X\}}{\{F\}}$，有

$$[H(\omega)] = \sum_{i=1}^{n} \frac{[\varphi_i][\varphi_i]^{\mathrm{T}}}{k_i - \omega^2 m_i} \qquad (11\text{-}11(\mathrm{a}))$$

称为无阻尼振动系统频响函数矩阵的模态展式。

事实上有：

$$\begin{aligned}
[H(\omega)] &= [\varphi][\varphi]^{-1}([K] - \omega^2[M])^{-1}([\varphi]^{\mathrm{T}})^{-1}[\varphi]^{\mathrm{T}} \\
&= [\varphi][[\varphi]^{\mathrm{T}}([K] - \omega^2[M])[\varphi]]^{-1}[\varphi]^{\mathrm{T}} \\
&= [\varphi][\mathrm{diag}[k_i - \omega^2 m_i]]^{-1}[\varphi]^{\mathrm{T}} \\
&= \sum_{i=1}^{n} \frac{[\varphi_i][\varphi_i]^{\mathrm{T}}}{k_i - \omega^2 m_i} \qquad (11\text{-}11(\mathrm{b}))
\end{aligned}$$

从式（11-11）可看出，频响函数的模态展式中含有系统的所有模态。得出系统的频响函数，通过计算，就可以得出系统的固有频率和振型。

若考虑阻尼，则系统运动方程为：

$$[M]\{\ddot{x}\} + [C]\{\dot{x}\} + [K]\{x\} = \{f(t)\}$$

式中　$[C]$——比例阻尼，$[C] = \alpha[M] + \beta[K]$，$\alpha$ 和 β 为比例常数。

频响函数矩阵与模态参数之间的关系，在忽略消声器的阻尼后，得到消声器结构的频响函数

$$[H(\omega)] = \sum_{i=1}^{n} \frac{[\varphi_i][\varphi_i]^{\mathrm{T}}}{k_i - \omega^2 m_i} \qquad (11\text{-}11(\mathrm{c}))$$

整理得

$$\begin{aligned}
[H(\omega)] &= \sum_{i=1}^{n} \frac{1}{k_i - \omega^2 m_i}
\begin{bmatrix}
\varphi_{1i}\varphi_{1i} & \varphi_{1i}\varphi_{2i} & \cdots & \varphi_{1i}\varphi_{ni} \\
\varphi_{2i}\varphi_{1i} & \varphi_{2i}\varphi_{2i} & \cdots & \varphi_{2i}\varphi_{ni} \\
\vdots & \vdots & & \vdots \\
\varphi_{ni}\varphi_{1i} & \varphi_{ni}\varphi_{2i} & \cdots & \varphi_{ni}\varphi_{ni}
\end{bmatrix} \\
&= \sum_{i=1}^{n} \frac{1}{k_i - \omega^2 m_i}
\begin{bmatrix}
\varphi_{1i}\{\varphi_i\}^{\mathrm{T}} \\
\varphi_{2i}\{\varphi_i\}^{\mathrm{T}} \\
\vdots \\
\varphi_{ni}\{\varphi_i\}^{\mathrm{T}}
\end{bmatrix} \\
&= \sum_{i=1}^{n} \frac{1}{k_i - \omega^2 m_i}[\{\varphi_i\}\varphi_{1i} \quad \{\varphi_i\}\varphi_{2i} \quad \cdots \quad \{\varphi_i\}\varphi_{ni}]
\end{aligned}$$

$$(11\text{-}11(\mathrm{d}))$$

从式（11-11(d)）中可知：

（1）频响函数矩阵中的任一行为：

$$[H_{r1} \quad H_{r2} \quad \cdots \quad H_{rn}] = \sum_{i=1}^{n} \frac{1}{k_i - \omega^2 m_i}[\varphi_{ri}\{\varphi_i\}^{\mathrm{T}}]$$

$$= \sum_{i=1}^{n} \frac{1}{k_i - \omega^2 m_i} \varphi_{ri} [\varphi_{1i} \quad \varphi_{2i} \quad \cdots \quad \varphi_{ni}]$$

$$= \sum_{i=1}^{n} \frac{\varphi_{ri}}{k_i - \omega^2 m_i} [\varphi_{1i} \quad \varphi_{2i} \quad \cdots \quad \varphi_{ni}]$$

$$(11\text{-}12)$$

可以看出，频响函数中的任一行包含了所有的模态参数，而该行的第 i 阶模态的频响函数值的比值就是第 i 阶模态振形。所以，只要我们在结构的某一固定点拾振，而轮流地激励所有的点，即可求得频响函数中的一行；这一行频响函数中就包含了进行模态分析所需要的全部信息。

（2）频响函数矩阵中的任一列为：

$$\begin{Bmatrix} H_{1r} \\ H_{2r} \\ \vdots \\ H_{nr} \end{Bmatrix} = \sum_{i=1}^{n} \frac{\varphi_{ri}}{k_i - \omega^2 m_i} \begin{Bmatrix} \varphi_{1i} \\ \varphi_{2i} \\ \vdots \\ \varphi_{ni} \end{Bmatrix} \qquad (11\text{-}13)$$

可见频响函数矩阵中的任一列也包含了全部模态参数，而该列的第 i 阶模态的频响函数的比值就是第 i 阶模态振形。

同理：只要得到频响函数矩阵中的任一列，就可以得到进行模态分析所需要的全部信息。要得到频响函数矩阵的一列，只要在结构的某一固定点激励，而轮流在所有点上拾振，就可以了。

模态振型表示结构各点之间的相对位移关系，是一组位移比，按其本意它不是绝对确定的量，并且没有单位。然而，频响函数是有单位的，其数值是确定的。这就要求对模态振型的取值方法做出适当的人为规定，使其具有确定的数值（单位仍然是没有的），从而其他与模态振型的取值方法所做的人为的规定即所谓模态振型规格化。常用的规格化方法有以下四种：

（1）以激励点作为参考点，取该点的振型元素为 1。若激振点为 r 点，对 $\{\varphi_i\}$ 来说，必然是 $\{\varphi_{ri}\} = 1$，其他各元素的值便可与 $\{\varphi_{ri}\}$ 相比而确定；

（2）以 $m_i = \{\varphi_r\}^T [M] \{\varphi_r\} = 1$ 作为规格化原则。根据这一原则，将有 $k_i = \omega_i^2$；

（3）以 $\sqrt{\sum_{r=1}^{n} \varphi_{ri}^2} = 1$ 作为规格化原则，这一原则的实质即要求模态向量为单位向量：$\{\varphi_r\}^T \{\varphi_r\} = 1$；

（4）设模态振型中最大的元素为 1。

采用不同的规格化方法，得到的模态质量和模态刚度将各不相同。但是不会影响结构的模态频率和模态阻尼比，最终的模态振型也是不变的。

11.3　消声器实验模态分析训练及例题

实验模态分析要求消声器试件处于自由状态。自由状态就是要让实验对象在任一坐标上都不与地面相连接，自由地悬浮在空中。在这种状态下，系统应具有6个刚体模态：3个平移模态和3个转动模态。前者由结构的质量确定，后者由3个转动惯量确定。刚体模态对应的固有模态为零。

实际上，所谓自由状态还是要通过某种支承来近似实现。一般地，我们用很长的、柔性很好的橡胶绳来实现试件的自由状态。在实验中，把试件悬挂在橡胶绳上，如图11-1所示。

测点位置、测点数量及测量方向的选定应考虑以下方面：（1）能够在变形后明确显示在实验频段内的所有模态的变形特征及个模态间的变形区别；（2）保证所关心的结构点（如在总装时要与其他部件连接的点）都在所选的测量点之中。

在实验之前，测点要在结构上编号注明。实验频段要考虑结构在正常工作条件下激振力或外界干扰的频率范围，越接近越好。一般地，采用适当高于激振力或外界干扰的频率的实验频率。另外，为了求取较多的模态，试件的实验频率应适当放宽些。

一般地说，进行模态分析的基本测试系统包括激励装置、传感系统、分析装置三个方面。其中，激励装置用于对试件的激振力的测量，传感系统用于测量响应信号的输出，分析装置用于分析处理得到的信息，以进一步得到人们所需的信息。

信号的记录可用 DLF-3 型双通道四合一放大器、INV 采集系统和 DASP2003 分析软件对信号进行采集和记录，记录的结果就保存在 DASP2003 分析软件中，以备以后进一步的分析和处理。

用于结构激励的激振器基本上可分为接触式和非接触式。常用的接触式激振器有机械式、电磁式和电液式，这类激振器在实验过程中通过某种形式始终与结构保持接触；而力锤激励在应用时仅与结构短时接触，属于非接触式激振器。实验的装置简图如图11-1所示。

用 INV 采集系统和 DASP2003 软件对信号进行采集和处理。每敲击一下消声器，INV 采集系统和 DASP2003 软件就会采集到2个信号：一个是力的激励信号，一个是消声器的响应信号。当所有点都敲击完之后，就采集到了实验分析所需要的所有数据。对力信号和响应信号进行传递函数分析，就得到一系列的传递函数。这些传递函数中，每一个都包含了消声器试件所有的固有频率和所有的模态质量、刚度和阻尼（若考虑阻尼）。对所有的传递函数进行集总平均或进行一点传函分析确定模态阶数，然后再进行模态拟合，就可以得出消声器试件所有的模

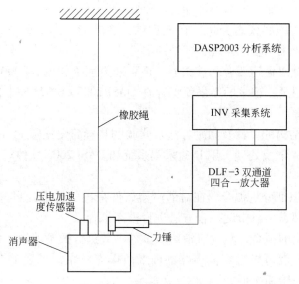

图 11-1　实验的装置简图

态频率和模态振型。选取前 8~10 阶模态频率，分析与干扰频率是否相同或相近。若相同或相近，则消声器在工作过程中就会产生共振，放大噪声，容易损坏，寿命不长。这时需要对消声器进行结构动力修改。若消声器的固有频率和外界的干扰频率相差很远，则说明消声器设计的比较合理，在工作过程中不会产生共振，能够安全工作，消声的寿命也会很长。

例 11-1　阻抗复合消声器的实验模态研究

VW-0.22/7-B 型无油空气压缩机，基本参数：流量为 0.22m³/min、压力为 7×10^5Pa；转速为 945r/min；功率为 2.2kW；缸数为 2 缸单作用。驱动电机为 Y100L1-4，功率为 2.2kW；电流为 50A；转速为 1430r/min；电压为 380V，频率为 50Hz。

通过对空气压缩机噪声倍频程声压级分析和自功率谱分析，其噪声主要是空气动力性噪声，主要集中在中低频，在高频也有一部分噪声倍频程声压级超过了允许的范围；声压级最高在 500Hz 处，高出标准 21 噪声最高能量出现在 189Hz、252Hz、475.5Hz、504Hz 处。因为该空压机的基频为 31.5Hz，所以该噪声的谐频较突出。通过设计阻抗复合式消声器来降低该空压机的噪声。高频部分的噪声利用在消声器内壁填充吸声材料来降低。优化设计方法选用内点惩罚函数法。

本例题设计的消声器在降低噪声方面是满足要求的，但是消声器在工作过程中会不会因为噪声信号而发生共振呢？这就要求在消声器生产之前要预知消声器的一些固有频率和振型。

结构的固有频率和振型可以通过 ANSYS 软件进行计算。由 ANSYS 软件计算的结构模态频率和振型是在理想状态下得来的，利用实验得到的模态频率和振型是和实际相似的，比 ANSYS 软件的计算结果更有参考价值。

（1）消声器的实模态分析。在本例中，忽略消声器的阻尼，可以把消声器看作是无阻尼或比例阻尼系统，即消声器的模态分析为实模态分析。

用 DLF-3 型双通道四合一放大器、INV 采集系统和 DASP2003 分析软件对信号进行采集和记录，记录的结果就保存在 DASP2003 分析软件中，以备以后进一步的分析和处理。

（2）实验结构的设计及激励方法。实验的装置简图见图 11-1。

（3）信号采集及处理。用 INV 采集系统和 DASP2003 软件对信号进行采集和处理。

（4）参数识别分析拟合。在对消声器试件采集的传递函数进行参数识别时，本书用的是实模态多自由度拟合方法进行模态拟合。

通过对数据的拟合，然后对消声器试件参数进行振型编辑，此时采用质量归一的方法，这样就可以得到消声器的前 8 阶模态频率，见表 11-1。图 11-2 所示为消声器的第三阶模态振型。

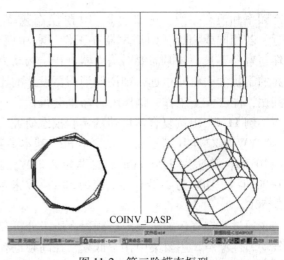

表 11-1 消声器前 8 阶模态频率

阶　数	频率/Hz
1	16.065
2	30.907
3	64.502
4	106.540
5	154.744
6	205.594
7	219.720
8	234.164

COINV_DASP

图 11-2　第三阶模态振型

通过对消声器试件的实验模态分析，得到了消声器的前 8 阶固有频率和模态振型，可以发现，这些频率远远避开了噪声的峰值频率，消声器不会在噪声峰值产生共振，可抑制噪声辐射，延长消声器的使用寿命。当动态特性不满足预定要求时，需要对结构进行动力性修改。从这些数据看出，用实验方法得到的固有频率和用 ANSYS 软件得到的固有频率有一定的误差，这是因为：ANSYS 软件模态分析的固有频率是在消声器模型理想状态下得到的，但实验模态分析的消声器是实体试件，实验得到的数据和用软件得到的数据有偏差是不可避免的。通过改善实验环境、加强测试技巧，可使实验得到的数据更接近消声器的真实固有频率。

所以，用实验得到的消声器的固有频率和模态振型对实际应用来说更可靠，更能反映消声器的特性。

在消声器的设计过程中，采用以设计为中心的虚拟制造技术，可以达到产品开发周期和成本的最小化，产品设计质量特性的最优化。随着计算机技术的发展，软硬件功能的加强，更加适应制造技术今后的发展趋势，如何设计出结构合理、经济实用的优良消声器，有待于人们的进一步深入探索。

12 噪声源测试分析应用专题

专题1　LGA罗茨风机噪声测试与分析

【内容摘要】　通过对LGA罗茨风机噪声的实测，将采集的信号进行数据处理，频谱分析。将一般工程方法与现代信息处理技术相结合，寻找该风机噪声机理和特性，为设计低噪声、高性能的风机及实施有效的噪声控制提供可靠的参考依据。

【关键词】　噪声；信号处理；频谱分析；功率谱；相干函数

一、LGA罗茨风机噪声的测试及信息采集

LGA-60/500风机主要参数：

Q：$60m^3/min$；n：780r/min；N：80kW；P：49kPa；U：380V；f：50Hz

（一）测试仪器及测点位置

参考《风机和罗茨风机噪声测量方法》（GB 2888—2008），测点布置如图12-1所示。测试仪器有ND6精密级声级计、NL3倍频程滤波器、CH-11823传声器（测试前用NXI活塞式发生器校准）、JCM-H1记录仪、加速度传感器、DHF-2电荷放大器、XJ18型波器、信号处理机等。测试结果见表12-1。

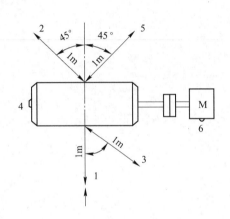

图 12-1　测点布置

表 12-1　噪声倍频程声压级与 A 声级　　　（dB）

测　点	频率 f/Hz								
	63	125	250	500	1×10^3	2×10^3	4×10^3	8×10^3	A
1	105	114	110	117	108	101	98	90	118
2	109	117	116	120	114	108	104	96	121
3	107	113	109	116	112	109	106	98	117
4	106	110	118	115	109	102	99	96	117.5
5	107	116	114	119	119	110	104	99	120
6	108	115	113	118	112	109	103	96	118.5
*NR*85	103	97	91	87	90	82	81	79	90

注：*NR*85为标准曲线的对应值。

（二）噪声信息采集

在上述各测点的测试中已用电荷放大器、记录仪、示波器等将噪声与振动信号记录下来。同时，用分步运转法测得机械性噪声为 88dB（A），电磁噪声为 85dB（A）。

二、信息处理与频谱图

将上述采集的信息用 CRAS 软件系统送入信号处理机进行分析。CRAS 系统提供汇编程序（该程序框图略），包括信号采样、数据处理、输入输出系统。其主要数字运算：

$$R_x(\tau) = \lim \frac{1}{T} X \int_0^T x(t) x(t+\tau) \, dt \tag{12-1}$$

$$G(f) = 2 \int_{-\infty}^{\infty} R_x(\tau) e^{-j2\pi f\tau} \, d\tau = 4 \int_0^{\infty} R_x(\tau) \cos(2\pi f\tau) \, dt \tag{12-2}$$

$$r_{xy}^2(f) = \frac{|G_{xy}(f)|^2}{G_x(f) G_y(f)} = \frac{|S_{xy}(f)|^2}{S_x(f) S_y(f)} \tag{12-3}$$

$$0 \leqslant r_{xy}^2 \leqslant 1$$

式中　　$R_x(\tau)$——自相关函数；

　$x(t)$，$y(t)$——分别为在 t 时刻时间信号；

　　　τ——时延（时间间隔）；

　　r_{xy}^2——相干函数；

$G_x(f)$，$G_y(f)$——分别为 $x(t)$，$y(t)$ 的单边自功率谱密度函数；

　　$G_{xy}(f)$——$x(t)$，$y(t)$ 的互谱密度函数；

$S_x(f)$，$S_y(f)$——$x(t)$ 和 $y(t)$ 的双边谱密度函数。

1 点处噪声处理自功率谱如图 12-2 所示；2 点处噪声信号处理自功率谱如图 12-3 所示；4 点处噪声信号处理自功率谱如图 12-4（a）所示，4 点处机壳振动信号处理自功率谱如图 12-4（b）所示，4 点处相干函数如图 12-4（c）所示；6 点处噪声信号处理自功率谱如图 12-5（a）所示，6 点处电机壳振动信号处理自功率谱如图 12-5（b）所示，6 点处相干函数如图 12-5（c）所示。

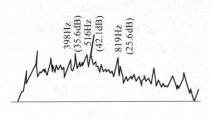

图 12-2　1 点噪声自功率谱

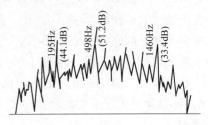

图 12-3　2 点噪声自功率谱

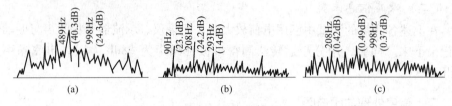

图 12-4　4 点处情况

（a）4 点噪声自功率谱；（b）4 点风机壳振动自功率谱；（c）4 点相干函数

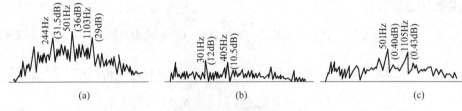

图 12-5　6 点处情况

（a）6 点噪声自功率谱；（b）6 点电机壳振动自功率谱；（c）6 点相干函数

三、测试结果与频谱分析

从该风机噪声产生的机理和机组向外辐射噪声可分为进出气口噪声的空气动力性噪声，机壳及电动机轴承等辐射的机械性噪声，基础振动的辐射固体声、电磁噪声。在上述几部分中，空气动力性噪声最强。按产生机理又可分为旋转噪声和涡流噪声。旋转噪声是工作叶轮与空气相对运动，空气挤压造成压力脉动形成的。涡流噪声是气体高速掠过叶轮表面分裂时，因气体有黏性，滑脱成一系列的涡流，从而辐射出的一种非稳定涡流噪声。

空气动力性噪声是旋转噪声与涡流噪声相互混杂的结果，由表 12-1 可看出，频谱分布较宽。在 63~8000Hz。都超出 NR85 曲线的对应值。在图 12-2 中看到，在 127Hz、398Hz、516Hz、819Hz 等处出现峰值，516Hz 最强。在图 12-3 中，在 195Hz、498Hz、1463Hz 出现峰值，498Hz 最强。516Hz、498Hz 相近均是空气动力性噪声。在图 12-4（a），498Hz 等处出现峰值；在图 12-4（b）中在 208Hz 等处也出现峰值；在图 12-4（c）中，208Hz 及其他频率相干函数 r_{xy}^2 < 0.6，这说明噪声频谱上的峰值主要来源于空气动力性噪声，而不是电风机叶振动产生的噪声。在图 12-5（a）中，244Hz、501Hz、1103Hz 等处出现峰值，在图 12-5（b）中，在 301Hz、405Hz 等处出现峰值。但图 12-5（c）中所有峰值频率的 r_{xy}^2 < 0.6，所以噪声频谱上的峰值是空气动力性噪声，而不是由电动机外壳振动产生的噪声。

四、结论

利用一般方法测试和现代频谱分析技术可以看出，该风机空气动力性噪声最强，机械性噪声、电磁噪声次之；从频谱分析图中可看出该风机频谱呈宽带连续谱，在 500Hz 左右具有明显的峰值，在实施噪声控制时尤应注意；用一般方法则不能找到如此精确的峰值，运用现代频谱分析技术为我们设计低噪声高性能的风机（如工作轮及内腔结构的优化设计），设计高效消声元件，提供了有力的参考数据。

专题 2　减速器的噪声测试及控制

【内容摘要】利用齿轮噪声级计算公式预估二级齿轮的噪声级，并经试验运转测试分析，寻找齿轮产生噪声的原因和机理，提出了采用轮齿修缘、阻尼降噪等措施，其降噪量可达 6~7dB。

【关键词】　减速器；噪声源；声压级；自功率谱

一、齿轮噪声源分析及估算

减速器在运转工作中会产生较强的机械噪声，主要包括轴承和齿轮噪声，以及壳体辐射噪声等。齿轮噪声是机械噪声中的主要噪声源。齿轮产生噪声的主要原因是：在齿轮啮合过程中，齿与齿之间的连续冲击使齿轮产生啮合频率的受迫振动，进而产生噪声；齿轮在旋转过程中，由于齿轮偏心的不平衡力产生与转速相一致的低频振动；当齿轮受外界激振力作用，产生与本身构造和质量有关的齿轮固有频率相同频率的瞬态自由振动时也会带来噪声；齿与齿之间的摩擦会使齿轮产生自激振动带来摩擦声；当齿轮凹凸不平时，会引起周期性冲击声。对于设计者，若在齿轮未加工制造之前，就能了解齿轮的设计参数与齿轮噪声的关系，对降低齿轮的噪声很有益处。

本专题讨论二级减速器的噪声级估算问题。设计的二级减速器，电动机功率为 5.5kW，转速为 1440r/min，齿轮精度等级为 7 级，其主要设计参数见表 12-2。

表 12-2　某二级减速器主要设计参数

参　数	I	II
传动比	$i_{12} = 5.04$	$i_{34} = 3.738$
模数	$m_n = 2$	$m_n = 2.5$
螺旋角	$\beta = 14°30'$	$\beta = 16°41'$
齿数	$z_1 = 20,\ z_2 = 101$	$z_3 = 26,\ z_4 = 97$
分度圆直径/mm	$d_1 = 41.322,\ d_2 = 208.678$	$d_3 = 67.64,\ d_4 = 252.36$

参　数	I	II
齿顶圆直径/mm	$d_{a1} = 45.322$, $d_{a2} = 212.676$	$d_{a3} = 72.64$, $d_{a4} = 257.39$
齿根圆直径/mm	$d_{f1} = 36.322$, $d_{f2} = 203.678$	$d_{f3} = 61.39$, $d_{f4} = 246.11$
齿宽/mm	$b_1 = 45$, $b_2 = 40$	$b_3 = 70$, $b_4 = 65$
材料	左旋 小齿轮 45 号钢调质	右旋 大齿轮 45 号钢正火
齿面硬度	$HB_1 = 235$, $HB_2 = 200$	$HB_3 = 240$, $HB_4 = 200$

上述二级减速器的齿轮噪声级可由下式估算

$$L = C_2 + 20\lg N \tag{12-4}$$

式中　C_2——与齿轮有关的常数。

减速时：
$$C_2 = \frac{20\left(1 + \tan\dfrac{\beta}{2}\right)\sqrt[8]{i}}{f_v \sqrt[3]{\varepsilon}}$$

增速时：
$$C_2 = \frac{20\left(1 - \tan\dfrac{\beta}{2}\right)\sqrt[4]{i}}{f_v \sqrt[4]{\varepsilon}}$$

式中　f_v——速度系数，$f_v = \dfrac{3.6}{3.6 + \dfrac{2}{3}v}$；

v——齿轮线速度，$v = \dfrac{\pi d_1 n}{60 \times 1000}$；

ε——齿轮啮合系数，$\varepsilon = \left[1.88 - 3.2\left(\dfrac{1}{z_1} + \dfrac{1}{z_2}\right)\right]\cos\beta$；

N——齿轮传递的功率，kW。

根据式（12-4）及齿轮的有关参数，分别计算 I 级及 II 级减速的噪声级为
$$L_1 = 47.5\text{dB}, \quad L_2 = 44.4\text{dB}$$
L_1 和 L_2 合成为 49.3dB，即二级减速器的噪声级初步估算值为 49.3dB。

二、齿轮噪声的实验测试分析

经上述计算，已初步估计二级减速器的噪声级。这个公式及修正系数能否真正反映减速器实际运转产生的噪声，还须由实验来检验。根据齿轮的设计参数，加工制造、装配后进行运转实验。经运转实验测得声压级噪声频谱和信号处理自功率谱如图 12-6~图 12-11 所示。

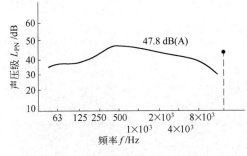

图 12-6　Ⅰ级减速声压噪声频谱

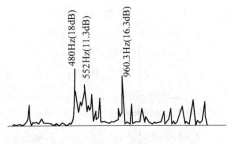

图 12-7　Ⅰ级减速噪声自功率谱

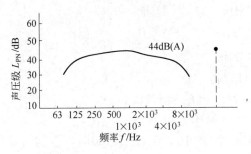

图 12-8　Ⅱ级减速声压噪声频谱

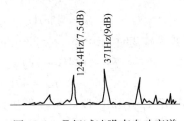

图 12-9　Ⅱ级减速噪声自功率谱

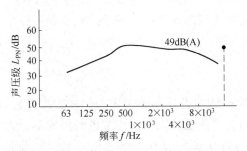

图 12-10　Ⅰ、Ⅱ级减速声压噪声频谱

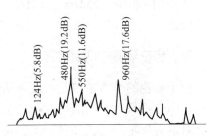

图 12-11　Ⅰ、Ⅱ级减速噪声自功率谱

　　齿轮噪声的频谱有啮合频率和固定频率，以哪个为主，取决于齿轮的精度、轮齿传动载荷的大小等诸多因素。齿轮的啮合频率、转动频率，上边频及下边频分别由下式计算：

$$f_{zi} = \frac{zn}{60}i \qquad (12\text{-}5)$$

$$f_{ri} = \frac{n}{60}i \qquad (12\text{-}6)$$

$$f_{ui} = f_{zi} + f_{ri} \qquad (12\text{-}7)$$

$$f_{li} = f_{zi} - f_{ri} \qquad\qquad (12\text{-}8)$$

式中　f_{zi} ——啮合频率，Hz；

　　　f_{ri} ——转动频率，Hz；

　　　f_{ui} ——上边频率，Hz；

　　　f_{li} ——下边频率，Hz，$i = 1, 2, 3, \cdots$；

　　　n ——转速，r/min；

　　　z ——齿数。

Ⅰ级减速时，$z = 20$，$n = 1440$r/min，计算得

$$f_{z1} = 480\text{Hz}, \quad f_{z2} = 96\text{Hz}, \quad f_{z3} = 1440\text{Hz}, \cdots$$

$$f_{r1} = 24\text{Hz}, \quad f_{z2} = 48\text{Hz}, \quad f_{r3} = 72\text{Hz}, \cdots$$

$$f_{u1} = 504\text{Hz}, \quad f_{u2} = 528\text{Hz}, \quad f_{u3} = 552\text{Hz}, \cdots$$

$$f_{l1} = 456\text{Hz}, \quad f_{l2} = 432\text{Hz}, \cdots$$

Ⅱ级减速时，$z = 26$，$n = 286$r/min，计算得

$$f_{z1} = 124\text{Hz}, \quad f_{z2} = 247.8\text{Hz}, \quad f_{z3} = 371\text{Hz}, \cdots$$

$$f_{r1} = 47\text{Hz}, \quad f_{r2} = 94\text{Hz}, \cdots$$

从图 12-6 和图 12-7 可以看出，峰值频率 480Hz、522Hz、960Hz，分别为啮合频率的基频、谐频、边频。从图 12-8、图 12-9 可以看出，峰值频率 124Hz、371Hz 为啮合频率及其他谐频。从图 12-10 和图 12-11 中可以看到，在图 12-6~图 12-9中的 480Hz、552Hz、960Hz，这说明Ⅰ级减速所产生的噪声在总噪声级中仍然突出。

三、齿轮降噪的几点措施

对于齿轮的噪声控制，一般可从齿轮的结构设计参数考虑，如模数、齿数、齿宽、啮合系数等，以提高齿轮的加工和装配精度。同时，应考虑经济成本。为此，对两对齿轮进行齿顶修缘，修缘量约为 0.025~0.035mm，在每个齿轮端面涂抹阻尼材料，该阻尼材料由聚氨酯橡胶、MOCA、丙酮配制而成。采取上述几点降噪措施后。经测试，噪声约为 43dB，降噪量为 6~7dB。

四、结论

由齿轮噪声级计算式估算二级齿轮的噪声级。二级齿轮实际运转表明，噪声测试结果与估算值基本吻合。这说明，估算式基本满足设计者对工程上一些齿轮噪声级的预估；同时，对齿轮采取附加控制措施取得了良好的结果，对提高减速器的效率很有益处。

13　噪声源数学模型的建立应用专题

专题1　轴流风机噪声源数学模型建立和估算

【内容摘要】　在对 70B2 轴流风机噪声源进行分析的基础上，建立了噪声源的数学模型，进一步解释噪声源产生的机理；并利用经验公式定量估算噪声级，试验证明，这些估算满足工程上的要求，具有实用价值。

【关键词】　轴流风机；噪声源；数学模型

一、70B2 轴流风机噪声源概述

70B2 轴流风机虽然是一种老产品，但仍有矿井继续使用，它的噪声级高达 120dB（A）。主要是空气动力性噪声，即由旋转噪声和涡流噪声混杂的结果。其次还有机壳、管壁、电动机、轴承等辐射的机械性噪声及基础振动辐射的固体声。

该轴流风机与其他大型离心风机不同，噪声的频谱特性也不一样。在叶片数和圆周速度相同的条件下，两者的低频噪声基本相同。但由于该轴流风机干扰频率较高，所以引起高频噪声大于离心风机。

二、70B2 轴流风机噪声源的数学模型建立

70B2-21No24 轴流风机的安装示意图如图 13-1 所示。它由进风口叶轮、中导叶、主体风筒、扩散器和传动轴等部件组成。

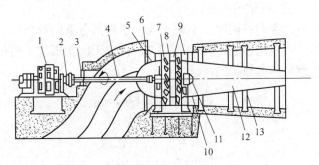

图 13-1　70B2-21No24 轴流风机结构安装示意图

1—电动机；2—挠性联轴器；3—前隔板；4—主轴；5—进风口；

6—中隔板；7—叶轮；8—主体风筒；9—中导叶和后导叶；

10—后隔板；11—轴承部；12—扩散芯筒；13—拉筋板

叶轮是由装在轮毂上的 16 支叶片组成的。叶片呈机翼形，它是由钢板压制成中空叶片，在腔内铆装叶片杆，叶片上端用钢板堵焊，并用双螺帽和防松垫圈把叶片固定在轮毂上。由于该叶轮均匀布置 16 个叶片，可表示为 16 个点声源的模型，如图 13-2 所示。

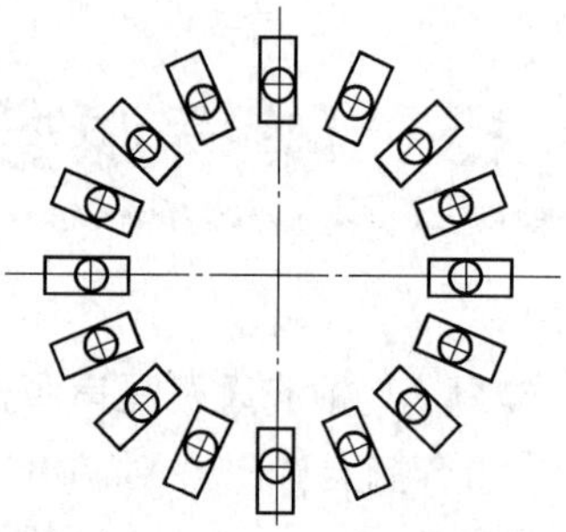

图 13-2　16 个声源的模型

每个点声源代表每个叶片上互不相关的动力脉动。因此，正好是偶极源，偶极源的数学表达式为：

$$L_{P_i} = 20 \lg \left[\frac{F_i \cos\theta}{4\pi r P_{\text{ref}}} \sqrt{\frac{1 + kr^2}{r^2}} \right] \quad (13\text{-}1)$$

$$W_i = \frac{f_i^2 F_i^2}{3\rho_0 C_0^3} \quad\quad (13\text{-}2)$$

式中　L_{P_i}——声压级；

$\quad\quad W_i$——声功率级；

$\quad\quad F_i$——均方根作用力；

$\quad\quad r$——声源至接收点的距离；

$\quad\quad k$—— $k = \dfrac{2\pi f_i}{C_0}$ ，声波的波数；

$\quad\quad f_i$——频率；

$\quad\quad C$——平均声速；

$\quad\quad P_{\text{ref}}$——参考声压，$20\mu\text{Pa}$；

$\quad\quad \rho_0$——流量平均质量；

$\quad\quad \theta$——与偶极轴的夹角。

上述公式中，含有各因次，不利于我们了解其各项的重要性。因此，可引用流体力学中的一些常用参数，把式（13-2）化成无因次形式。根据相似理论，可以得到几个有意义的参数：

$$Sr = \frac{FL}{U} ，\text{斯特劳尔数}$$

$$Re = \frac{UL}{V} ，\text{雷诺数}$$

$$Ma = \frac{U}{C_0} ，\text{马赫数}$$

$$\overline{F} = \frac{F}{\rho_0 LIL^2} ，\text{无因次力}$$

$$\overline{W} = \frac{W}{\rho_0^2 L^2} , \quad \text{无因次声功率}$$

式中　　U——特征速度；

　　　　L——特征长度；

　　　　V——流体运动黏度。

　　将式（13-2）转换为

$$W = k \frac{\rho_0^2}{C_0} Sr^2 \overline{F}^2 U^6 L^2 \tag{13-3}$$

$$\overline{W} = kSr^2 Ma^3 \overline{F}^2 \tag{13-4}$$

　　利用动力相似原理，可以预料偶极的无因次声功率随马赫数的三次方而增加。而实际的声功率则随 U^6 而增加，U 加倍，声功率级增大 18dB；随 L^2 而增加，L 加倍，声功率增加 6dB。此外，雷诺数的影响是体现在无因次力项中。在紊流边界层中，该力正比于紊流强度，而紊流强度则取决雷诺数的大小。

三、70B2 轴流风机噪声 A 声级的估算

　　对风机噪声级的估算有许多经验公式，取决于风机的结构类型，而且相当复杂，所以，很难精确计算出每一台风机的噪声级。对于 70B2 型轴流风机，通过一些资料及理论分析表明，下式计算 70B2 型风机 A 声级较接近实际情况：

$$L_A = L_{SA} + 10\lg Qp + Z \tag{13-5}$$

式中　　L_A——A 声级，dB；

　　　　L_{SA}——比 A 声级，dB；

　　　　Q——流量，m^3/min；

　　　　p——压力，Pa；

　　　　Z——修正系数，它与风机的转速、叶片数、叶轮直径等因素有关，当风机的基频 $90 < f = 125Hz < 180$ 时，$Z = 5 \sim 8$；$180 < f = 250Hz < 360$ 时，$Z = 3 \sim 5$；$360 < f = 500Hz < 720$ 时，$Z = 0$。

　　对于 70B2-21No24 风机，$L_{SA} = 27dB$，$Q = 7080m/min$，$p = 3069Pa$，取 $f = 500Hz$ 区域，$Z = 0$；按式（13-5）计算得到 $L_A = 115.5dB$。

　　对于 70B2-21No28，$L_{SA} = 26dB$，$Q = 8550m/min$，$p = 4001Pa$，取 $f = 500Hz$ 区域，$Z = 0$；按式（13-5）计算得 $L_A = 118dB$。

　　对于 70B2-22No18，$L_{SA} = 36.4dB$，$Q = 3000m/min$，$p = 4050Pa$，取 $f = 500Hz$ 区域，$Z = 0$，按式（13-5）计算得 $L_A = 125dB$。

　　上述 70B2 各型号，若 L_{SA}、Q、p、f 等参数发生变化，则 L_A 也相应变化，即取不同的数值。

　　上述的计算结果与现场的实际测量相吻合，这充分说明，用式（13-5）计算

得到的 L_A 声级足以满足工程上所要求的精度，具有实用价值。

四、结论

通过对矿用 70B2 型轴流风机噪声源的分析，确定其噪声源的数学模型，并引入流体力学的常用参数，使人们进一步了解产生噪声源的机理及主要因素。同时，又根据理论分析和实验检验，提出用某公式计算该型风机噪声 A 声级较符合实际情况。

专题 2　空压机噪声源的数学模型建立

【内容摘要】　　通过对空压机噪声源的分析，确认空压机噪声源中的空气动力性噪声为最强；由流体流场的声学理论，建立空压机动力性噪声源的力学模型，它表明声功率与其他参数的关系；并知空压机的空气动力性噪声呈低频特性，这为噪声及振动控制提供了可靠的依据。

【关键词】　　空压机；噪声源；数学模型

一、空压机噪声源分析

往复式空压机的噪声源主要有空气动力性噪声、机械噪声和电动机噪声等，低频噪声尤为突出。空气动力性噪声由进气噪声和排气噪声组成。进气噪声是空压机在工作中，由进气阀间歇地开闭，气体间歇地被吸入气缸；同时，进气管内形成压力脉动，并以声波的形式由进气口辐射形成的。排气噪声，即空压机排出的气体进入储气罐及其他用气部位，由于排气量的变化，在排气管内产生压力脉动，使管道振动辐射噪声；同时，也可能激起储气罐体振动辐射噪声。机械性噪声是空压机运转时许多零部件撞击、摩擦产生的机械噪声；在机械噪声中，曲柄连杆机构的撞击声，活塞在气缸内做往复运动的摩擦振动噪声及阀片对阀座冲击产生的噪声尤其突出。另外，还有电动机噪声。电动机噪声也是由空气动力性噪声、电磁噪声和机械噪声组成；但它与空气动力性噪声、机械性噪声相比，占次要地位。所以，空压机的噪声源中，空气动力性噪声最强。

二、空气动力性噪声源数学模型的建立

对于往复式 3L-10/8 空压机，由于气体间歇地被吸入气缸，一定容积的气体经一级、二级压缩排入相连的管道中，进气管及排气管内均形成压力脉动气流，并以声波的形式在进气口、储气罐及其他部位辐射噪声。当外力作用在介质上，并且还有新的介质不断地引入介质场，在流场中产生的噪声的波动方程，在没有忽略任何参数的条件下，得到波动方程如下：

$$\Delta P - \frac{1}{C_0^2}\frac{\partial^2 P}{\partial t^2} = -\frac{\partial q'}{\partial t} + \frac{\partial}{\partial x_i}F_i' - \frac{\partial^2}{\partial x_i \partial x_j}(\rho v_i v_j) + \frac{\partial}{\partial t}\left\{ (C^{-2} - C_0^{-2})\frac{\partial P}{\partial t} \right\}$$

$$(13\text{-}6)$$

式中　P——作用在介质上的压力；

　　　ρ——介质密度；

　　　C——局部声速；

　　　F'_i——单位体积上的外力；

　　　q'——单位体积中引入新流体质量的流率；

　　　C_0——运动均匀介质场中的声速。

在此，引用 Curle 的结论，如果流场只存在固体和固定的边界，方程（13-6）可以由下述积分方程来代替：

$$4\pi P(x_i, \ t) = \int_v \frac{1}{r}\left(\frac{\partial q'}{\partial t}\right) \mathrm{d}v - \frac{\partial}{\partial x_i}\int_v \frac{1}{r}(F'_i) \ \mathrm{d}v + \frac{\partial^2}{\partial x_i \partial x_j}\int_v \frac{1}{r}(\rho v_i v_j) \ \mathrm{d}v -$$

$$\int_v \frac{1}{r}\frac{\partial}{\partial t}\left[\left(\frac{1}{C^2} - \frac{1}{C_0^2}\right)\frac{\partial P}{\partial t}\right] \mathrm{d}v + \frac{\partial}{\partial x_i}\int_s \frac{1}{r}(F_i) \ \mathrm{d}S \qquad (13\text{-}7)$$

式中　r——测量点 x_i 与在体积 V 中或边界 S 上的源点 y_i 之间的距离；

　　　F_i——作用在边界 S 上的单位面积上的力矢量。

式（13-7）中方括号内表示该函数取时间 $(t - r)/C_0$ 时的值。对于方程（13-7），只有知道全部源区域的流体速度和流体表面上的力，才能得到一个精确解，由于几乎不可能有这种情况，那么，流动噪声问题一般很难得到精确解，但可由式（13-7）分析，得出一个结论，假如一个依赖于时间的体积流动导致噪声的产生，这个噪声源就属单极源。

对于进排气噪声，它恰是一个单极辐射源，向外辐射的功率具有三维单极性质，即

$$P = \frac{\rho}{8\pi c}\omega_0^2 V_0^2 S^2 \qquad (13\text{-}8)$$

式中　P——声功率；

　　　ρ——气体密度；

　　　c——声速；

　　　ω_0——固有频率，$\omega_0 = 2\pi f$；

　　　V_0——管内均匀流速；

　　　S——管截面积。

进气噪声的基频与进气管里气体振动频率相同，它的频率由下式计算

$$f_i = \frac{zn}{60}i \qquad (13\text{-}9)$$

式中　z——常数，单作用 $z = 1$，双作用 $z = 2$，该机 $z = 2$；

　　　n——压缩机的转速，r/min；$i = 1, 2, 3\cdots$。

由计算知，它的基频及谐频都不高，进气噪声呈低频特性，是整个机组的主

要辐射噪声。

压缩排出的气体进入储气罐或其他部位，随着气流的变化产生压力脉动，使管路振动、贮气罐振动，并辐射噪声。

对于进排气管路振动系统，一般包括 2 个系统，即管路的柱振动和管路机械振动 2 个系统。激励也同样存在 2 个，即空压机进排气时激励和气体压力脉动形成的激励。对于具体的振动系统，存在几个激励，并使系统有强烈的响应，也就发生了共振。

当激励频率与管路气柱固有频率相等或接近时，系统将会形成更大的振动响应，即管路共振。若激励频率、气柱的固有频率、管路机械固有频率相等或相近时，便导致管路和气柱系统共振，辐射强烈的噪声，甚至造成管路及机械设备的损坏。

对于气柱系统的固有频率，可由下式计算

$$f_{ri} = \frac{C}{4l} i \tag{13-10}$$

式中　C ——声速，m/s；

　　　l ——管道长，m，$i = 1$，2，3…。

当激励频率 $f_i = (0.8 \sim 1.2) f_{ri}$ 时，即在共振区内，由此，可计算共振管长度：

$$l = (0.8 \sim 1.2) \frac{C}{4 f_{ri}} i \tag{13-11}$$

在管路实际设计中，要尽量避免出现共振管长度。

某空压机站有一台 3L-10/8 空压机，进气噪声强烈，经实测及式（13-9）计算，进气噪声呈低频特性，为此，设计多节抗性消声器。同时，原排气管路设计不合理，振动强烈，经测试分析计算，排气管路长度位于共振区域内，这样，由式（13-11）合理确定了管路长度。经实测，进气噪声控制在国家标准以内，管路振动已基本消除。

三、结论

通过对空压机噪声源的分析，确认空气动力性噪声最强；根据流体流场的声学理论，建立空压机空气动力性噪声的声学模型，它表明声功率与其他参数的关系；经分析得知，空气动力性噪声源呈低频特性，它为实施噪声及振动控制提供了可靠的参考依据。

14　噪声源的主动控制应用专题

专题　小型离心风机噪声源的主动控制

【内容摘要】　通过对离心风机噪声源的分析，进一步确认空气动力性噪声最强。为控制空气动力性噪声，分别在径向叶片缩减、叶片的前弯与后弯、倾斜叶片、倾斜蜗舌等不同情况下进行实验。由实验看出，采取适当的方法可使离心风机的空气动力性噪声有一定的降低。

【关键词】　离心风机；噪声源；声压级；自功率谱

一、引言

城镇居民在灶房使用鼓风机一般较普遍。由于相邻多为居室，其噪声级达70dB（A）以上，直接影响人们的安静和休息。为此，对这种离心风机采取噪声控制措施很有必要。噪声控制措施一般有两种：一是从噪声源上降低噪声，即对风机的结构、叶片的设计与安装等方面进行改进；二是在噪声传播途径上进行控制，使噪声在传播途径上衰减，即所谓的被动控制。本专题尝试前一种措施，即所谓的主动控制。

二、离心风机噪声源的测试和分析

本实验研究选用单相交流离心风机，其参数如下：

电动机的功率为 30W，电压为 220V，电流为 0~25A，频率为 50Hz，转速为 2800r/min；风机叶轮有 4 个叶片（径向），风压 147Pa，风量为 0.5m³/min。

测试仪器有：ND6 精密级声级计、NL3 倍频程滤波器、CH-11823 传声器（测试前用 NXI 活塞式发生器校准）、JCM-HI 记录仪、DHF-2 电荷放大器、XJ18 型示波器、信号处理机等。

该离心风机的测试依据参考 GB 2888—82 风机噪声测量标准，由于该风机尺寸小，选择测点如图 14-1 所示，图 14-2 给出进口测点 1 及出口测点 2 的倍频程声压级曲线。图 14-3 和图 14-4 分别为进口测点 1 及出口测点 2 的噪声信号处理自功率谱。

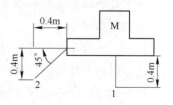

图 14-1　选择测点

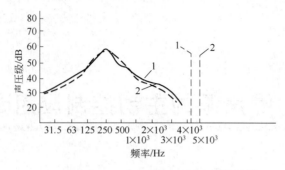

图 14-2　进出口测点 1、2 的倍频程声压级

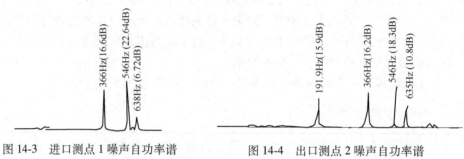

图 14-3　进口测点 1 噪声自功率谱　　　　图 14-4　出口测点 2 噪声自功率谱

　　离心风机的噪声包括空气动力性噪声、机械噪声和电磁噪声。当拆掉端盖，卸去叶片进行运转时，或电动机运转（已拆去端盖，卸掉叶片）突然断电的一系列实验表明，离心风机的噪声主要是空气动力性噪声，也就是整机运转时的进出口噪声。噪声的频率分布在 200~8000Hz 的范围内，其中，546Hz 最强（叶频基频的三次谐波）。

　　空气动力性噪声主要由离散噪声与宽带噪声构成。离散噪声，一般称为旋转噪声，它是以某一频率的基频和诸谐波的形式出现，这类噪声是由叶轮叶片的旋转压力场和这些压力脉动与固体壁面的相互作用引起的。宽带噪声，也称涡流噪声，它是由边界层中的紊流度引起的，它来自固体表面的涡流脱落和紊流束流在固体表面上的撞击。

三、空气动力性噪声控制几点措施

　　为了从噪声源上控制空气动力性噪声，拟从叶轮的叶片尺寸、安装形式及蜗舌上进行实验研究。

　　（一）径向叶片的外边缘缩减 2mm 的实验

　　将原风机的叶轮叶片外边缘尺寸缩减 2mm，其他运转条件相同时，测得的进出口噪声的倍频程声压级及信号处理的自功率谱，与原风机的噪声频谱没有太大的差异，噪声级一般降低 1~3dB，A 声级降低 2dB。可以预料蜗壳中的旋涡也较大，同样造成较高的声压级，此项措施降噪效果不够明显。若将叶片缩减较大，势必影响风量等参数。

（二）前弯与后弯式叶片的空气动力性噪声实验

现将叶片安装成前弯与后弯两种形式，如图 14-5 所示。当进行前弯叶片轮实验时（其他条件不变），在进出口分别测得倍频程声压级，如图 14-6 所示；信号处理自功率谱如图 14-7 和图 14-8 所示。从图中可以看出，前弯叶片的噪声级较高，比径向叶片一般高 3~6dB，A 声级高 3.5dB。同时，由流体力学及风机技术，可测得出口处动压力增高，并知前弯叶片效率较低。

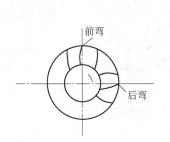

图 14-5　叶片前弯与后弯

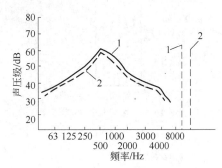

图 14-6　进出口倍频程声压级

1—72dB（A）；2—70.5dB（A）

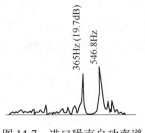

图 14-7　进口噪声自功率谱

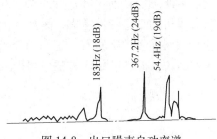

图 14-8　出口噪声自功率谱

当进行后弯叶片轮实验时（测试及运转条件同前弯叶片），后弯叶片的噪声级与前弯、径向叶片的噪声级比较相对较低，各频段上降 3~9dB。就其噪声产生的机理来看，它主要因叶片流道相对加长，气体流动相对均匀，不易产生较大的气流旋涡，从而使声压级降低。同时，后弯叶片效率较高，压力较低；径向叶片的效率、压力均居中等。

（三）倾斜叶片叶轮实验

叶片布置如图 14-9 所示。当以倾斜叶片叶轮运转时，其降噪量约 3~5dB。从气流脉动作用的机理分析来看，它主要是由于脱离叶片边缘的空气流位于不同的点上，它们以不同时间间隔与蜗舌相遇，气流的脉动作用的相位基本是错开的，从而导致离散基频的声压级降低。

（四）直蜗舌变倾斜蜗舌

在径向叶片叶轮弯曲时，将直蜗舌改为倾斜蜗舌，如图 14-10 所示。在其他实验条件不变的情况下进行试验。从进口测点声压级及信号处理的自功率谱分析来看，不同频率在噪声峰值处也有 3~5dB 的降噪量。其降噪特性及机理与前述的倾斜叶片叶轮的降噪特性及机理大致相同。

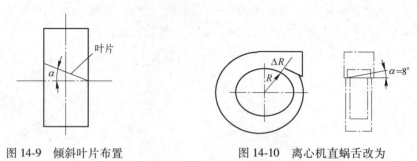

图 14-9　倾斜叶片布置　　　　图 14-10　离心机直蜗舌改为
　　　　　　　　　　　　　　　　　倾斜蜗舌 $\Delta k/R = 0.5$

（五）结论

综上实验所述，如果采用适当方法，可使风机的空气动力性噪声有所降低。在不改变风机的其他工作条件时，后弯叶片叶轮的空气动力性噪声较小，但其压力特性有所降低；前弯叶片叶轮会产生较强的空气动力性噪声，压力有所增大；从离心风机的动态特性考虑，采用径向或稍向后弯叶片叶轮较合适。从倾斜叶片叶轮与倾斜蜗舌的实验看，它们的降噪特性与机理大致相同；如从加工工艺及经济成本考虑，倾斜的蜗舌方法较可取。

15 噪声控制设备的优化设计应用专题

专题　LGA 罗茨风机圆盘式消声器的动态优化设计

【内容摘要】　　通过对 LGA 罗茨风机噪声频谱的测试分析，确认其空气动力性噪声最强。针对其频谱特性，采用动态优化设计方法，设计一种圆盘式消声器。该消声器纵向尺寸小，充分利用其横向空间，结构较简单、紧凑，样式新颖，动态特性好。

【关键词】　　消声器；优化设计；目标函数；约束函数

一、LGA 罗茨风机噪声测试与频谱分析

LGA60/5000 型风机，其性能参数为：流量：$60m^3/min$；转速：$780r/min$；功率：80kW；压力：49kPa；电压：380V；频率：50Hz。该风机的进口直接吸空，出口与管路连接，参照《风机和罗茨风机噪声测量方法》（GB 2888—2008），进口测点布置如图 15-1 所示。

测试仪器有 ND6 精密级声级计、NL3 倍频程滤波器、CH-11823 传声器（测试前用 NXI 活塞式发生器标准）、JCM-HI 记录仪、DHF 电荷放大器、XJ18 型滤波器、加速度传感器、信号处理机等。测试结果见表 15-1。同时，对进口 1 点的噪声信号进行处理，得到自动功率谱如图 15-2 所示。

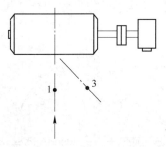

图 15-1　风机进口测点布置

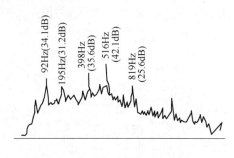

图 15-2　1 点噪声自功率谱

从该风机噪声产生的机理和机组向外辐射噪声，其噪声可分为进出口噪声的空气动力性噪声、机壳及电动机轴承等辐射的机械性噪声、基础振动辐射的固体声及电磁噪声。在上述几部分噪声中，空气动力性噪声最强。按产生的机理又可分为旋转噪声和涡流噪声。旋转噪声是工作叶轮与空气相对运动、空气挤压造成压力脉动形成的；涡流噪声是气体高速掠过叶轮表面分裂时，因气体有黏性、滑

脱成一系列的涡流，从而辐射出的一种非稳定涡流噪声。空气动力性噪声是旋转噪声与涡流噪声相互混杂的结果。由表 15-1 可看出，其频谱分布较宽，在 63～8000Hz 都超出标准 NR85 曲线的对应值；由表 15-1 看出，进口测点 1 和测点 3，在 500Hz 处超 NR85 值最大，分别为 30dB 和 29dB。从图 15-2 中可看出，噪声最强发生在 516Hz 处。这些噪声超出值正是要求降低或消除的。

表 15-1　噪声倍频程声压级（dB）与 A 声级（dB）

项目测点		频率/Hz								
		63	125	250	500	1000	2000	4000	8000	A
未装消声器前	1	105	114	110	117	108	101	98	90	118
	3	107	113	109	116	112	109	106	98	117
NR85		103	97	91	87	90	82	81	79	90
所需消声量	1	2	17	19	30	18	19	17	11	28
	3	4	16	18	29	22	27	25	19	27
安装消声器后	1	98	90	88	85	87	78	76	77.5	88.5
	3	99	93	88.5	87	89	79.5	81	78.5	88
实际消声量	1	7	24	22	32	21	23	22	12.5	29.5
	3	6	20	20.5	2	23	29.5	19.5	29	29

二、消声器结构形式及材料的确定

从表 15-1 及图 15-2 可以看出，该风机进口噪声频谱较宽，中高频噪声较强，由功率谱分析，能量主要集中在 516Hz 处。为此，我们拟选择圆盘式阻性消声器来消除中高频噪声，选择这种消声器的目的是期望缩小纵向尺寸，充分利用横向空间。该消声器的结构如图 15-3 所示。

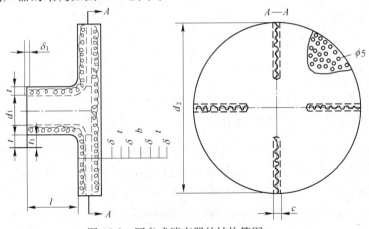

图 15-3　圆盘式消声器的结构简图

消声器的外层选用 2mm 厚的钢板，内层选用 2mm 厚穿孔板，穿孔率 34%，吸声材料选用密度为 20kg/m³ 的超细玻璃棉。对于风机出口，因它直接入管道，对管道进行适当的包扎，可避免辐射较强的噪声，一般可获得令人满意的效果；也可设计不同形式消声器来消除出口噪声。

三、消声器数学模型的建立

消声器的主要设计参数有消声器的质量、消声量、压力损失、消声器的有效长度、二次噪声等。这里，我们以消声器的质量作为目标函数，其他为约束函数。

（一）目标函数的建立

由消声器结构简图，可写出消声器的质量目标函数：

$$\min(X) = \frac{5}{3}\left[\pi d_1 \cdot \delta \cdot l \cdot r_1 + \frac{\pi}{4}(d_2^2 - d_1^2) \cdot \delta \cdot r_1 + \frac{\pi}{4}d_2^2 \cdot \delta \cdot r_1\right] +$$

$$\pi d_1 \cdot l \cdot t \cdot r_2 + \frac{\pi}{4}(d_2^2 - d_1^2) \cdot t \cdot r_2 + \frac{\pi}{4}d_2^2 \cdot t \cdot r_2 +$$

$$4\left[b \cdot c \frac{1}{2}(d_2 - d_1)r_2\right] + 4\left[2 \times \frac{2}{3}b \cdot \delta \cdot \frac{1}{2}(d_2 - d_1)r_1\right] +$$

$$\frac{\pi}{4}\left[(d_1 + 2t + 4\delta + 2t_1)^2 - d_1^2\right]\delta_1 \cdot r_1 \quad\quad (15\text{-}1)$$

式中　δ ——消声器内外层的钢板厚度，$\delta = 0.002$mm；

δ_1 ——法兰盘厚度，$\delta_1 = 0.008$m；

t ——吸声材料的优选厚度，$t = 0.080$m；

t_1 ——法兰盘大于消声器外壳的径向尺寸，$t_1 = 0.060$m；

d_1 ——消声器圆筒段的内径，m；

l ——消声器圆筒段的长度，m；

r_1 ——钢的密度，$r_1 = 7.8 \times 10^3$kg/m³；

r_2 ——吸盘材料的密度，$r_2 = 2 \times 10^3$kg/m³；

d_2 ——盘形段直径，m；

b ——盘口与吸声挡板的间距，$b = 0.04$m；

c ——进口吸声挡板上的分隔板宽，$c = 0.040$m；

5/3——考虑消声器的内衬板的穿孔率等于 34% 时，质量约减掉 1/3。

经分析，引入设计变量，$X = (d_1, l, d_2)^T = (x_1, x_2, x_3)^T$，将有关常量及数值代入、整理后得到目标函数为：

$$\min F(X) = 433.2X_3^2 - 216.56X_1^2 + 816.4X_1 \cdot X_2 +$$

$$50.2X_1 \cdot X_1^2 + 264.8X_1 + 17.3X_3 + 40.6 \quad (15\text{-}1（a）)$$

（二）约束函数的建立

1. 压力损失约束

该风机的压力为 $49×10^3 Pa$，为保证压力损失不超过 6%，若在进出口各安一个消声器，则压力的总损失为：$P = 0.06×49×10^3 = 2940Pa$

则有 $\Delta P = 1470Pa$，即一个消声器允许阻力损失为 1470Pa。

由流体力学知识：
$$\Delta P = (\xi_1 + \xi_2) \frac{\rho v^2}{2}$$

式中 ξ_1——沿程阻力损失系数，$\xi_1 = 0.5 \dfrac{l + \frac{1}{2}(d_2 - d_1)}{\sqrt{2\pi/4 \times d_2}/4 \times b}$；

ξ_2——局部损失系数，$\xi_2 = 3.0$；

ρ——流体密度，$\rho = 1.183 kg/m^3$；

v——气体流动速度，m/s，$v = Q/S$；

Q——流量；

S——进口圆盘的中经流通面积。

引入设计变量（下同），$X = (d_1, l, d_2) = (x_1, x_2, x_3)$，将有关常量及数值代入（下同），得压力的损失关系式：

$$\Delta P = 234 \frac{x_2}{\sqrt{x_3}} + 117 \sqrt{x_3} - 117 \frac{x_1}{\sqrt{x_3}} + 175.5$$

则有约束函数：

$$Gx(1) = 1470 - \left(234 \frac{x_2}{\sqrt{x_3}} + 117 \sqrt{x_3} - 117 \frac{x_1}{\sqrt{x_3}} + 175.5\right) > 0 \quad (15\text{-}2)$$

2. 消声量的约束

该消声器为阻性圆盘式消声器，它的消声量可近似按下式计算：

$$\Delta L = \varphi(\alpha_0) \frac{P}{S} l = 1.25 \frac{\pi d_1 l}{\frac{\pi d_1^2}{4}} + 1.25 \frac{2 \times \left(\frac{2\pi}{4} \times \frac{d^2}{4} + b\right)}{\frac{2\pi}{4} \times \frac{d^2}{4} \times b} \times \frac{1}{2}(d_2 - d_1)$$

引入设计变量，则有约束函数：

$$Gx(2) = (5x_2/x_1 + 31.25x_3 - 31.25x_1 - 3.18x_1/x_3 + 3.18) - 30 > 0$$

$$(15\text{-}3)$$

本专题选超细玻璃棉，它的吸声系数与消声系数的对应关系见表 15-2。由表 15-2 可看出，在 250~4000Hz 频率下，其消声系数相差不大，取典型的 500Hz 频率的消声系数。

表 15-2 吸声系数 α_0 与消声系数 $\phi(\alpha_0)$ 的对应关系

频率/Hz	125	250	500	1000	2000	4000
α_0	0.50	0.80	0.85	0.85	0.86	0.80
$\phi(\alpha_0)$	0.7	1.20	1.25	1.25	1.27	1.27

3. 二次噪声的约束

消声器的再生噪声是评价消声器的一个重要指标。根据实验分析，气流再生噪声产生机理有两点：其一是，气流通过消声器时，因为通道的摩擦阻力和局部阻力产生一系列的湍流脉动而产生一些噪声；二是消声器壁面或其他构成振动而辐射噪声。再生噪声可由下式估算：

$$L_{OA} = (12 \sim 18) + 60\lg v \qquad (15\text{-}4)$$

对于现场的实际应用，考虑人的身高（耳线）1.5m 处，气流再生噪声的衰减，即在自由声场传播公式下，折合离进口 1.5m 处的衰减。这个衰减考虑声波的扩散衰减和吸收衰减。对于这个点声源，在自由场情况下的衰减式为：

$$L_2 = L_1 - 20\lg r_2 - 11 \qquad (15\text{-}5)$$

式中　L_2——离声源 $r_2 m$ 的噪声级；

L_1——离声源 $r_1 m$ 的噪声级。

那么，离进口 1.5m 处的气流再生噪声为：

$$L_{OA} = (12 \sim 18) + 60\lg V - 20\lg r_2 - 11 = (12 \sim 18) + 60\lg V - 20\lg 1.5 - 11$$

$$= (12 \sim 18) + 60\lg V - 14.52$$

$$\approx 3 + 60\lg v \approx 3 + 60\lg \frac{Q}{S}$$

$$\approx 3 + 60\lg \frac{Q}{60 \times \pi d_1^2/4}$$

考虑设计的消声器气流再生噪声比设计标准 90dB（A）低 3dB（A），即得约束函数：

$$Gx(3) = 90 - 3 - [3 + 60\lg(1.27/x_1^2)] > 0 \qquad (15\text{-}6)$$

4. 高频失效的约束

对于一定截面的消声器，当频率增至某一频率时，声波不与或很少与吸声材料表面接触，此时，声波以束状通过，造成消声器的消声量下降，其失效频率可由下式计算：

$$f = 185 \frac{c}{d_e} = \frac{1.85 \times 340}{d_e} = \frac{629}{d_e} \qquad (15\text{-}7)$$

对于圆筒段，其约束函数为：

$$Gx(4) = 629/x_1 - 2000 > 0 \qquad (15\text{-}8)$$

对于盘形进口通道部分的高频失效约束函数，在盘形部分加了 4 块分隔吸声板，如图 15-3 所示，A—A 向，形成 4 个进口通道，每一通道为环形（取 $\dfrac{x_3}{4}$ 处，即 $\dfrac{1}{2}$ 半径），则有面积：

$$S = \frac{2 \cdot \dfrac{x_3}{4}}{4} \times 0.04$$

式中　0.04——分隔板的高度，m，即盘形部分与障板的有效间距。

则当量直径为 $d_e = \sqrt{0.04 \times \dfrac{2\pi \times \dfrac{x_3}{4}}{4}}$ ，约束函数为：

$$Gx(5) = 1.85 \frac{C}{d_d} - 3000 > 0 \tag{15-9}$$

$$= \frac{1.85 \times 340}{\sqrt{2\pi \times x_3/4 \times 0.04}} - 3000 > 0$$

$$= 5032/\sqrt{3} - 3000 > 0$$

5. 消声器有效通道长度的约束

根据风机的尺寸及可安装消声器的空间，对消声器有效通道的长度加以限制。通道太长，可能满足不了压力损失的限制，根据阻性消声器特性的理论及实验分析，有效长度取不超过 1.8m；纵向尺寸也尽量控制在 0.6m 之内；圆筒段及盘形段气流有效通道分别为 x_2 和 $(1/2)x_3$，则约束函数为：

$$Gx(6) = 1.8 - x_2 - 1/2x_3 > 0 \tag{15-10}$$

四、最优化方法的选择

在确定目标函数和约束函数的基础上，选择惩罚函数（SUMT）的内点法进行优化设计，这种方法具有一个诱人的优点，即在给定一个可行的初始值之后，就好像在可行域边界上筑起一道围墙，当迭代到边界时就被自动挡回，其惩罚函数急剧增大，使迭代点始终保持在可行域中，它能绘出一系列逐步得到改进的、可行的设计方案。因此，只要设计要求允许，可以选用其中任一个无约束最优解，而不一定取最后的约束最优解，使设计方案储备一定的能力，更能满足工程上的要求。

SUMT 法构造的惩罚函数，就是将一个有约束的问题转化为一个或一系列无约束的极小值问题来求解。对于内点惩罚函数，$Gx(i) > 0$。$(i = 1, 2, \cdots, m)$ 的优化问题，其惩罚函数为：

$$\phi(x, r^{(k)}) = F(x) + r^{(k)} \sum_{i=1}^{m} \frac{1}{Gx(i)} \qquad (15\text{-}11)$$

式中　$r^{(k)}$——惩罚因子，它满足 $r^{(0)} > r^{(2)} > r^{(3)} \cdots \lim r^{(k)} \to 0$。

在进行极小化分析的过程中，惩罚因子越来越小，惩罚作用逐渐消失，从而使惩罚函数收敛于原目标函数的最优解。

内点惩罚函数的具体算法为：

（1）选取初始点 $x^{(0)}$，此点应满足 $Gx(i) > 0$（$i = 1, 2, 3, \cdots, m$），但不应在边界上。

（2）选取适当的惩罚因子初始值 $r^{(0)}$，降低系数 c，计算精度 ξ_1 和 ξ_2，并令 $k = 0$。

（3）构造惩罚函数，调用无约束优化方法，求 $\min\phi(x, r^{(k)})$ 得最优点 $x^*(r^{(k)})$。

（4）检验精度：

$$\| x^*(r^k) - x^*(r^{(k-1)}) \| \leqslant \xi_1$$

$$\| \frac{\phi[x^*(r^k)]_{大} - \phi[x^*(r^{(k-1)})]_{小}}{\phi[x^*(r^{(k-1)})]_{小}} \| \leqslant \xi_2 \qquad (15\text{-}12)$$

若不等式成立，得最优点 $x^* = x^*(r^{(k)})$，若不成立，则转下条。

（5）计算 $r^{(k+1)} = cr^{(k)}$ 并令 $x = x^*(r^{(k)})$，$k = k + 1$ 后转向第二步。

其优化结果为：$F(x) = 124.88$kg；$X(1) = 0.23$m；$X(2) = 0.408$m；$X(3) = 1.583$m。由上述优化结果加工制成的圆盘式消声器，安装后的消声性能测试数据见表 15-1。

对该消声器，若采用传统的设计方法，获得的消声器质量为 178.39kg，它比优化设计得到的消声器质量（124.88kg）多 30%。同时，传统的设计方法很难综合考虑各方面的约束条件，也很难满足消声器动态特性的要求。

五、结论

通过对盘式消声器的优化设计可以看出，在优化设计过程中，能自动调整设计方案及有关变量之间的关系。从而在可行域里得到最优解。它用理论计算替代经验估算，用最优化计算代替试凑设计，大大提高了设计精度，节省人力和物力，提高效率。当然，消声器的优劣取决于许多因素，如何在建立数学模型时，就能正确考虑诸多因素的影响，使数学模型较真实地反映出消声器的实际工作情况，设计出消声量大、动态特性好、结构简单，经济实用的理想的消声器，十分重要。

16 噪声控制设备的有限元模态分析专题

专题 LGA 罗茨风机圆盘式消声器的有限元模态分析

【内容摘要】 针对由最优化设计方法获得的 LGA 罗茨风机进口安装的圆盘式阻性消声器模型，在未对消声器实物加工之前，根据消声器的图纸及有关数据进行了有限元动力计算，从而初步了解消声器的动态特性，为设计优良的消声器提供新的有效途径。

【关键词】 消声器；有限元；动态特性；固有频率；振型

一、圆盘式阻性消声器的力学模型图

由最优化方法，设计出 LGA 罗茨风机进口圆盘式消声器，这种消声器的力学模型如图 16-1 所示。为预估消声器的动态特性好坏，利用消声器的图纸及有关数据，对消声器进行有限元动力计算，以期初步了解消声器的动态特性。

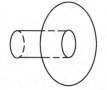

图 16-1 消声器模型

二、消声器力学模型分析

消声器安装在风机进口上，由于声波及其他部件的激发，形成多自由度振动，可近似看作多自由度振动系统，其微分方程为：

$$[M]\{\ddot{X}\} + [C]\{\dot{X}\} + [K]\{X\} = \{R\} \qquad (16\text{-}1)$$

式中　$[M]$——系统的质量矩阵；

$\quad\quad$ $[C]$——系统的阻尼矩阵；

$\quad\quad$ $[K]$——系统的刚度矩阵；

$\quad\quad$ $\{X\}$——系统的位移列阵；

$\quad\quad$ $\{\dot{X}\}$——系统的速度列阵；

$\quad\quad$ $\{\ddot{X}\}$——系统的加速度列阵；

$\quad\quad$ $\{R\}$——系统的激振力列阵。

实验证明，阻尼对结构的自振和振型的影响不大。所以，在求频率和振型时，阻尼可以忽略，再令激振力为零，方程（16-1）变成无阻尼自由振动方程如下：

$$[M]\{\ddot{X}\} + [K]\{X\} = 0 \qquad (16\text{-}2(\text{a}))$$

方程（16-2（a））是常系数线性齐次常微分方程，其解为：

$$X = A\sin\omega t \qquad (16\text{-}2(b))$$

将式（16-2(b)）代入式（16-2(a)），得到齐次线性代数方程组：

$$([M] - \omega^2[M])\{X\} = 0 \qquad (16\text{-}2(c))$$

方程（16-2(c)）中，因位移列阵 $\{X\}$，即各节点的振幅不可能全为零。所以，若有非零解，矩阵行列式必然等于零，则有：

$$\det([M] - \omega^2[M]) = 0 \qquad (16\text{-}2(d))$$

式（16-2(d)）是关于 ω^2 的 n 次实系数方程，称为常系数线性齐次常微分方程（16-2（c））的特征方程。

式中，质量矩阵 $[M]$ 为系统的正定实对称矩阵；刚度矩阵 $[K]$ 也是正定的或半正定的实对称矩阵，那么，所有的特征值肯定都是实数。而且是正数或零。于是，第 i 个特征值 λ_i 的特征方程为：

$$[\lambda_i M + K]\{\Phi_i\} = 0 \qquad (16\text{-}2(e))$$

或者

$$[K]\{\Phi_i\} = [\lambda_i][M]\{\Phi_i\} \qquad (16\text{-}2(f))$$

根据特征方程的正交性有：

$$\{\Phi_i\}^T[M]\{\Phi_j\} = 0 \qquad (i \neq j) \qquad (16\text{-}2(g))$$

$$\{\Phi_i\}^T[K]\{\Phi_j\} = 0 \qquad (i \neq j) \qquad (16\text{-}2(h))$$

将式（16-2(f)）两边乘 $\{\Phi_i\}^T$，有：

$$\{\Phi_j\}^T[K]\{\Phi_i\} = \lambda_i\{\Phi_j\}^T[M]\{\Phi_i\} \qquad (16\text{-}2(i))$$

再由式（16-2(f)）的下标从 i 改为 j 后转置再右乘 $\{\Phi_i\}$，即

$$\{\Phi_j\}[K]^T\{\Phi_i\} = \lambda_i\{\Phi_j\}^T[M]^T\{\Phi_i\} \qquad (16\text{-}2(j))$$

由矩阵的对称性，式（16-2（j））等价于式（16-2(i)）。

当 $i=j$ 时，式（16-2(g)）、式（16-2(i)）不成立，为此，令

$$\{\Phi_i\}^T[M]\{\Phi_j\} = [M]$$
$$\{\Phi_i\}^T[K]\{\Phi_j\} = [K] \qquad (16\text{-}2(k))$$

式中　$\{\Phi_i\}^T$——特征值；

　　　$\{\Phi_i\}$——特征向量。

在振动分析中，$\{\Phi_i\}$ 是系统的固有振型或主振型：

$$\{\Phi_i\} = [\Phi_{1i}, \Phi_{2i}, \cdots, \Phi_{ni}]^T \qquad (16\text{-}2(l))$$

式（16-2(c)）是行列等于零的线性齐次代数方程，它们的解可以相差一个任意常数，则有：

$$\{\Phi_i\} = \begin{bmatrix} \Phi_{11} & \Phi_{12} & \cdots & \Phi_{1n} \\ \Phi_{21} & \Phi_{22} & \cdots & \Phi_{2n} \\ \vdots & \vdots & & \vdots \\ \Phi_{n1} & \Phi_{n2} & \cdots & \Phi_{nn} \end{bmatrix} \qquad (16\text{-}2(m))$$

$$\lambda = [\omega^2] = \begin{bmatrix} \omega_1^2 & 0 & 0 & \cdots & 0 \\ 0 & \omega_2^2 & 0 & \cdots & 0 \\ \vdots & \vdots & \vdots & & \vdots \\ 0 & 0 & 0 & \cdots & \omega_n^2 \end{bmatrix} \qquad (16\text{-}2(\text{n}))$$

式中 ω ——系统各阶的固有频率；

$\{\Phi_i\}$ ——各阶主振型。

每一个特征矢量和相对应的特征值满足 $[K]\{\Phi_i\} = [M]\{\Phi_i\}\omega^2$。

三、消声器的有限元动力计算

本消声器可以看作圆筒与盘式的组合体，圆筒内无支撑板，易激发辐射噪声，在盘形段，由于盘形部分面积较大，也可能辐射噪声。为此，先计算该消声器的自由振动频率和振型。消声器模型简图如图 16-1 所示，对于这个组合壳体，可将圆筒段划分为空间壳体矩形单元，有 48 个单元、64 个节点；圆盘部分用二维四节点任意四边形单元，有 64 个单元、64 个节点。这样，圆盘组合消声器共计 132 个单元，128 个节点。单元划分如图 16-2 所示，此结构采用 SAPS 有限元法进行计算，同时，假设消声器壳体是小变形、线弹性，边界条件近似看作一端固定、一端自由。根据消声器的设计参数：壳体选用薄钢板厚为 2mm，圆筒部分外径为 398mm，长度为 408mm；盘形部分的最大外径为 1583mm，内径可近似看作 398mm，消声器的法兰厚为 8mm，材料 Q235 钢，密度为 $7.8 \times 10^3 \text{kg/m}^3$，泊松比 $\mu = 0.3$，弹性模量为 206 GPa。经计算，各阶固有频率见表 16-1。并从振型图可分析看出，圆筒段第 5 阶振型图属于绕中心轴截面膨胀，盘形部分延中心轴做纵向振动，这种振型极易辐射噪声。

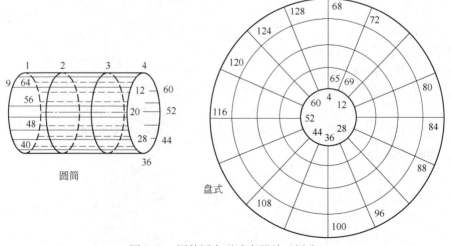

图 16-2　圆筒圆盘形消声器单元划分

表 16-1　圆盘消声器前 10 阶固有频率

阶数	1	2	3	4	5	6	7	8	9	10
频率/Hz	62	75	88	90	95	106	118	129	138	150

四、结果分析

由各阶频率可看出，消声器的第 5 阶固有频率接近风机噪声频谱图、自功率谱的 92Hz 峰值频率，因此，消声器极易发生共振。通过对消声器的有限元动力计算，使我们初步了解该消声器的动态特性，它为消声器进行灵敏度分析与结构动力修改提供了可靠的理论依据，从而避免对消声器实施加工的盲目性。

17 噪声控制设备的灵敏度
分析与结构动力修改专题

专题　LGA 罗茨风机圆盘式消声器的灵敏度分析与结构动力修改

【内容摘要】　根据由最优化方法设计得到的圆盘式消声器，并对该消声器进行了有限元动力计算，在初步了解消声器的动态特性的基础上，对消声器进行灵敏度分析与结构动力修改，使消声器获得优良的动态特性，脱离易发生共振的频率区域，降低噪声辐射，使消声器动态特性稳定，延长使用寿命。

【关键词】　消声器；灵敏度；动力修改；动态特性

一、消声器力学模型及动力计算分析

根据 LGA 罗茨风机进口的噪声频谱分析，由最优化方法设计得到的圆筒与盘形组合消声器，消声器的力学简图见前章图 16-1。同时，对消声器壳体进行单元划分，圆筒段划分为空间壳体矩形单元，圆盘部分用二维四节点任意四边形单元，共计 132 个单元、128 个节点，见前章图 16-2。前述，由有限元法，利用 SAPS 程序对消声器进行动力计算。计算结果表明，在第 5 阶固有频率为 95Hz，恰好与噪声信号处理的自功率谱 92Hz 频率区域接近，易发生共振辐射噪声；由振型图分析可看出，该振型属于绕中心轴膨胀，极易辐射噪声。要避免这种情况发生，必须对消声器进行灵敏度分析和结构动力修改。

二、消声器的灵敏度分析

对消声器结构进行动力修改，主要为了使消声器的动态特性满足预定的要求，避免盲目的修改。首先分析消声器结构参数或设计变量对结构动态特性变化的敏感程度，从而获知修改何处的结构参数对结构系统的总体动态特性影响最大、最有效，可收到事半功倍的效果。

前述计算得到的第 5 阶固有频率是引起我们注意的频率。为此，灵敏度分析和结构动力修改主要针对第 5 阶固有频率。在忽略阻尼的条件下，结构的灵敏度公式可作如下推导，对 n 个自由度线性无阻尼系统其振动方程为

$$M\ddot{X} + KX = 0 \qquad (17\text{-}1(a))$$

式（17-1(a)）的齐次线性方程组为

$$(K - \omega^2 M)\,X = 0 \qquad (17\text{-}1(b))$$

式（17-1(b)）中必须有行列式等于零，亦即

$$\det(K - \omega^2 M) = 0 \tag{17-1(c)}$$

式（17-1(c)）的特征方程为

$$(K - \lambda_i M) \boldsymbol{\Phi}_i = 0 \tag{17-1(d)}$$

式中　K——系统的刚度矩阵；

　　　M——系统的质量矩阵；

　　　λ_i——第 i 阶特征值；

　　　$\boldsymbol{\Phi}_i$——第 i 阶相应特征向量。

由特征方程的正交条件得

$$\boldsymbol{\Phi}^T M \boldsymbol{\Phi} = I \tag{17-2(a)}$$

$$\boldsymbol{\Phi}^T K \boldsymbol{\Phi} = \boldsymbol{\Lambda} \tag{17-2(b)}$$

式中　I——单位矩阵；

　　　$\boldsymbol{\Lambda}$——对角矩阵，它的对角元素分别为系统的特征值。

对式（17-1(d)）左乘 $\boldsymbol{\Phi}_i^T$，并对系统的结构参数 $P_i (i = 1, 2, 3, \cdots, n)$ 求导

$$\frac{\partial \lambda_i}{\partial P_i} = \boldsymbol{\Phi}^T \left(\frac{\partial K}{\partial P_i} - \lambda_i \frac{\partial M}{\partial P_i} \right) \boldsymbol{\Phi}_i \tag{17-3}$$

式（17-3）为特征值的普遍表达方式，可以看出，系统的第 i 阶特征值灵敏度仅与同阶特征对有关，而与其他各阶特征对无关。若用 $\partial \lambda_i / \partial M$ 和 $\partial \lambda_i / \partial K$ 分别表示参数 P 的质量、刚度对特征值的灵敏度，那么，对于结构上的某点某方向上质量变化的特征值的灵敏度公式为

$$\frac{\partial M}{\partial m_i} = I \qquad \frac{\partial \lambda_i}{\partial m_i} = -\boldsymbol{\Phi}_{ir}^2 \lambda_r^2 \tag{17-4(a)}$$

式中　$\boldsymbol{\Phi}_{ir}$——第 i 阶归一振型的第 i 个元素值。

对于一个空间结构，某点 i 的质量变化，将在 X、Y、Z 三个方向上都产生影响，假设第 i 个点的三个方向的自由度分别 ix、iy、iz，则有

$$\frac{\partial \lambda_i}{\partial m_i} = -(\boldsymbol{\Phi}_{ixr}^2 + \boldsymbol{\Phi}_{iyr}^2 + \boldsymbol{\Phi}_{izr}^2) \lambda_r^2 \tag{17-4(b)}$$

式中　$\boldsymbol{\Phi}_{ixr}, \boldsymbol{\Phi}_{iyr}, \boldsymbol{\Phi}_{izr}$——分别是特征向量 $\boldsymbol{\Phi}_i$ 在第 i 点的 X、Y、Z 三个方向的量值。该消声器是圆盘空心体，可以考虑某一方向上 i、j 两个自由度的影响。将式（17-1 (b)）对 m_{ij} 求导，则有

$$-\frac{\partial \lambda}{\partial m_{ij}} M \boldsymbol{\Phi}_r - \lambda_r \frac{\partial M}{\partial m_{ij}} \boldsymbol{\Phi}_r \lambda_r M \frac{\partial \boldsymbol{\Phi}_r}{\partial m_{ij}} + \frac{\partial K}{\partial m_{ij}} \boldsymbol{\Phi}_r + K \frac{\partial \boldsymbol{\Phi}_r}{\partial m_{ij}} = 0 \tag{17-4(c)}$$

将式（17-4(c)）左乘 $\boldsymbol{\Phi}_r^T$，并由式（17-1(b)）和式（17-1(c)），有

$$\frac{\partial \lambda_r}{\partial m_{ij}} + \lambda_r \boldsymbol{\Phi}_r^{\mathrm{T}} \frac{\partial \boldsymbol{M}}{\partial m_{ij}} \boldsymbol{\Phi}_r = 0 \qquad (17\text{-}4(\mathrm{d}))$$

或

$$\frac{\partial \lambda_r}{\partial m_{ij}} = \lambda_r \boldsymbol{\Phi}_r^{\mathrm{T}} \frac{\partial \boldsymbol{M}}{\partial m_{ij}} \boldsymbol{\Phi}_r \qquad (17\text{-}4(\mathrm{e}))$$

同理，由式（17-1（b））对 K_{ij} 求导有

$$-\frac{\partial \lambda_r}{\partial k_{ij}} + \boldsymbol{\Phi}_r^{\mathrm{T}} \frac{\partial \boldsymbol{K}}{\partial k_{ij}} \boldsymbol{\Phi}_r = 0 \qquad (17\text{-}5)$$

或

$$\frac{\partial \lambda_r}{\partial k_{ij}} = \boldsymbol{\Phi}_r^{\mathrm{T}} \frac{\partial \boldsymbol{K}}{\partial k_{ij}} \boldsymbol{\Phi}_r \qquad (17\text{-}5(\mathrm{a}))$$

式（17-4（e））、式（17-5(a)）中 m_{ij} 和 k_{ij} 为对特征值 λ_i 的灵敏度，将 $\boldsymbol{M}$、$\boldsymbol{K}$ 代入式（17-4（e））、式（17-5(a)）中得灵敏度计算公式

$$\frac{\partial \lambda_r}{\partial m_{ij}} = -\lambda_r \boldsymbol{\Phi}_{ir} \boldsymbol{\Phi}_{jr} \qquad (17\text{-}6)$$

$$\frac{\partial \lambda_r}{\partial k_{ij}} = \boldsymbol{\Phi}_{ir} \boldsymbol{\Phi}_{jr} \qquad (17\text{-}7)$$

由式（17-6）和式（17-7）可看出，质量、刚度对系统特征值的灵敏度主要取决于振型系数，在求得各点在一定模态下的振型系数后，便可由式（17-6）和式（17-7）计算出灵敏度。

由 SAP5p 求出振型系数，并用自编程序进行灵敏度分析，可得圆盘式消声器的刚度灵敏度及质量灵敏度，表 17-1 列出消声器的刚度灵敏度。

表 17-1　刚度灵敏度 $(\partial \lambda_r / \partial k_{ij})$

i \ j	1	⋯	8	9	⋯	19	20	⋯	125	126	⋯	128
1	0.105		0.211	0.267		0.560	0.318		0.938	0.537		0.01
⋮												
8	0.562		0.347	0.62		0.605	0.634		1.102	1.292		0.32
9	0.301		0.402	0.56		0.711	0.725		1.328	1.401		0.40
⋮												
19	0.781		1.09	1.181		1.410	1.826		1.335	1.64		0.33
20	0.860		1.231	1.32		1.825	2.02		1.64	1.78		0.29
⋮												
125	0.012		2.101	2.348		1.67	1.523		1.901	1.765		0.357
126	0.308		2.35	2.67		1.56	1.638		1.870	1.99		0.020
⋮												
128	0.121		-0.12	-0.32		-1.0	-0.8		0.40	0.019		0.017

上述灵敏度分析，是在假设结构小变形的前提下，因此，不可能很精确地估算出结构的某一参数的特定的改变引起的结构动态特性的变化量；较精确地估算其变化程度可由动力修改来完成。

三、消声器的结构动力修改

结构系统的特征值与特征向量均为系统质量、刚度的多元函数：

$$(\lambda_i, \boldsymbol{\Phi}_r) = f(m_{ij}, k_{ij}) \tag{17-8}$$

展开为泰勒级数，并考虑实际计算时，结构参数的修改量较小，忽略二阶修正项，则有特征值的修正量。

$$\Delta\lambda_r = \sum_{i=1}^{n}\sum_{j=1}^{n}\left(\frac{\partial\lambda_r}{\partial m_{ij}}\right) \cdot \Delta m_{ij} + \sum_{i=1}^{n}\sum_{j=1}^{n}\left(\frac{\partial\lambda_r}{\partial k_{ij}}\right) \cdot \Delta k_{ij} \tag{17-9}$$

同理，对特征向量亦可得到

$$\Delta\boldsymbol{\Phi}_r = \sum_{i=1}^{n}\sum_{j=1}^{n}\left(\frac{\partial\boldsymbol{\Phi}_r}{\partial m_{ij}}\right) \cdot \Delta m_{ij} + \sum_{i=1}^{n}\sum_{j=1}^{n}\left(\frac{\partial\boldsymbol{\Phi}_r}{\partial k_{ij}}\right) \cdot \Delta k_{ij} \tag{17-10}$$

式（17-9）和式（17-10）中的导数均为原特征值 $\overline{\lambda}_r$ 及特征向量 $\overline{\boldsymbol{\Phi}}$ 取值，那么，有

$$\lambda_r = \overline{\lambda}_r + \Delta\lambda_r \tag{17-11}$$

$$\Delta\lambda_r = \lambda_r - \overline{\lambda}_r \tag{17-12}$$

亦有

$$\Delta\boldsymbol{\Phi}_r = \boldsymbol{\Phi}_r - \overline{\boldsymbol{\Phi}}_r \tag{17-13}$$

经过修改，可使 $\Delta\lambda_r$ 及 $\Delta\boldsymbol{\Phi}_r$ 为某一常数。这样，结构可避开共振区域，从而达到结构动力修改的目的。该消声器修改后，第 5 阶固有频率为 110Hz，修改后，消声器的尺寸也就确定了。

四、结论

通过对圆盘式消声器的灵敏度分析及结构动力修改，使我们可较精确地寻找出，在消声器上哪一点附加质量或加强筋板可使某一部分动态特性变化最大，达到增加结构刚度、抑制噪声辐射的目的，使消声器结构的动态特性最佳。灵敏度分析与结构动力修改为噪声与振动控制开辟了新的有效途径。

18 噪声控制设备的实验模态分析应用专题

专题1 LGA 罗茨风机圆盘式消声器的实验模态分析

【内容摘要】　针对由优化设计方法、有限元动力计算、灵敏度分析与结构动力修改而制造的圆盘式消声器，运用实验模态分析技术，寻找哪些振动模态与噪声信号有关，更好地了解消声器的动态特征，为获得优良的消声器提供有效的手段。

【关键词】　消声器；实验模态；传递函数；幅频响应

根据 LGA-60/5000 型风机进口噪声频谱特性，由优化设计方法得到圆盘式消声器，在进口安装消声器后，测得噪声声压级倍频程谱图如图 18-1 所示，噪声信号处理自功率谱图如图 18-2 所示，消声器的力学模型如图 18-3 所示，为寻找该消声器的动态特性，拟采用实验模态分析方法。该方法对了解高频振动的复杂模态较有效，从而可以更好地掌握消声器的振动特性，得到高效优良的消声器。

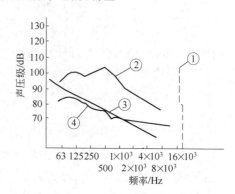

图 18-1　声压级频谱

①—A 声级；②—未加消声器风机噪声曲线；
③—NR85 曲线；④—装消声器后噪声曲线

一、模态实验方案的实施

根据圆盘式消声器的力学模型图，它属于中小试件，且结构阻尼较小。由研究目的和具体的实验条件，选用锤击法，该方法属于瞬态宽频激振，敲击一次就可以同时激发被测试件在选定地区域中的振动响应，本实验研究采用多点多次瞬态激励的方法。

（一）测试原理与测试仪器

该实验测试理框图如图 18-4 所示，锤头采用钢制的，以期获得较宽频带范围内的力谱为常数；试件由橡胶绳悬挂，悬挂的刚体频率为 1.1Hz，加速度传感器安装方式为磁铁吸附在消声器表面上，信号处理软件选用 CRAS 振动分析系统，电荷放大器选用 DHF-10 型，力传感器选用 YD5451C。为确保采集的信号质量，利用示波器监视敲击力和各测点的振动信号情况，根据实际响应信号的大小，调节电荷放大器和输入衰减器，使记录到的数据为允许最大输入的 0.8~0.9 倍。避免信号过弱引起信噪比低；信号过强，造成信号失真现象。测点布置如图 18-3 所示，总计 128 个测点。若就消声器辐射振动噪声而言，它主要是由风机进气口的气体压力脉动、运转机械振动及壳体振动的激励造成的，这些振动致使消声器的结构、壳体振动，表面辐射噪声。为了得到消声器的振动振型，采用多值测点，这样可较清楚地看出究竟哪些模态与噪声源的频率有关，从而采取相应的噪声控制措施。

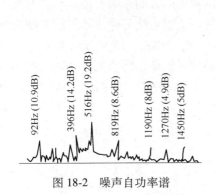

图 18-2　噪声自功率谱

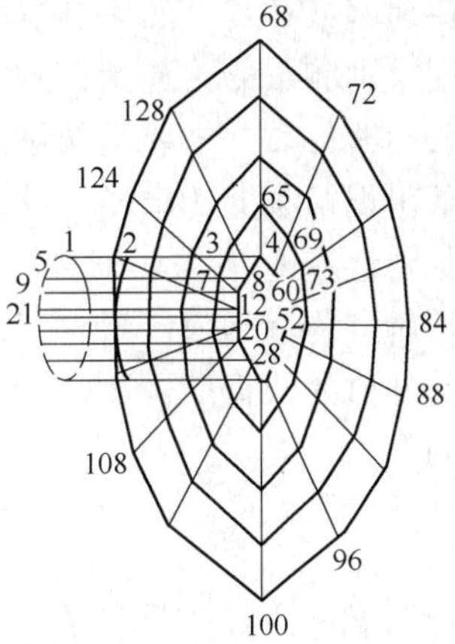

图 18-3　消声器力学模型

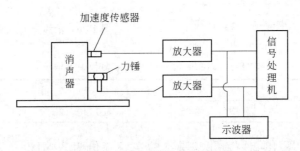

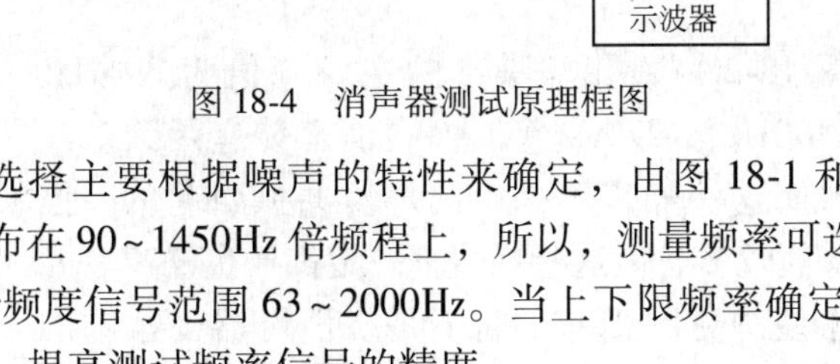

图 18-4　消声器测试原理框图

测量频率的选择主要根据噪声的特性来确定，由图 18-1 和图 18-2 可看出，它的主要频率分布在 90~1450Hz 倍频程上，所以，测量频率可选上限为 3000Hz，下限 63Hz；分析频度信号范围 63~2000Hz。当上下限频率确定后，应将不必要的频率信号滤掉，提高测试频率信号的精度。

（二）数据采集与分析处理

由 CRAS 振动分析系统软件，采用双通道触发采集程序，用锤击法采集时间信号波形，并将采集的信号存盘，在这个双通道时间波形中，可看到力脉冲和加速度响应。

在数据处理时，对各测点数据均进行频域平均，平均数据处理次数为 40 次，对传递函数进行平滑处理，为了检验数据的可靠性，采用相干函数作为检验标准。由 20 点响应的相干函数曲线如图 18-5 所示，由图可看出，各点在共振峰值处的频率的相干函数都大于 0.9，因此测试结果是可靠的。

二、模态参数辨识及分析

前述锤击脉冲激振实验所测得的信号，经 CRAS 振动系统进行模态参数辨识，将传递函数存盘，然后进行单模态辨识程序分析，采用幅频响应总平均。若仅仅依据个别测点的传递函数的幅频特性来判定振动系统的共振频率的个数及数值，一般不够可靠，主要是测量信号与测点位置等因素的影响可使某几阶共振在测点上下出现幅频上的高峰。反之，幅频上的峰值也可能是噪声信号。若把全部测点幅频特性集总平均，则分析中的所有模态均应出现，噪声模态被平均，因此，可将所有传递函数读入内存，并计算幅频的平均谱，将结果存盘作为模态分析初始估计值的依据。图 18-6 为消声器集总平均幅值谱。模态参数的辨识结果见表 18-1。

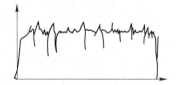

图 18-5　20 点响应相干函数曲线

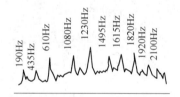

190Hz 435Hz 610Hz 1080Hz 1230Hz 1495Hz 1615Hz 1820Hz 1920Hz 2100Hz

图 18-6　消声器集总平均幅值谱

表 18-1　模态阶数与模态频率参数识别结果

阶数	1	2	3	4	5	6	7	8	9	10
频率/Hz	197	440	620	1085	1234	1500	1620	1824	1975	2105

由图 18-1、图 18-2 可看出，噪声的主要峰值为 396Hz、516Hz、819Hz、1190Hz、1270Hz 等，而在消声传递函数上没有这个频率，它说明这一噪声不是由消声器共振引起的。但在频率附近共振峰值较多，但这些峰值不一定都产生噪声。

六阶模态的振型图见图 18-7，它不是绕消声器中性轴的弯曲振动，而是壳体离轴线的膨胀振动，盘形部分沿轴线方向振动，即模态振动；它极易辐射噪声，可能成为主要的噪

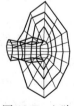

图 18-7　六阶
模态振型图

声源。但从图 18-1 和图 18-2 可看出，安装消声器后的噪声频谱没有这一峰值，说明这一模态没有被激发形成共振峰值。

三、结论

通过对圆盘式消声器的实验模态研究，使我们较好地了解到该消声器动态特性，同时也证明，这对消声器进行灵敏度分析和动力修改是很有效的。若消声器的动态特性满足不了要求，可重新进行结构动力修改。实验模态技术为人们获得优质消声元件提供了一种有效的实验验证手段。

专题 2 节流降压-小孔喷注消声器实验模态研究

【内容摘要】 电厂锅炉排气放空噪声属于喷注噪声，本专题针对型号为 AG-35/39M1 的锅炉，基于排气放空噪声产生的机理和喷注噪声特点，结合所测噪声的频谱特性，优化设计了节流降压-小孔喷注复合式消声器，并在进行有限元理论模态分析的基础上，采用锤击法对消声器试件进行实验模态分析，以期设计出结构合理、性能优良的消声器。

【关键词】 喷注噪声；锤击法；实验模态分析

电厂锅炉排气放空噪声属于喷注噪声，排气管压力高、排气量大，导致其排气放空噪声具有声级高（140dB（A）左右）、频率宽、传播远、影响范围大等特点，通过设计节流降压-小孔喷注复合式消声器来降低噪声。

一、消声器模态分析的理论基础

实验模态分析方法是动力学中的一种"逆问题"分析方法，与理论模态分析不同，它是综合运用线性振动理论、动态测量技术、数字信号处理和参数识别等手段，获得表征结构动态特性的模态参数的一种动态分析方法。其对现有设备（或其实验装置）的典型工况进行动态实验建模，因而避免了对结构、各结合部连接条件及其等效动力学参数、阻尼假设、各种边界条件的假设及简化，以及由近似计算等带来的误差，提高了模型及其动特性的模拟精度。

（一）消声器的实验模态分析频响函数的确立

在本专题中，消声器的阻尼可以忽略不计，因此把消声器看作是无阻尼或比例阻尼系统。该消声器是一个多自由度的结构，在实验中把消声器离散为有限个自由度，从而作近似计算。

具有 n 个自由度的无阻尼系统的振动微分方程为：

$$M\ddot{x} + Kx = f(t) \tag{18-1}$$

无阻尼振动系统受简谐激励：

$$f(t) = Fe^{j\omega t} \tag{18-2}$$

系统稳态位移响应：

$$x = Xe^{j\omega t} \tag{18-3}$$

可得无阻尼振动系统频响函数矩阵模态展式

$$H(\omega) = \sum_{i=1}^{n} \frac{\varphi_i \varphi_i^T}{k_i - \omega^2 m_i} \tag{18-4}$$

频响函数的模态展式中含有系统的所有模态，它是频域法参数识别的基础，因此，得出系统的频响函数，通过计算，就可以得出系统的固有频率和振型。

（二）频响函数矩阵与模态参数之间的关系

由无阻尼振动系统频响函数矩阵的模态展式可以得到如下结论：

（1）频响函数中的任一行包含了所有的模态参数，而该行的第 i 阶模态的频响函数值之比值，即为第 i 阶模态振形。

（2）频响函数矩阵中的任一列也包含了全部模态参数，而该列的第 i 阶模态的频响函数的比值，即为第 i 阶模态振型。

二、模态振型的规格化

常用的规格化方法有以下四种：

（1）以激励点作为参考点，取该点振型元素为 1。若激振点为 j 点，对 $\{\varphi_r\}$ 来说，必然是 $\varphi_{jr} = 1$，其他各元素值便可与 φ_{jr} 相比而确定；

（2）以 $m_r = \{\varphi_r\}^T [M] \{\varphi_r\} = 1$ 作为规格化原则。根据这一原则，将有 $k_r = \Omega_r^2$；

（3）以 $\sqrt{\sum_{i=1}^{N} \varphi_{ir}^2} = 1$ 作为规格化原则，其实质即要求模态向量为单位向量：$\{\varphi_r\}^T \{\varphi_r\} = 1$；

（4）设模态振型中最大的元素为 1。

无论采用哪一种规格化方法，都不会影响结构的模态频率（固有频率）Ω_r 以及模态阻尼比 ξ_r，因此最终的模态振型也是不变的。

三、消声器的模态实验

（一）测点安排

测点位置、测点数量及测量方向的选定应考虑以下方面：

（1）能够在变形后明确显示在实验频段内的所有模态的变形特征及各模态间的变形区别。

（2）保证所关心的结构点（如在总装时要与其他部件连接的点）都在所选的测量点之中。

（3）还要考虑传感器安装的方便。

（二）实验装置的设计

本专题实验模态分析中要求消声器试件处于自由状态，实验装置如图 18-8 所示。

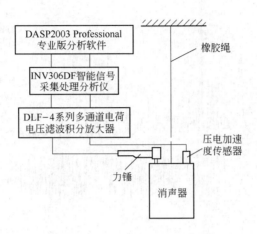

图 18-8　消声器实验装置简图

（三）实验的频段的选择

实验频段的选择要考虑机械或结构在正常工作条件下激振力或外界干扰的频率范围，越接近越好，同时实验的分析频率还应包括全部感兴趣的模态频率。一般地，采用适当高于激振力或外界干扰的频率为分析频率。

（四）实验结构的激励方法

本实验选用锤击法，采样方式选用多次触发采样（含变时基、多时基）。

（五）信号采集及处理

本专题用 INV306DF 智能信号采集处理分析仪和 DASP2003 Professional 专业版分析软件对信号进行采集、记录和处理。选用单输入多输出（SIMO）的方式，用力锤敲击消声器上的测点，采集实验分析所需要的所有力的激励信号和响应信号，并逐一对其进行传递函数分析。得到一系列的传递函数，均包含了消声器试件所有的固有频率和所有的模态质量、刚度和阻尼（若考虑阻尼）。然后进入计算机采集分析系统菜单中模态分析部分，画出被测对象的几何图形及节点号，给出约束条件。再对所有的传递函数进行模态拟合，得出消声器试件所有的模态频率和模态振型。本专题选取前 8~10 阶模态频率，与干扰的频率相比较，若相同或相近，则消声器在工作过程中就会产生共振，消声效果不好，这时需要对消声器进行结构动力修改；反之，消声器在工作过程中不会产生共振，说明其设计比较合理，能够安全工作，且寿命长。

实验中 50 点传递函数图形如图 18-9 所示。

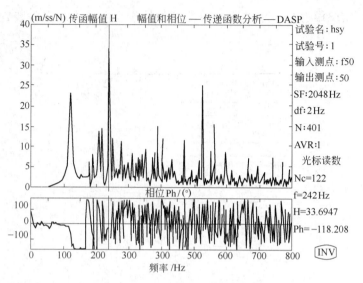

图 18-9　50 点的传递函数

（六）拟合及结果

复模态 GLOBAL 法拟合及部分传递函数的比较拟合结果如图 18-10、图 18-11 所示。

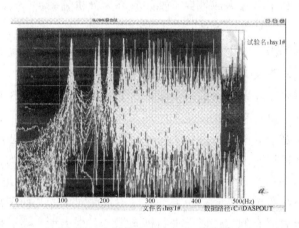

图 18-10　复模态 GLOBAL 法拟合

四、实验结果分析

通过对数据进行拟合，然后对消声器试件参数采用质量归一的方法进行振型编辑得到消声器前 10 阶固有频率和模态振型，如表 18-2 和图 18-12 所示。

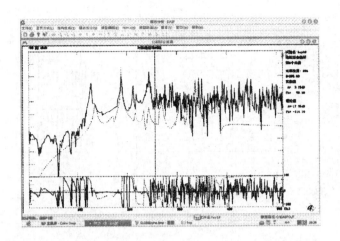

图 18-11　第 5 个传递函数的比较拟合结果

表 18-2　消声器前 10 阶模态频率

阶　数	频率/Hz	阻尼/%
1	135.983	1.265
2	172.719	1.391
3	188.162	0.025
4	215.408	0.317
5	233.061	0.334
6	242.668	0.455
7	264.375	0.323
8	269.828	0.601
9	297.102	0.075
10	305.766	0.170

　注：工程信息：名称：hsy1#；日期：2007-01-10；时间：19：06：12；拟合方法：复模态 GLOBAL
　　　法；响应类型：加速度。

五、结论

　　本章通过对消声器试件的实验模态分析，由实验结果可以清楚地看到消声器
的 10 阶固有频率和模态振型。这些频率远远避开了噪声的峰值频率，因此，消
声器不会在噪声峰值时产生共振，因此消声器的使用寿命能够长久。

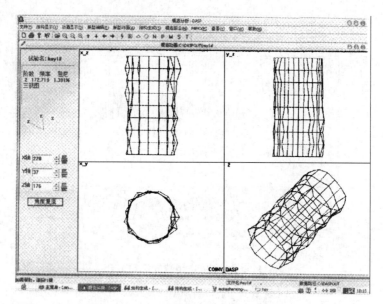

图 18-12　消声器第 2 阶振型

参 考 文 献

[1] 马大猷. 噪声与振动控制手册 [M]. 北京：机械工业出版社，2002.

[2] 钟芳源. 叶片机械风机和气压机气动声学译文集 [M]. 北京：机械工业出版社，1987.

[3] 杜功焕，朱哲民，龚秀芬. 声学基础 [M]. 南京：南京大学出版社，2001.

[4] 应怀樵. 波形和频谱分析与随机数据处理 [M]. 北京：中国铁道出版社，1985.

[5] 黄文虎，夏松波，刘瑞岩. 设备故障诊断原理、技术及应用 [M]. 北京：科学出版社，1996.

[6] 李德葆. 振动模态分析及其应用 [M]. 北京：宇航出版社，1989.

[7] 傅志方. 振动模态分析与参数识别 [M]. 北京：机械工业出版社，1990.

[8] 傅志方. 模态分析理论与应用 [M]. 上海：上海交通大学出版社，2000.

[9] 闻邦椿，刘树英. 振动的机械理论与动态设计方法 [M]. 北京：机械工业出版社，2001.

[10] 陈立周. 机械优化设计方法 [M]. 北京：冶金工业出版社，2005.

[11] 周新祥. 小型离心风机噪声源的分析 [J]. 鞍山钢铁学院学报，1991（1）：79.

[12] 周新祥. LGA 风机噪声测试与频谱分析 [J]. 鞍山钢铁学院学报，1995（4）：39.

[13] 周新祥，刘明. 空压机站噪声控制 [J]. 环境保护科学，1995（4）：49.

[14] 周新祥，李海东. LGA 风机圆盘式消声器的实验模态研究 [J]. 机械设计与制造工程，1998（6）：58.

[15] 周新祥. 减速器的噪声测试及控制 [J]. 鞍山钢铁学院学报，1998（2）：31.

[16] 周新祥. LGA 风机圆盘式消声器的有限元动力计算 [J]. 鞍山钢铁学院学报，1999（4）：221.

[17] 周新祥. 空压机噪声源的数学模型建立 [J]. 鞍山钢铁学院学报，1999（2）：65.

[18] 周新祥. 阻抗复合消声器动态特性分析 [J]. 环境工程，1999（2）：41.

[19] 周新祥. LGA 风机消声器的灵敏度分析及结构动力修改 [J]. 机械设计与制造工程，1999（1）：25.

[20] 周新祥，李海东. 小型离心风机噪声源的主动控制 [J]. 机械设计与制造工程，1992（2）：51.

[21] 周新祥. 轴流风机噪声源模型分析研究 [J]. 东北大学学报，2002（1）：222.

[22] 周新祥. 风机消声器的动态优化研究 [J]. 振动与冲击，2006（4）：809.

[23] 周新祥. 空压机噪声控制 [D]. 上海：同济大学，2003.

[24] 周新祥，陆小双. 阻抗复合消声器的实验模态研究 [J]. 振动、测试与诊断，2006，11：300.

[25] 周新祥. 电机隔声罩消声器的动态优化设计 [J]. 东北大学学报，2002（1）：77.

[26] 周新祥，王波. 空压机消声器的动态优化与模态分析 [J]. 振动、测试与诊断，2006，11：142.

[27] 周新祥，胡素影. 节流降压——小孔喷注消声器实验模态研究 [J]. 振动、测试与诊断，2007，9：64.

[28] 周新祥，王波. 振动筛的有限元动力学计算 [J]. 振动、测试与诊断，2007，9：143.

［29］马宝丽，周新祥．消声器的动态优化设计［J］．噪声与振动控制，2004，8：26.

［30］Zhou Xinxiang, Ren Nannan, Guo Shujun. Boom System Kinematic Simulation of Truck-mounted Concrete Pump［J］. Advanced Materials Research, 2011, 201: 185~188.

［31］周新祥，王广丰．机械动力学及工程应用［M］．北京：东方出版社，1998.

［32］Zhou Xinxiang, Ren Nannan, Guo Shujun, et al. Fatigue Strength Analytical Study of Truck-mounted Concrete Pump［J］. Advanced Materials Research, 2011, 295: 2620~2623.

［33］周新祥，刘明．噪声与振动测试技术［D］．辽宁：辽宁工程技术大学，1989.

［34］Zhou Xinxiang, Xu Changlu, Ren Nannan. Modal Analysis of the Boom System of Truck-Mounted Concrete Pump［J］. Advanced Materials Research, 2011, 403: 3620~3625.

［35］周新祥．噪声控制及应用实例［M］．北京：海洋出版社，1999.

［36］Zhou Xinxiang, Hu Suying, Yu Cui, et al. Structure Dynamic Optiomal Study of the Oilless Air Compressor Muffler［C］. IEEE PRESS, 2011: 640~642.

［37］周新祥．噪声控制技术及其新进展［M］．北京：冶金工业出版社，2007.

［38］Zhou Xinxiang, Guo Shujun, Tang Yanling, et al. The Optimization Design on the Truss Girder of Portal Crane［J］. Advanced Materials Research, 2012, 562: 697~700.

［39］周新祥．基于实验模态研究的新型节流降压喷注复合消声器［J］．环境工程，2013 (3)：140.

［40］Zhou Xinxiang, Yu Cui, Ren Nannan. Strength and Finite Element Analysis of the Boom System of Truck-mounted Concrete Pump［J］. Advanced Materials Research, 2011, 295: 2079~2082.

［41］Zhou Xinxiang, Lei Xinglong, Han Dameng. Finite Element Modal Analysis of Station of the Main Building Steel Structure Concrete Batch Plant［J］. Applied Mechanics and Materials, 2014, 513: 231~234.

［42］Zhou Xinxiang, Liu Cheng, Hu Guangyu. Achieve WWD-0. 8/10 Air Compressor's Motion Simulation［J］. Applied Mechanics and Materials, 2014, 494: 124~127.